ÖSTERREICHISCH-UNGARISCHE UNTERSEEBOOTE UND IHRE WERFTEN 1906-1918

Wilhelm M. Donko

Motor
buch
Verlag

Einbandgestaltung: Luis dos Santos

Bildnachweis: Die zur Illustration dieses Buches verwendeten Aufnahmen stammen großteils aus den Beständen des Vereins „K.u.k Kriegsmarine-Archiv“ (KMA) in Wien oder - wenn nicht anders vermerkt - aus dem Privatarchiv des Verfasser.

Gewidmet meinem langjährigen Freund Prof. Erwin Sieche (Jahrgang 1946) in Wien

ISBN 978-3-613-04456-2

1. Auflage 2022

Sie finden uns im Internet unter www.motorbuch-verlag.de

Lektorat: Joachim Köster
Innengestaltung: WS – WerbeService Linke, 76185 Karlsruhe
Druck und Bindung: Printed by GPS in Bosnia-Herzegovina

Inhalt

SM Unterseeboot 4 vor einem Schlachtschiff der »Tegetthoff«-Klasse im k.u.k. Zentralkriegshafen Pola auf der Halbinsel Istrien.

Das in Kiel bestellte k.u.k. U-Boot U 9 der U 7-Klasse, in Bau auf der Germania-Werft, aufgenommen im Frühjahr 1914. Es wurde später als U 68 von der Kaiserlichen Marine übernommen. (Foto Sammlung E. Rössler)

Badetag: Brücke und Mittschiffsbereich von U 27, einige Besatzungsmitglieder schwimmen im Wasser.

Vorwort

Die Marinegeschichte des heutigen Binnenlandes Österreich ist immer mit einem Hauch von Nostalgie, Romantik und auch Schrulligkeit umgeben, meist wird sie jedenfalls nicht in dem Ausmaß als ein ernsthaftes historisches Thema wahrgenommen, das ihr zukommen würde. Gerade bei Fotos von österreichisch-ungarischen Unterseebooten habe ich immer wieder die erstaunte Frage gehört: »Hatte denn die k.u.k. Marine wirklich schon U-Boote?« Ja, das hatte sie. In Österreich-Ungarn wurden solche auch selbst gebaut und sogar exportiert. Durch eine Reihe von eher unglücklichen Entscheidungen und durch Zeitabläufe, deren Tragweite nicht sofort absehbar war, hat es die Doppelmonarchie, nach einer Erprobungsphase mit sechs angekauften U-Booten, aber verabsäumt, ausreichend in einen leistungsfähigen U-Boot-Bau zu investieren und fällte 1913 stattdessen die Entscheidung zum Ankauf von modernen U-Booten aus Deutschland. Das geschah, obwohl eine moderne und innovative Stahl- und Schiffbauindustrie vorhanden war, die sogar in der Lage war, moderne Dreadnought-Schlachtschiffe zu entwerfen und von der kleinsten Schraube bis zum Drillingsturm schwerer Artillerie selbstständig zu fertigen. Zudem war Fiume (Rijeka), in der ungarischen Reichshälfte gelegen, die Geburtsstätte des Torpedos, einer Waffe, ohne welche die U-Boote den Seekrieg nicht derartig revolutionieren hätten können.

Fiume ist auch der zentrale Angelpunkt des eigenständigen U-Bootbaus in Österreich-Ungarn. Als einzige Firma stieg die dortige Torpedofabrik Whitehead 1907 in den Bau von Unterseebooten ein. Die Hintergründe dafür, basierend auf strategischen Investitionen der englischen Rüstungskonzerne Vickers und Armstrong, die diese Firma mehrheitlich übernommen hatten, werden in diesem Buch ausführlich erläutert. Während die anderen in Österreich-Ungarn hergestellten Unterseeboote reine Lizenzbauten waren, fanden hier auch eigenständige Entwicklungen statt, wenn auch nur in bescheidenem Rahmen. Stabilimento Tecnico Triestino (STT), die größte heimische Werft und ausgestattet mit dem umfangreichsten schiffbaulichen Know-how, zeigte dagegen bis weit in den Weltkrieg hinein kaum Interesse am U-Bootbau.

Die Geschichte der Unterseeboote Österreich-Ungarns und ihrer Einsätze ist eigentlich gut erforscht und in mehreren Fachpublikationen aufgearbeitet, allen voran das exzellente zweibändige Standardwerk »Die Unterseeboote Österreich-Ungarns« vom bekannten Marinehistoriker Wladimir Aichelburg, das 1981 in Graz erschien und heute leider nur noch als antiquarische Rarität im Umlauf ist. 1986 veröffentlichten Georg Pawlik und Lothar Baumgartner († 2015) das Buch »S.M. Unterseeboote. Das k.u.k. Unterseebootswesen 1907–1918«, 1997 erschien von Horst Friedrich Mayer († 2003) und Dieter Winkler das übersichtliche Buch »Als die Schiffe tauchen lernten. Die Geschichte der k.u.k. Unterseeboot-Waffe«, eine zweite Auflage folgte 1998. Ebenfalls 1998 veröffentlichte der bekannte Wiener Marinehistoriker Erwin Sieche, der schon zu Aichelburgs Werk manches beigetragen hatte, den Band »Die Unterseeboote der K.u.K. Marine« in der kleinen, aber sehr populären Reihe »Marine-Arsenal« von Siegfried Breyer, als quasi Kurzzusammenfassung des Themas. Oliver Trulei forschte zu fachspezifischen Teilgebieten, wie den U-Bootkommandanten und den Schicksalen einzelner Boote und Klassen. Und erst 2020 erschien in einem kroatischen Verlag vom in Coburg lebenden Marinehistoriker Zvonimir Freivogel die deutsche Ausgabe seines Buches »Österreichisch-ungarische Unterseebote«, u.a. mit vielen bisher unbekannten Fotos. Ich kenne oder kannte alle genannten Autoren sehr gut und stehe in regelmäßigem Austausch mit ihnen. Na-

türlich kann es bei einem solch spezifischen Thema nicht meine Absicht sein, aus ihren durchwegs guten Büchern schlicht ein neues zu produzieren, sondern ich möchte mit dieser Arbeit vor allem versuchen, ein paar Aspekte rund um den Bau und die Werften, vor allem die einzige mit eigenständiger österreichisch-ungarischer U-Boot-Baugeschichte um die Whitehead-Werft in Fiume, in den Fokus zu rücken.
In diesem Zusammenhang schulde ich besonders meinem Kollegen und Freund Botschafter a.D. Dr. Philipp Hoyos meinen Dank für die Möglichkeit zur Einsichtnahme in Quellen aus dem Familienarchiv Hoyos, die der Forschung zur österreichischen Marinegeschichte bisher nicht bekannt waren. Besonders die unveröffentlichten Erinnerungen des Generaldirektors der Whitehead-Torpedofabrik und Werft, Edgar Graf Hoyos, haben mir hier völlig neue Erkenntnisse ermöglicht. Ebenfalls bisher zu wenig in der Forschung herangezogen wurden meines Erachtens amerikanische Quellen. Die Boote der ersten Generation hatten teilweise starke amerikanische Wurzeln, die tatsächlichen Konstrukteure wurden bisher nur sehr oberflächlich oder gar nicht gewürdigt. Und schließlich soll auch der Mythos hinterfragt werden, wonach 1907 mit U 3 und U 4 auf Krupps Germania-Werft in Kiel moderne U-Boote von einem erfahrenen Hersteller angekauft wurden. In Wahrheit war es außerordentlich mutig von Österreich-Ungarn, so früh U-Boote in Deutschland zu ordern, da die Erfahrungen im U-Boot-Bau dort noch sehr marginal waren und in hohem Ausmaß auf frisch erworbenen Kenntnissen aus Frankreich beruhten, die ein spanischer Ingenieur zu Geld machte.
Mein besonderer Dank gilt auch meinem langjährigen Freund Professor Erwin Sieche in Wien für die Zurverfügungstellung der unveröffentlichten Erinnerungen bzw. Tagebücher der beiden Leiter der k.u.k. Unterseebootsstation in Pola, der Korvettenkapitäne Heyßler und Thierry, sowie für Skizzen zu den einzelnen Typen und seine vielen wertvollen Auskünfte. Des Weiteren danke ich Herrn Thomas Zimmel und Oliver Trulei sowie allen anderen Kollegen vom Verein k.u.k. Kriegsmarine-Archiv in Wien für die Unterstützung. Herrn Dr. Gerhard Stadler danke ich für renzente Aufnahmen aus Rijeka (Fiume) und die fachmännische Korrekturlesung; ebenso Herrn Dr. Manfred Falter.
In diesem Sinne hoffe ich auf breites Interesse der marineinteressierten Leser für ein etwas seltsam anmutendes Thema aus einer Zeit, als Österreich-Ungarn die achtgrößte Seemacht der Welt war. Ich danke zudem besonders dem Motorbuch-Verlag für das Interesse an dieser Arbeit und die Möglichkeit, sie hier veröffentlichen zu können.

Der Autor

Wilhelm Maximilian DONKO, Mag. phil., geboren 16.12.1960 in Linz/Donau, aufgewachsen und beheimatet in Schärding/Inn. Nach kurzer Seefahrtzeit Studium von Geschichte und Geographie an den Universitäten Salzburg und Tokio (»Todai«). Er trat 1990 in den diplomatischen Dienst der Republik Österreich ein und war nachfolgend an den österreichischen Botschaften in Algier, Moskau und Ankara stationiert, danach Botschafter in Seoul (2005–09) und in Manila (2009–13). In der Zentrale des Außenministeriums in Wien in der Abrüstungs-, der EU/EWR- und insgesamt acht Jahre in der Ostasien-Abteilung tätig. Seit 2017 österreichischer Botschafter in Oslo, 2022 Wechsel nach Bangkok. Zahlreiche Artikel- und Buchveröffentlichungen, hauptsächlich zum Thema Marinegeschichte.

I. Entstehungs- und Baugeschichte der ersten Generation österreichisch-ungarischer U-Boote

1. Die Anfänge des U-Boot-Baus in Österreich-Ungarn

Die Geschichte der Unterseeboote ist zwar sehr alt, die ersten modernen Exemplare wurden aber erst am Ende des 19. Jahrhunderts entwickelt. Versuche sind dagegen bereits in der Antike dokumentiert, 1472 zeichnete Leonardo da Vinci sein berühmtes U-Boot, 1801 baute Robert Fulton das U-Boot »Nautilus« mit Handkurbelantrieb. Im Amerikanischen Bürgerkrieg ist 1864 mit dem 12 m langen, ebenfalls noch mit Kurbeln angetriebenen U-Boot »H. L. Hunley« eine erfolgreiche militärische Nutzung belegt. In den nachfolgenden Jahrzehnten kursierten dann mindestens 150 bis 200 ernstgemeinte Entwürfe von Unterseefahrzeugen aller Art, technisch oft sehr vielversprechend, die von ihren Konstrukteuren zur Bauausführung angepriesen wurden; meist wurden auch Geldgeber zur Weiterentwicklung gesucht. Für die Admirale der Seestreitkräfte und die Direktoren der Schiffbauindustrie war es natürlich sehr schwer, zwischen reinen Fantasievorstellungen und seriösen Projekten zu unterscheiden, zumal kein Entwurf so ausgereift war, dass damit sofort einsatzbereite Unterseeboote gebaut werden konnten. Man tendierte aber allgemein dazu, das U-Bootwesen als technische Spinnerei abzutun, da auch der Nutzen zweifelhaft schien.

Frankreich, einst traditioneller Vorreiter der Jeune École, einer vornehmlich von jüngeren Offizieren ausgehenden Idee zur Überwindung althergebrachter Vorstellungen im Kriegsschiffbau rund um die großen Linienschiffe, hat anfangs die meisten davon gebaut. Der französische Marineminister Admiral Théophile Aube begann mit der Einführung und Erprobung von U-Booten in der Flotte bereits 1886, aber die Lehren der Jeune École spielten dabei wohl nicht die entscheidende Rolle (vgl. Ropp, »The Development of a Modern Navy. French Naval Policy 1871-1904«, S. 349). Die technischen Kinderkrankheiten waren jedoch noch immer zu offensichtlich und niemand wusste genau, wie sich dieses neuartige Kampfmittel entwickeln würde.

Erst am Ende des 19. Jahrhunderts begannen sich einige Seestreitkräfte ernsthaft für U-Boote zu interessieren, wozu vor allem drei parallele Entwicklungen entscheidend beitrugen. Erstens: Mit dem modernen Torpedo von Whitehead stand den U-Booten plötzlich eine sehr wirksame Waffe zur Verfügung, die auch für große, weit überlegene Schiffe extrem gefährlich sein konnte; davor war die Idee der militärischen Nutzung meist von der Platzierung einer Sprengladung (Mine) an stillliegenden Schiffen ausgegangen. Zweitens ermöglichte die Entwicklung moderner Elektromotoren, in Verbindung mit Batterien bzw. Akkumulatoren, einen von der Muskelkraft unabhängigen Unterwasserantrieb. Drittens schuf die Weiterentwicklung des Verbrennungsmotors einen geeigneten Antrieb für die Überwasserfahrt und die Aufladung der Batterien. Es kristallisierten sich drei wichtige geistige Zentren des U-Boot-Baus heraus, weitgehend voneinander unabhängig, welche die weitaus vielversprechendsten Entwürfe auch erfolgreich in der Praxis erprobten: Frankreichs Marine, die früher als alle anderen auf U-Boote gesetzt hatte, mit Maxim Laubeuf als ihrem wichtigsten Ingenieur um die Jahrhundertwende, dazu zwei private, geniale Ingenieure aus Amerika, Simon Lake und John Holland, die mit privaten Firmen arbeiteten und weltweit ihre Entwürfe zu verkaufen suchten.

Der schottisch-amerikanische U-Boot-Ingenieur Marley F. Hay, der lange in Fiume arbeitete, schreibt dazu sehr zutreffend: »I think it may safely be said that those who are chiefly responsible for the modern submarine are Robert Whitehead, John P. Holland and M. Laubeuf although it is, of course, equally true that in their efforts they had the benefit of the experience of those who had gone before them and they were largely assisted by the parallel progress that had taken place in other departments of science and engineering. At a later date Mr. Simon Lake, an American, interested himself in the development of a submarine that was primarily intended for salvage purposes, but has since been diverted by force of circumstances into the less picturesque but more necessary uses of naval warfare.« (Marley F. Hay: »Secrets of the Submarine«, S. 4f)

Frankreich ging dabei viel früher von der Idee von Tauchbooten aus, d.h. von tauchfähigen Torpedoträgern, die eigentlich hauptsächlich über Wasser operieren (mit kleiner Silhouette in der Nacht kaum auszumachen) und nur zu ihrem eigenen Schutz tauchen können sollten (ein bis 1945 sehr realistischer Ansatz), während die beiden Amerikaner lange versuchten, den Schwerpunkt auf reine Unterwasserfahrzeuge zu legen, womit sie ihrer Zeit zu sehr voraus waren. Dementsprechend ähnelte ihre Form der Bootskörper eher einem Walfisch (Tropfenform), die französischen Modelle mehr einem Torpedoboot (mit glattem Deck als äußerem Kennzeichen).

Als Berichte über diese neuen Boote und ihre Leistungen überall die Runde in Fachkreisen machten, kam auch Österreich-Ungarns Marineführung ab 1904 nicht umhin, sich näher damit zu beschäftigen. Das geschah allerdings ohne jeden Enthusiasmus. U-Boote sah man dabei sowieso vorwiegend als für die Verteidigung der eigenen Stützpunkte geeignet an, wobei selbst dieser Nutzen von vielen Marineoffizieren erheblich in Zweifel gezogen wurde. Und auch in der heimischen Werftindustrie gab es anfangs sehr wenig Begeisterung für diese neue Technik.

Österreich-Ungarn stieg also mit leichter Verspätung, aber keineswegs zu spät, in die Beschaffung und den Bau von Unterseebooten ein, die man in ersten amtlichen Dokumenten meist Tauchboote nannte, ein Begriff, der ja auch durchaus zutreffend war. Die größeren Seemächte hatten zwar durchwegs schon mehrere, teilweise sogar schon über 20 solch sonderbarer Fahrzeuge, aber über eine wirklich schlagkräftige U-Bootwaffe verfügte damals noch niemand.

Oberster k.u.k. Schiffsbauingenieur war Siegfried Popper (* 5.1.1848 Prag - † 19.4.1933 ebenda), Leiter der 1. Abteilung des Marinetechnischen Komitees in Pola, das für Entwurf und Konstruktion von neuen Kriegsschiffen zuständig war. Er veranlasste im März 1904 die Ausarbeitung eines hauseigenen Entwurfs für ein Unterseeboot und versuchte die Spezifikationen und Erfordernisse dafür festschreiben zu lassen.

Der Versuch für eine Ausschreibung eines baufähigen Entwurfs innerhalb der Monarchie, die wohl nie ganz ernst gemeint war oder gar mit viel Energie betrieben wurde, brachte jedenfalls keine brauchbaren Ergebnisse. (Aichelburg: »Die Unterseeboote Österreich-Ungarns«, Bd. 1, S. 19).

Im Januar 1905 reiften die Vorstellungen des Marinetechnischen Komitees für einen konkreten Bauentwurf, der dem Flottenkommando vorgelegt wurde, stark basierend auf ausländischen Plänen, die inzwischen auf verschiedenen Wegen, z.T. direkt in Pola bzw. Wien, z.T. auch über die Marine- und Militärattachés, angeboten worden waren. Von der Idee einer selbstständigen Bauausführung dieses vom Marinetechnischen Komitees erarbeiteten Entwurfs im Seearsenal war aber die Behörde selbst alles andere als überzeugt, allen voran Popper persönlich. H. Corey schreibt im Vorwort einer Biografie über den U-Boot-Pionier Simon Lake, dass dieser auf eine bestimmte Aussage Poppers, den er im Buch als »Admiral« bezeichnet, sein Leben lang sehr stolz gewesen sein soll, als ihm dieser sagte: »'You may be interested to know how you happened to get your first order from Austria'. Lake was interested, of course. 'I went to Emperor Franz Joseph,'said Popper, and told him about you, and asked permission to give you a contract. I said, ‚His boat is better than mine'.« Die Geschichte wird sich wohl nicht ganz so simpel zugetragen haben, aber sie ist zumindest nett erzählt. Und Popper wusste natürlich tatsächlich, dass die nur am Schreibtisch entstandenen Entwürfe seiner Dienststelle nicht die Erfahrung mit dem Bau solcher Boote ersetzen konnte, die der von der Idee beseelte Pionier Lake bereits hatte.

Am 20.8.1908 lief in Norddeutschland das erste k.u.k. U-Boot vom Stapel (U III), das im März 1907 auf der Germaniawerft in Kiel auf Kiel gelegt worden war, die erste Indienststellung (U IV) erfolgte am 29.8.1909.

Erst im Jahr 1910 wurden in der österreichisch-ungarischen Marine die lateinischen Ziffern, die auch für Torpedoboote in Gebrauch waren, generell durch arabische Ziffern ersetzt, aus SM U III wurde SM U 3 (nachfolgend werden hier zur besseren Lesbarkeit aber fast ausschließlich arabische Ziffern verwendet).

2. Ein neues Konzept: 3 x 2 Versuchsboote werden als erste Generation von U-Booten angekauft

Mangels heimischer Angebote hatte sich 1906 die Marineführung in Wien, d.h. die Marinesektion des Kriegsministeriums, entschlossen, je zwei Boote von vergleichsweise bewährten Modellen bei drei Herstellern im Ausland anzuschaffen und alle weiteren Entscheidungen erst nach entsprechender Praxiserprobung mit diesen Booten zu treffen. Die finanziellen Mittel für diesen Plan mussten von beiden Reichshälften genehmigt werden.

Aber dann drängte plötzlich doch eine Werft aus Österreich-Ungarn auf den Markt, die Firma Whitehead in Fiume, und bot an, einen ausländischen U-Boot-Entwurf im Inland zu bauen und dafür auch in den Werftstandort in Fiume erheblich zu investieren.

Niemand ahnte zu diesem Zeitpunkt, dass die k.u.k. Kriegsmarine mit nur diesen sechs Booten, die eigentlich nur für Versuchs- und Erprobungszwecke gedacht waren, in einen Weltkrieg eintreten würde müssen. Durch »Zufall« kam noch ein siebtes Boot dazu.

Oben: Siegfried Popper (1848–1933) war oberster k.u.k. Schiffsbauingenieur und Leiter der 1. Abteilung des Marinetechnischen Komitees in Pola.

Rechts: Das Marinetechnische Komitee in Pola war für Entwürfe und den Bau von neuen Kriegsschiffen zuständig. Die Aufnahme des Gebäudes stammt aus 1905.

Unten: Im März 1904 wurde von Siegfried Popper die Ausarbeitung eines hauseigenen Entwurfs für ein Unterseeboot initiiert, das stark an bekannte Pläne von John Holland angelehnt war. Hier ein früher Entwurf des Marinetechnischen Komitees, dem aber noch jede Praxiserfahrung beim Bau von U-Booten fehlte. (Sammlung W. Aichelburg)

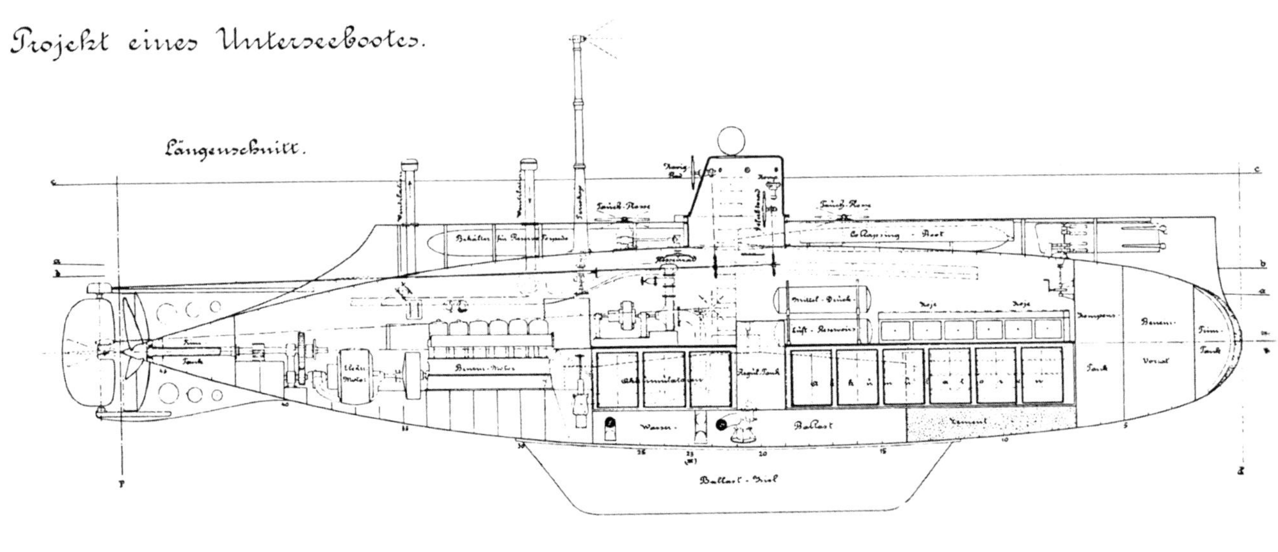

3. Die beiden Lake-Boote U 1 und U 2

Einer der bekanntesten und umtriebigsten U-Bootbauer dieser Zeit war der bereits erwähnte amerikanische Techniker und Maschinenbau-Ingenieur Simon Lake (* 4.9.1866 in Pleasantville, New Jersey - † 23.6.1945 in Milford, Connecticut), der zahlreiche Patente angemeldet hatte. Er erfand bzw. entwickelte u.a. auch das erste ausfahrbare Periskop für U-Boote. Lake war Quäker und hätte eigentlich seine Unterseeboote gerne für friedliche Zwecke entworfen, wie Bergung von Schiffswracks, Reparatur von Unterwasserkabeln und Untersuchung des Meeresbodens; aber dafür zeigte niemand Interesse. Mangelndes Kapital war und blieb stets das zentrale Problem für den genialen Erfinder, ein Umstand, der die Umsetzung seiner Arbeiten in Summe sehr hemmte. Er hatte das U-Boot »Argonaut« 1894 (plus später zwei weitere Modelle) gebaut und die U.S. Navy als Kundschaft dafür zu gewinnen versucht, die aber vorerst sehr reserviert blieb. Sein weiterentwickeltes U-Boot, die »Protector«, verkaufte er deshalb 1904 an Russland. Er baute auch enge Beziehungen zu Werften in Deutschland auf, zudem versuchte er sein Glück mit Österreich-Ungarn und bot seine Entwürfe zum Bau an; Lake verbrachte mehrere Jahre in Europa. In seinen Memoiren (hgg. von Herbert Corey, New York - London 1938) berichtet Lake: »Thanks to the success of the Lake boats in Russia I had been able to build up an European organization, and in the six or seven years I spent on the continent we pretty well established ourselves in Russia, Germany, Italy, Austria, and England.« (S. 200).

Nach mehreren Kontakten wurden Lakes Firmenvertreter von der Marinesektion offiziell zum Besuch in Wien eingeladen, eine Delegation aus Österreich besuchte die Firma in Connecticut in den USA. Auch Simon Lake selbst besuchte mehrmals Wien und Pola. Aber erst am 19.6.1906 wurden finanzielle Details für den Kauf vereinbart (mit Modalitäten für theoretisch bis zu vier Booten), der Kaufvertrag jedoch für nur zwei Boote am 24.11.1906 abgeschlossen (Aichelburg: »Die Unterseeboote Österreich-Ungarns«, Bd. 1, S. 25). Es war der erste Vertrag für den Bau von U-Booten der k.u.k. Kriegsmarine. Dazu Lake: »I built the first two submarines Austria ever owned, and had a contract by which I was to have been paid royalties on others which were to be built in the national shipyards.« (Corey, S.205).

Weitere Boote für Österreich-Ungarn wurden aber nicht gebaut, der finanzielle Gewinn für Lake war überschaubar (»... there was some little profit-making business with Austria«; Corey, S. 206). Später beschwert sich Lake im Buch, dass ihm eigentlich noch Lizenzgebühren zustehen würden, was aber nicht wirklich nachvollziehbar erscheint, da außer U 1 und 2 keine weiteren Boote nach seinen Plänen geordert oder gebaut wurden (»Austria was building boats on the Lake plan and still owes me money for royalties. Germany had taken my plans, laughed at me because I lacked patents, and was building Lake submarines. Italy was building her own boats along the Lake lines. The United States was still closed to me.«; Corey, S. 217). Überhaupt haderte Lake mit seinem Schicksal, dass nicht er der führende U-Boot-Bauer der Welt wurde, als er schreibt (Corey, S. 204): »I might have been the World Master of Submarines. But I muffed my chance. I blush when I reread that statement. But the fact is

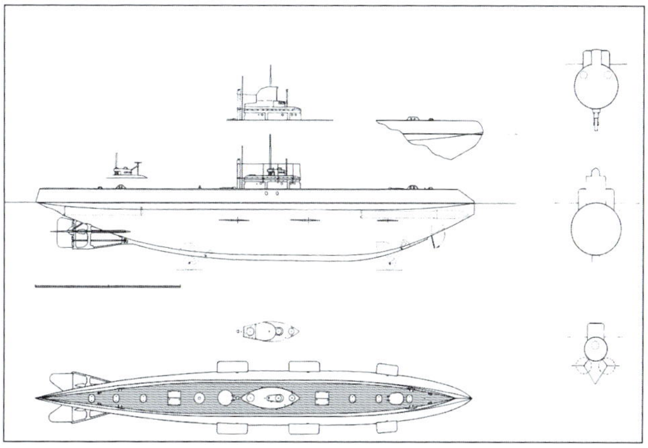

Die Lake-Boote U 1 und U 2. (Skizze: Prof. Erwin Sieche)

Simon Lake (1866–1945) war ein genialer Erfinder und Entwickler von U-Booten, fehlendes Kapital zur Umsetzung der Ideen war stets sein Hauptproblem. Anders als John Holland hat er seine Patente und Rechte nie an einen großen Konzern verkauft und blieb somit unabhängig; in seinen Memoiren bedauert er aber, ein entsprechendes Angebot von Krupp nicht angenommen zu haben.

Das Lake-Boot U 1 kurz vor dem Stapellauf auf der Oliveninsel im Seearsenal Pola. Die drei an jeder Rumpfseite angebrachten Tiefenruder sind eingeklappt. Die »Unterseebootsbauabteilung« war dort zum Bau etabliert worden, Lakes Techniker waren in die Fertigung eingebunden und auch Simon Lake, der in dieser Zeit mehrere Jahre in Europa lebte, reiste mehrfach nach Pola und Wien. Als verantwortlicher Schiffbauer vor Ort in Pola war von ihm der englisch-amerikanische Ingenieur William C. Foley entsandt worden; viele Bauteile kamen vorgefertigt aus den USA.

that in Berlin I was offered a post by the Krupps which would have involved my building or rebuilding the submarine navies of all Europe. The Lake submarine would be used by all the European nations Germany, Great Britain, France, Italy, Austria, Russia either in original form or in adaptations. Only my own country and Japan would not share in this«.

U 1 vor den großen Tanks des Ölhafens von Triest, aufgenommen in der Bucht von Muggia 1916, in Santa Sabba. Die Boote U 1 und U 2 waren im Ersten Weltkrieg zeitweise hier zur Verteidigung von Triest stationiert.

Für die U.S. Navy baute er erst später sein erstes Boot, die USS »Seal«. Sie wurde erst am 2.2.1909 von der Newport News Shipbuilding Company in Newport News, Virginia auf Kiel gelegt, im November 1911 in G-1 umbenannt und am 28.10.1912 in Dienst gestellt; Sub-Contractor beim Bau war seine Lake Torpedo Boat Company in Bridgeport, Connecticut (welche dann später 26 U-Boote für die U.S. Navy bis zum Ende des Ersten Weltkriegs baute).

Die beiden Einhüllenboote U 1 und U 2 vom Typ Lake wurden ab Juli 1907 vom marineeigenen k.u.k. Seearsenal in Pola gebaut bzw. zusammengebaut, denn dafür waren sehr viele Teile direkt nach Pola geliefert worden. Das dortige Seearsenal, offiziell mit der Grundsteinlegung durch Kaiser Franz Joseph I. 1856 gegründet, war die wichtigste Einrichtung von Österreichs Kriegsmarine zur Lagerung, Wartung und Instandsetzung ihrer Geräte, Ausrüstung, Waffensysteme, Maschinen etc. und hatte auch eine eigene Werftanlage. Sie lag auf der Oliveninsel (später die kroatische Uljanik-Werft), in der Bucht von Pola, dem Seearsenal vorgelagert; manchmal wird die Werft auch als »Konstruktionsarsenal« bezeichnet. Eine »Unterseebootsbauabteilung« war dort 1907 zum Bau der beiden Boote etabliert worden, Lakes Techniker waren in die Fertigung eingebunden und auch Simon Lake persönlich reis-

U 1 in einer Gesamtansicht, noch mit alter Bugform, d.h. vor Ende 1914 aufgenommen.

U 1 einlaufend in Pola, vor dem Krieg, im Hintergrund die Insel San Pietro mit dem Proviantmagazin der k.u.k. Kriegsmarine. Der Turm des Bootes ist noch ohne die später übliche Geländer-Konstruktion.

te mehrfach nach Pola; für den Entwurf vor Ort verantwortlich war ein englisch-amerikanischer Ingenieur namens William C. Foley (* 1868 in Birkenhead, England - †17.3.1937 in Hampton Hall, Cranford, New Jersey). Er hatte sich früh für den U-Boot-Bau interessiert, war mit 42 Jahren in die USA ausgewandert und arbeitete dort für Simon Lake, der ihn 1907 nach Österreich zum Zusammenbau von U 1 und U 2 schickte.

Auch die beiden amerikanischen Benzinmotoren kamen über Bestellung von Lakes Firma direkt aus den USA, sie erwiesen sich als völlig ungeeignet und wurden von der k.u.k. Kriegsmarine schließlich nur geleast (und 1915 gegen österreichische Dieselmotoren der Leobersdorfer Maschinenfabrik getauscht). Die Boote waren von Lake zum Tauchen auf ebenem Kiel konstruiert (anders als die Holland-Boote, die schräg nach unten tauchen sollten); weitere skurrile Besonderheiten der Lake-Boote waren zwei Metallräder an der Unterseite des Rumpfes, die vom Bootsinneren herabgelassen werden konnten; das Boot hätte damit auf geradem Grund fahren können, angetrieben von den Schrauben, in der Praxis erwies sich die Einrichtung als ziemlich nutzlos. Lake verzichtete bei seinen U-Bootsentwürfen sogar lange auf eine Tiefensteuerung, da diese ja hauptsächlich am Meeresgrund operieren sollten (N. Friedman, »U.S. Submarines Through 1945«, S. 31: »Lake initially had little interest in the very dif-

Torpedoübernahme auf U 1 durch das enge Luk am Vorschiff, aufgenommen in Triest 1916, im Hintergrund die Öltanks (mit baumgrüner Tarnbemalung).

Detailfoto des Turms von U 1, aufgenommen am 28.2.1917. Frühe U-Boottypen hatten meist kleine Bullaugen im Turm.

ficult problem of depth control. He was content to run his along the bottom on wheels.«). Eine weitere Lake-Besonderheit war eine Einstiegsluke für Taucher (Tauchkammer) im Rumpf.

Am 2. und 18.7.1907 fanden die Kiellegungen der beiden Boote statt, die erst im Mai 1908 die Benennungen als SM (»Seiner Majestät«) U I und U II bekamen. Am 10.2. und 3.4.1909 wurden die Boote zu Wasser gelassen, im Seearsenal Pola ausgerüstet, aber – nach diversen technischen Schwierigkeiten, besonders mit den Antriebsanlagen – erst am 15.4.1911 als U 1 bzw. 22.6.1911 als U 2 in Dienst gestellt. Sie waren damit das letzte der drei Paare von U-Booten der ersten Generation, obwohl sie als Erste bestellt worden waren.

Erich Heyßler (* 6.8.1869 Linz - † 4.10.1948 Graz; auch Schreibweise »Heyssler«), später der erste Leiter der k.u.k. Unterseebootsstation in Pola, beschreibt in seinen umfangreichen, leider nie veröffentlichten »Erinnerungen« die ersten Erfahrungen mit diesen Booten bei den Probefahrten, für die er die Verantwortung hatte (S. 292): »Endlich kamen die in Pola gebauten ‚Lake'-Boote dran. Sie hatten viel Geniales, zum Beispiel konnten sie am Meeresgrund auf Rädern laufen, konnten unter Wasser einen Taucher aussetzen etc. und ihre Unterwassersteuerung war ganz hervorragend, man konnte das Tauchruder für eine halbe Stunde aus der Hand lassen und die Boote hielten von selbst die Tiefe, eine Erscheinung, die selbst ihr genialer Erfinder Mr. Lake nicht recht erklären konnte. Mit ihm machte ich am Weihnachtsabend eine Tauchfahrt und er war so im Eifer, daß er noch im Dunklen weiterfahren wollte, als zu Hause schon die Christbäume brannten. Aber die Boote waren zu langsam und schwerfällig und namentlich hielten die Benzinmotoren nicht dicht, so dass jede Fahrt damit ein Ende fand, dass die Bemannung anfing der Reihe nach ohnmächtig zu werden.«

U 2 in Pola 1912, links im Bild ein Kleiner Kreuzer der »Zenta«-Klasse. Bis 1915 hatten U 1 und U 2 eine schräg nach unten verlaufende Bugform, danach eine gerundete.

Dieses Problem wird in allen Memoiren und Niederschriften der U-Bootmänner dieser frühen Zeit ausführlich beschrieben und prägte den Dienst auf den Unterseebooten sehr, bis der Dieselmotor so weit entwickelt war, dass er die damals im U-Boot-Bau üblichen Benzinmotoren ablösen konnte. So schreibt auch Heyßler, im Zusammenhang mit den Probefahrten der Lake-Boote: »Diese Benzinvergiftungen waren unangenehm und gefährlich. Es roch ja in diesen Booten immer nach Benzin, es war daher nicht zu unterscheiden, wann die Dämpfe anfingen gefährlich zu werden. Engländer und Japaner hatten Käfige mit weißen Mäusen. Wir hatten einen braven Unteroffizier, der immer als erster ohnmächtig wurde. Wir nannten ihn daher ,die weiße Maus'. Ein wild aussehender, amerikanischer Maschinist bediente die Motoren, erst wenn ,die weiße Maus' ohnmächtig da lag, brachen wir die so oft begonnenen und nie zu Ende geführten Probefahrten ab.

Einmal, auf einer Tauchfahrt, die schon einige Stunden gedauert hatte und vor dem glücklichen Abschluß stand, hörte ich vom Turm, von wo ich das Boot führte, unten ein furchtbares Geschrei, ein Knäul von Menschen wälzte sich herum. Ein Mann hatte unter Einfluß der Dämpfe einen Tobsuchtsanfall bekommen, brüllte nach Luft und wollte das Boot zum Auftauchen bringen. Die anderen bändigten ihn und banden ihn und die Fahrt wurde unter leisem Wimmern des Gefesselten, glücklich' zu Ende geführt.

Eigentümlich war das Verhalten der vom Benzinrausch Erwachten. Sie lagen stundenlang auf Deck und weinten wie kleine Kinder. Aber am nächsten Tag waren die braven zu neuen Fahrten bereit.« (Heyßler, a.a.O., S. 292).

Aber auch nach dem Ende des Dienstes an Bord und der Rückkehr zur Familie blieb das Problem präsent, wie Heyßler erwähnt: »Wenn ich abends nach Hause kam, rochen meine Kleider, Haare und Atem nach Benzin und Öl, stundenlang ging meine Frau mit mir im Garten auf und ab, weil ich mich so nach frischer Luft sehnte. Gingen wir abends in Gesellschaft, so passierte es mir oft, dass ich nach dem Souper sanft einschlief, aber niemand nahm es mir übel.«

Blick auf das Deck von U 2, man beachte die beiden großen Decksluken.

Die Probefahrten und Erprobungen mit U 1 und U 2 kamen nicht nur wegen der Tatsachen von Benzinmotoren, sondern vor allem wegen der Unbrauchbarkeit des konkreten Modells der Motoren kaum voran. Dazu Heyßler (S. 293): »Die ,Lake'-Boote waren mit diesen Motoren unverwendbar. Es kam zu langen Verhandlungen mit einem amerikanischen Advokaten, die ich im Marinetechnischen Komitee fast allein zu führen hatte, da die Mehrzahl der um den Verhandlungstisch sitzenden Ingenieure nicht genug englisch verstand, um folgen zu können. Übrigens hatte ich den besten Eindruck von diesem Amerikaner, der nicht etwa ränkevoll nur die Interessen seiner Firma vertreten, sondern wirklich ein gerechtes Abkommen zu treffen suchte – ein Gerechtigkeitssinn, der einem bei einem Advokaten fast naiv und kindlich anmutete. So kamen wir zu einem merkwürdigen Abkommen. Auf die Boote wollte ich doch nicht recht verzichten, wir hatten ja nur im Ganzen sechs. Aber die Benzinmotoren waren für Kriegszwecke ganz unbrauchbar. Zur Hafenverteidigung und zu Übungszwecken übernahmen wir also die Boote. Die Ben-

U 2 ausblasend beim Tauchgang vor Triest 1915. Die Tauchzeit der Lake-Boote betrug etwa acht bis zehn Minuten. Die außerhalb des Druckkörpers liegenden Tauchtanks, hier im Decksaufbau, wurden geflutet; bei den Booten des Typs mussten die Ballasttanks zunächst mit Wasser gefüllt werden, die starken Pumpen erzeugten jene seltsamen Wasserfontänen, die hier aus den Überströmöffnungen springbrunnenartig hervorschießen. Unter Wasser waren die Lake-Boote sehr gut steuerbar, viel besser als die von Germania.

U 2 auf Brioni im September 1914, man beachte den ursprünglich schrägen Bug (bis 1915) und die um Kriegsbeginn übliche rot-weiß-rote Bugbemalung (auf den zeitweise dunkelblau bemalten Booten, wie offenbar auch hier). Links die Holland-Boote U 5 und U 6. Im Hintergrund sind moderne Hotels zu erkennen. Der reiche Wiener Industrielle Paul Kupelwieser (1843–1919) kaufte 1893 die damals malariaverseuchten Brioni-Inseln vor Pola, kultivierte sie und errichtete dort eine hochmoderne, durchaus als mondän zu bezeichnende Tourismus-Infrastruktur, die vom Adel und gehobenem Bürgertum sehr geschätzt wurde; und ab Sommer 1914 auch von den dort stationierten k.u.k U-Boot-Männern.

Seitenansicht von U 2 und davor U 1, aufgenommen 1918 auf der Insel Brioni vor Pola, die ab Sommer 1914 auch als Stützpunkt für Unterseeboote diente, allerdings nur zur Ausbildung, nicht als klassische Operationsbasis. Man beachte die etwas unterschiedlichen Turmformen, die mehrfach abgeändert wurden. Die Fahrzeuge mit der Aufschrift EPL 8 und 7 sind sogenannte »Elektroplätten«.

zinmotoren wurden gegen geringes Geld gemietet, um nach Fertigstellung neuer, in Österreich zu bauender Motoren den Amerikanern wieder zurückgestellt zu werden. Sie haben sie natürlich nie geholt und sie endeten im alten Eisen.«
Die technische Schwierigkeit, erstmals so völlig neuartige Boote im Arsenal selbst zu bauen bzw. auch nur zusammenzubauen, verbunden mit der Persönlichkeit des eigenwilligen und etwas abenteuerlichen Pioniers Simon Lake, seinem Mangel an Kapital und damit der unzureichenden Infrastruktur seitens der Firma Lake, vor allem aber das Problem mit den von ihm zugekauften und ziemlich unbrauchbaren Motoren, hatte zu den großen Verzögerungen bis zur Abnahme geführt und auch das Interesse der k.u.k. Kriegsmarine an Folgebestellungen bei der (1907 gegründeten) Lake Torpe-

U 2 mit neuem Turmschanzkleid, in Verwendung ab 1915.

do Boat Company sehr gedämpft. Lake blieb einfach viel zu sehr der geniale Erfinder, der seine eigenen Entwürfe ständig verbessern wollte; das war der Grund, warum er sogar die Herausgabe von Detailplänen an das Seearsenal in Pola immer wieder verzögerte, was auch sehr zur Verlangsamung des Baus mit beigetragen hatte. Insgesamt hatte er zu wenig Verständnis für die Bedürfnisse der Marine, die einen gekauften U-Boot-Typ dann auch in der Flotte verwenden und nicht nur ständig weiterentwickeln wollte. In diesem Sinne war er seinem Hauptkonkurrenten John Holland aber menschlich sehr ähnlich. Norman Friedman (a.a.O., S. 40) schreibt dazu sehr treffend: »Like Holland, he could always devise improvements; unlike Holland, he had no Rice to force him to freeze a design and to sell it.« (Die Rolle dieses Herrn Isaac Rice wird hier noch ausführlich beschrieben.)

Trotz kaum vorhandener Fronttauglichkeit wurden beide Boote zu Beginn des Krieges auch für Kampfeinsätze abgestellt. Ihre Hauptaufgabe lag in der Verteidigung des Golfs von Triest. Heyßler schreibt, dass sie aber schon deshalb kaum in Aktion treten konnten, »da der Golf von Freund und Feind so mit Minen verseucht war, dass er, mit Ausnahme schmaler, frei gehaltener Fahrwege, eine Art von ‚Niemandsland' wurde.« (Heyßler, a.a.O., S. 293). Im weiteren Kriegsverlauf wurden sie dann aber hauptsächlich für Schulungszwecke eingesetzt.

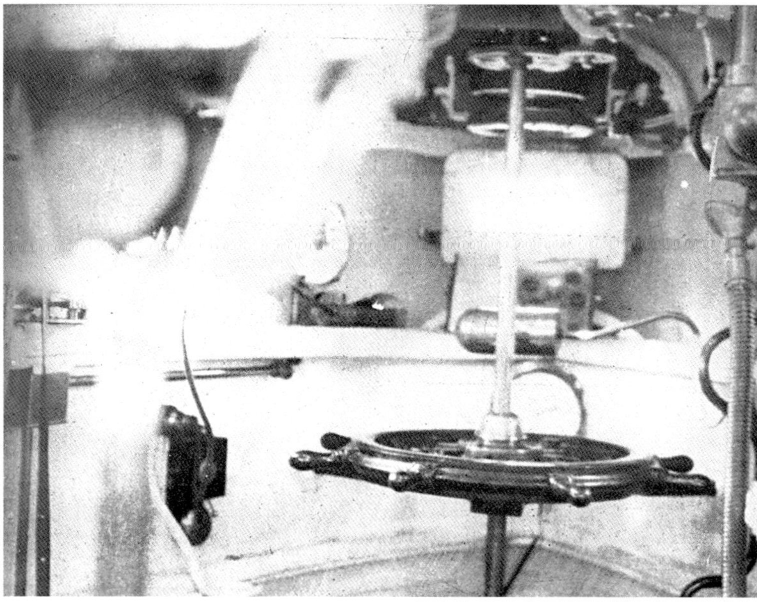

U 1-Klasse Innenaufnahmen: im Kommandoturm.

U 1-Klasse, der Lancierraum der 45-cm-Torpedos im Bugraum.

U 1-Klasse, der Maschinenraum.

U 1-Klasse, Blick Richtung Heck. Alle Innenaufnahmen entstanden nach dem Einbau neuer Dieselmotoren 1914/15.

U 1-Klasse – Typ Lake (2 Boote)	
SM U 1	
Kiellegung	2.7.1907; Stapellauf: 10.2.1909; Indienststellung: 15.4.1911
Bauwerft	Seearsenal Pola
Verbleib	1920 an Italien; Abbruch
SM U 2	
Kiellegung	18.7.1907; Stapellauf: 3.4.1909; Indienststellung: 22.6.1911
Bauwerft	Seearsenal Pola
Verbleib	1920 an Italien; Abbruch
Anmerkungen	Einhüllenboote, gebaut in Pola, basierend auf Konstruktion von Simon Lake (Lake Torpedo Boat Company, Bridgeport, Connecticut). Von dort auch sehr viele Teile nach Pola geliefert, auch die Benzinmotoren kamen aus den USA (nur geleast, im Oktober 1914 formal retourniert und danach durch Dieselmotoren aus Österreich ersetzt).
Technische Daten	
Abmessungen	Länge 30,7 m, Breite 3,6 m, Tiefgang 3,85 m
Verdrängung	223 ts (über Wasser), 278 ts (unter Wasser)
Maschinenanlage	Zwei Benzinmotoren mit je 360 PS (1915 Dieselmotoren) Für Unterwasserfahrt: Zwei Elektromotoren mit je 100 PS Höchstgeschwindigkeit 10,5 Knoten (6 Knoten unter Wasser), 2 Wellen
Bewaffnung	1 × 3,7 cm L/23 3 × Torpedorohre 45 cm (2 Bug, 1 Heck); 3 Torpedos
Besatzung	17 Mann

4. Die beiden Germania-Boote U 3 und U 4

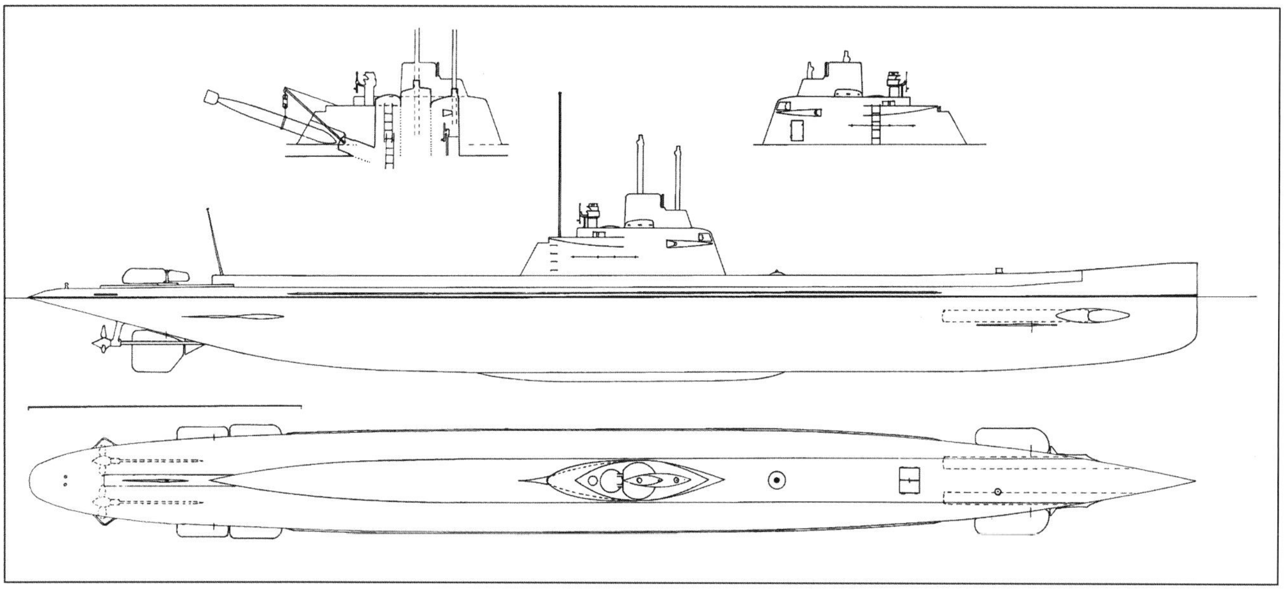

Die Germania-Boote U 3 und U 4. (Skizze Prof. Erwin Sieche)

Die zweite Gruppe von zwei Versuchsbooten sollten von der Germania-Werft in Kiel kommen und fußte konstruktiv in den französischen »Tauchbooten« von Laubeuf. Deutschland hatte zu Beginn des Jahrhunderts bereits eine moderne und sehr aufstrebende Werftindustrie, die nach 1871 aufgebaut worden war, hinkte aber beim U-Boot-Bau anderen Seemächten lange deutlich hinterher. Der Krupp-Konzern wollte das ändern und war zu strategischen Investitionen bereit. Die Schiff- und Maschinenbau AG Germania in Kiel wurde 1896, nach einem wechselvollen Schicksal mit verschiedenen Eigentümern, von der Friedrich Krupp AG zunächst gepachtet und 1902 dann zur Gänze übernommen. Sie entwickelte sich in kurzer Zeit zur führenden deutschen U-Bootwerft. Großen Anteil daran hatte ein aus Wien stammender Spanier, der auch als »Stiefvater« der beiden dort bestellten k.u.k. U-Boote genannt werden muss. Sein Leben ist voller Widersprüche und unklarer Fakten. (Sein Vater Victor Vicente, Marquis d'Equevilley, war österreichischer Offizier und Staatsbürger, behauptete u.a. aus Portugal zu stammen und war in mehreren Ländern im Gefängnis; er hatte auch in Wien ein sehr illustres Leben geführt und viele Schwierigkeiten mit der Polizei gehabt, v.a. mit Glückspiel, bis er Österreich verließ). Nach Plänen des jungen und angeblich spanischen Ingenieurs Raymondo Lorenzo d'Equevilley-Montjustin (* 22.7.1873 in Wien - † 21.9.1925 in Paris) wurde ab Sommer 1902 auf der Germania Werft, vorerst unter strikter Geheimhaltung, ein voll funktionsfähiges U-Boot gebaut, die »Forelle« (das werftinterne Codewort beim Bau war »Leuchtboje«). Dieser Raymondo nannte sich nicht mehr »Vicente«, wie sein Vater, dafür hängte er dessen Adelstitel meist ein »Montjustin« als Namensteil an. Er war wahrscheinlich bei

Maxime Laubeuf (1864–1939) war der führende französische Schiffbauingenieur beim Bau von modernen U-Booten, Frankreich galt lange als Vorreiter auf diesem Gebiet. Er beschuldigte Krupp, seine Pläne abgekupfert zu haben, nachdem einer seiner ex-Mitarbeiter dort seine Dienste angeboten hatte. Für die Germania-Boote U 3 und U 4 der k.u.k Marine ist er gewissermaßen im Hintergrund unfreiwillig als der geistige Vater der Konstruktion zu sehen.

Der in Wien geborene spanische Ingenieur Raymondo Lorenzo d'Equevilley-Montjustin (1873–1925), hier in Kiel mit dem von ihm entworfenen Versuchsboot »Forelle«. Er hatte nur kurz, ab ca. 1899, bei Maxime Laubeuf gearbeitet, u.a. am Design des neuartigen U-Bootes »Narval«, konnte aber in Frankreichs Schiffbauindustrie nicht richtig Fuß fassen (oder hatte nicht genügend Geduld dafür). Schon Anfang 1902 bot er dem Krupp-Konzern sein Wissen und Know-how an, welcher seine neu erworbene Germania-Werft beauftragte, das Material zu prüfen und gegebenenfalls zu nutzen. Schiffsbauingenieur Hans Techel erkannte dort sofort den hohen Wert der vorgezeigten Unterlagen, entwickelte die Ideen schnell weiter und Germania wurde bald zur führenden deutschen U-Boot-Werft.

Basierend auf dem Wissen von Ingenieur d'Equevilley wurde 1903 das nur 13 m lange Versuchsboot »Forelle« (15,5 t) fertiggestellt, mit einem Hybridantrieb aus einem Elektro- und einem Verbrennungsmotor. Aber Deutschlands Marine zeigte sich weiter an U-Booten uninteressiert, das kleine Boot wurde von Germania an Russland verkauft. Eine Delegation im Auftrag der k.u.k. Kriegsmarine informierte sich bereits im Herbst 1905 in Kiel über die Modalitäten für einen allfälligen Bauauftrag von U-Booten bei Germania, hatte aber noch nicht das Pouvoir, einen Vertrag abzuschließen. Germania hatte damals selbst noch kaum Erfahrung im U-Boot-Bau. Aber bereits 1907 wurde ein Vertrag zum Bau von zwei k.u.k. U-Booten abgeschlossen.

seiner Geburt österreichischer Staatsbürger, gab später an, überhaupt keine Geburtsurkunde zu besitzen und bekam schließlich beim spanischen Konsulat in Paris, wo er und sein Vater gute Freunde hatten, eine spanische Staatsbürgerschaft (erst 1914 beantragte er dann die französische). Wie bei seinem Vater ist viel von seinem Leben im Dunklen und nur mit widersprüchlichen Dokumenten »belegt«. Bereits als Ingenieur auf der Werft Forges et Chantiers de la Mediterranée war er 1895 wegen des Verdachts entlassen worden, Unterlagen an Vulcan in Stettin verkauft zu haben; er arbeitete dann sogar ein paar Jahre selbst bei Vulcan (er sprach auch gut Deutsch, offenbar aufgrund seiner österreichischen Kindheit). 1899 ging er wieder nach Frankreich, wo er sich nun für U-Boote interessierte. Hier war er für den führenden französischen U-Bootkonstrukteur Maxime Laubeuf (* 23.11.1864 in Poissy - † 23.12.1939 in Cannes) tätig und arbeitete am Entwurf des U-Bootes »Narval« mit; es war eine revolutionäre Konstruktion, das erste U-Boot der französischen Marine mit einem kombinierten Antrieb (mit Bleiakkumulator-gespeistem Elektroantrieb für die Unterwasserfahrt) und einem separaten Antrieb (Dampfmaschine) für die Überwasserfahrt. Mit der späteren »Aigrette«-Klasse wurden die Dampfmaschinen durch Dieselmotoren ersetzt, eine bis heute übliche Kombination.
In Frankreichs Schiffsbauindustrie konnte d'Equevilley aber auch als U-Bootbauer nicht richtig Wurzeln schlagen, sein

Basierend auf dem Versuchsboot »Forelle« bestellte die Kaiserliche Marine ihr erstes U-Boot, U 1, das am 4.8.1906 vom Stapel lief und am 14.12.1906 in Dienst gestellt wurde. Die beiden auf der Germania Werft 1907–09 für Österreich gebauten Boote sind als eine direkte Weiterentwicklung von U 1 zu sehen. Man beachte die seltsame Navigationsbrücke für Überwasserfahrt, verkleidet mit Segeltuch, die auf den Turm aufgesetzt wurde. Auch die k.u.k. U-Boote verwendeten in der Anfangszeit diese unpraktische, nur im Stützpunkt entfernbare Brücke.

Versuch, einen eigenen Entwurf zum Bau anzubieten, scheiterte. Bereits Anfang 1902 wechselte er quasi die Seiten. Der junge Ingenieur bot der Firma Krupp seine Dienste an, d.h. nach einer offensichtlich nur sehr kurzen Tätigkeit als U-Boot-Konstrukteur. Frankreich galt damals zurecht als die technisch führende U-Boot-Nation, er hatte Zugang zu den Entwürfen der Ingenieure Claude Goubet, Gustave Zédé und vor allem Maxime Laubeuf gehabt und so konnte er viel von

Schiffbauhalle der Germania-Werft in Kiel, mit den k.u.k. Booten U 3 und U 4 in Bau.

Die »Kobben« war das erste Unterseeboot der norwegischen Marine und wurde von Germania ab 1907 gebaut, Stapellauf war am 5. Mai 1909. Es handelte sich praktisch um ein Schwesterschiff der beiden k.u.k. Boote U 3 und U 4. Das Foto zeigt den noch offenen Maschinenraum der »Kobben« in einer Werftaufnahme aus Kiel.

diesem Know-how an die Germania in Kiel transferieren; für Krupp ein außergewöhnlicher Glücksfall, für den man sehr gern etwas Geld locker machte.
1903 war das nur 13 m lange Boot »Forelle« von 15,5 t (16,5 t getaucht) fertig und wurde im Herbst d.J. sogar vom see- und technikbegeisterten Kaiser Wilhelm II. besichtigt (nach einigen Berichten machte der Kaiser sogar selbst eine -Tauchfahrt mit, was jedoch nicht stimmt, aber sein jüngerer Bruder, Prinz Heinrich von Preußen, hat eine solche im September 1903 unternommen).
Auf der Germaniawerft beschäftigte sich der Schiffsbauingenieur Hans Techel (* 19.2.1870 - † 22.2.1944) jedenfalls genau mit seinen Plänen und Entwürfen und lernte sehr viel von d'Equevilley. Dipl.-Ing. Hans Techel wurde bald zum führenden deutschen U-Bootkonstrukteur. Er schreibt dazu: »Im Anfang des Jahres 1902 machte der Ingenieur d'Equevilley der Firma Fried. Krupp, Essen, den Vorschlag, ihr seine Spezialkenntnisse und Ergebnisse seiner Studien auf dem Gebiete des Baus von Unterseebooten zur Verfügung zu stellen. Die Germaniawerft, die kurze Zeit vorher in den Besitz der Firma Krupp übergegangen war, wurde mit der Prüfung des von Herrn d'Equevilley vorgelegten Materials betraut und sprach sich günstig darüber aus. Aufgrund dieses Gutachtens wurde von Herrn F.A. Krupp der Bau eines Versuchsfahrzeuges genehmigt und schon im Februar desselben Jahres, nachdem Herr d'Equevilley der Firma für längere Zeit verpflichtet worden war, mit den Vorarbeiten begonnen. Die Deutsche Marine stand damals dem U-Bootbau noch abwartend gegenüber, so daß die Firma Fried. Krupp für sich das Verdienst in Anspruch nehmen darf, die Entwicklung der neuen Waffe in Angriff genommen zu haben, ohne daß für die nächste Zeit Aufträge der Deutschen Marine zu erwarten waren.« (Teichel: »Der Bau von Unterseebooten auf der Germaniawerft«, S.5)
Obwohl Techel selbst bald viele eigene Ideen einbrachte und die Entwürfe auch entscheidend weiterentwickelte, waren die grundsätzlichen Züge seiner U-Boot-Konstruktion anfangs klar auf Laubeuf zurückzuführen, der sie später auch mehrfach in Publikationen als Plagiat kritisierte. In seinem Buch »Sous-marins et submersibles« aus 1918 schreibt Maxime Laubeuf (S. 78) trocken über Deutschlands erstes U-Boot U 1:

SM U 3 und U 4 kurz dem nach Eintreffen in Pola, aufgenommen 1909. Die Überstellungen in die Adria, anfangs als großes Problem betrachtet, erwiesen sich als problemlos. Sie wurden nacheinander, vom Hochseeschlepper »Gladiator«, von der Nordsee, über Gibraltar und Malta, nach Pola geschleppt, wo sie im Jänner bzw. Mai 1909 eintrafen. Es waren die ersten beiden k.u.k. U-Boote, die früher bestellten Boote U 1 und 2 waren erst deutlich später einsatzbereit. Thronfolger Erzherzog Franz Ferdinand, der sich über seine halboffizielle, als »Militärkanzlei« bezeichnete Dienststelle früh für die Beschaffung von U-Booten eingesetzt hatte, besichtigte die beiden ersten österreichisch-ungarischen U-Boote im Juli 1909.

Der sehr markante Turm von U 3 in einer Vorkriegsaufnahme. Man sieht, um wie viel größer der Turm gegenüber den Lake-Booten konzipiert ist. Man beachte auch den weißen Auspuffrauch der Petroleum-Motoren.

U 3 mit groß aufgemalter Kennzahl am Turm, im Hafen von Brioni, wahrscheinlich im Sommer 1914 aufgenommen. Auch das im Hintergrund erkennbare Nobelhotel Neptun diente als Unterkunft für die Offiziere und (etwas später auch) Besatzungen.

»Il était imité des submersibles français type *Aigrette*, mis en chantier en mai 1902, trois ans auparavant. Il est entré en service en février 1907.« (Übersetzung: *Es ist eine Imitation des französischen Tauchbootes vom Typ Aigrette, das im Mai 1902 begonnen wurde, drei Jahre zuvor. Es wurde im Februar 1907 in Dienst gestellt.*) Die militärische Geheimhaltung der Details bot hier der Germaniawerft aber einen guten und willkommenen Schutz, klare Beweise für die Anschuldigungen von Laubeuf waren kaum möglich. Techel verwehrte sich zwar vehement gegen den Vorwurf einer, wie er sagte, »unrechtmäßigen« Aneignung von Laubeufs Konstruktionsunterlagen und Kenntnissen, es stand aber außer Frage, dass er sehr vom Wissen von d'Equevilley profitiert hatte. Das hat er im Prinzip aber auch nie bestritten, er verwehrte sich eben nur gegen den Vorwurf der unrechtmäßigen Beschaffung von Informationen, die ihm d'Equevilley ja am Silberteller präsentiert hatte.

D'Equevilley konnte dann auch in Deutschlands Schiffbauindustrie nicht Fuß fassen und verließ die Germania-Werft 1907. Danach schien sein Interesse am U-Boot-Bau zu schwinden, er zog wieder nach Paris und interessierte sich nun für die Luftfahrt. Eine erhebliche »Schuld« an seinem Weggang trifft dabei die sich hier wenig dankbar zeigende Kaiserliche Marine, die der Germania Werft mehrmals signa-

Eine farbige österreichische Korrespondenzkarte mit Titel »U-Boot auf hoher See«, das nach der Vorlage eines Germania-Bootes gestaltet wurde, wahrscheinlich auf Basis eines heute längst verschollenen Lichtbildes.

Eines der Germania-Boote (U 3 oder U 4) auf See. Sie waren klar als Tauchboote konzipiert, d.h. sie sollten über Wasser operieren und allenfalls auch angreifen und im Notfall tauchen; Lake und Holland verfolgten dagegen lange die Idee eines vorwiegend auf den Unterwassereinsatz ausgelegten Bootes, die technisch erst viel später zur Reife gelangte.

Selbst im weitgehend getauchten Zustand ist der Typ Germania an der Form des oberen Turmbereiches noch klar erkennbar. Das Foto stammt von den Probefahrten aus 1909 oder 1910, möglicherweise wurde es noch in Kiel aufgenommen.

SM U 3 in der Bocce di Cattaro. Das Boot erzielte keine Versenkungserfolge. Es wurde am 13.8.1915 vor Brindisi von einem italienischen Hilfskreuzer gerammt und durch den französischen Zerstörer »Bisson« versenkt. Der Kommandant Karl Strnad gab noch den Befehl, das Boot zu verlassen, blieb aber selbst an Bord und ging mit sechs Mann, die im Bootsinneren nicht mehr geborgen werden konnten, unter.

lisiert hatte, dass sie dort »aufgrund der führenden Stellung eines Ausländers in der Konstruktionsabteilung« keine neuen U-Boote bauen lassen wollte. Er hatte sein Geld bekommen, er war nicht mehr erwünscht. D'Equevilley hatte sich übrigens auch als Autor betätigt, er veröffentlichte bereits 1901 in Paris das Buch »Les bateaux sous-marins et les submersibles«. Darin beschreibt er die Geschichte des U-Boot-Baus und die sehr grundsätzliche Technik von U-Booten, angeblich soll er bereits damals geheime französische Unterlagen verwendet haben, wie ihm aus französischen Kreisen später vorgeworfen wurde.

Aber auch die Kaiserlich Marine zeigte sich weiterhin sehr reserviert gegenüber diesen neuen technischen Unterwasser-Sonderbarkeiten, die vielversprechende und eigentlich funktionsfähige »Forelle« wurde nicht etwa übernommen und technisch genau studiert; sie wurde von Germania, aufgrund mangelnden Interesses des Reichsmarineamtes, im April 1904 an Russland verkauft (dort »Forelj«), mitten im Krieg gegen Japan. Schlachtschiffe, im kaiserlichen Deutschland noch Linienschiffe genannt, beherrschten das Denken der Admirale, Alfred Tirpitz war da keine Ausnahme. Diese kleinen Unterseeboote störten nur in der schönen Welt der immer größer werdenden Stahlgiganten und ihrer Panzerplatten und Geschütztürme. Er musste aber bald deutlich umdenken.

Nach langem Zuwarten und Zögern erteilte am 4.4.1904 das

U 3 oder U 4 unterwegs bei Pola, zahlreiche Besatzungsmitglieder befinden sich an Deck. Der weiße Rauch der Petroleum-Motoren ist typisch für die Germania-Boote.

U 4 Seitenaufnahme, möglicherweise bei den Probefahrten. Die Aufnahme entstand bei Pola, die See ist spiegelglatt. Beachte die Stabilisierungsflosse in Fahrtrichtung am Heck, die nach zahlreichen Versuchen 1914 durch eine quergestellte, größere Flosse ersetzt wurde.

Reichsmarineamt doch den Auftrag, den Bau eines deutschen U-Bootes konkret vorzubereiten, am 22.7.1904 gab Staatssekretär Alfred von Tirpitz (* 19.3.1849 in Küstrin - † 6.3,1930 in Ebenhausen) die Order, eines bauen zu lassen. Es war aber viel mehr das Drängen der Öffentlichkeit bzw. besonders der Presse, als seine innere Überzeugung, die ihn dazu veranlasst hatte. Er verteidigt sich in seinen »Erinnerungen« (S. 118) mit den Worten: »Schon im Frieden war ich gewöhnt, mir Rückständigkeit vorwerfen zu lassen. ... Ich greife zwei Beispiele heraus, das Uboot und das Luftschiff. Ich habe es abgelehnt, für Uboote Geld wegzuwerfen, solange sie nur in Küstengewässern fahren, also uns nichts nützen konnten; sobald aber seefähige Boote gebaut wurden, war ich der erste, der sie in großem Stil förderte ...« An anderer Stelle (S. 32) schreibt er, auf einen langen Aufenthalt in Fiume zurückblickend: »Der Whiteheadsche Torpedo war von der Idee her richtig; aber es steckte in ihm noch zu viel rohe Maschinenarbeit, er entbehrte daher der uhrwerksartigen Sicherheit. Ähnliches hat sich u.a. beim Uboot wiederholt, das ja ebenfalls Qualitätsarbeit erfordert.«
Tirpitz stellte aber 1904 einen klugen und technisch versierten Schiffsbauingenieur, Marine-Oberbaurat Gustav Berling (* 6.11.1869 in Schwerin - † 17.3.1943 in Köln) dafür ab, in

U 4 im Zentralkriegshafen Pola in einer Vorkriegsaufnahme. Es war das erste k.u.k. U-Boot, das in Dienst gestellt wurde (29.8.1909).

Kiel mit der Germaniawerft ein solches Projekt umzusetzen, die sich mit der »Forelle« von Raymond d'Equevilley als erste deutsche Werft Kompetenz und einen entscheidenden technischen Vorsprung im Bau eines funktionsfähigen U-Boo-

Das Germania-Boot U 4 mit dem Torpedoboot Tb 18 ex »Natter«.

tes angeeignet hatte. Auch Marine-Oberbaurat Berling hatte U-Boote früher als »großen Unsinn« bezeichnet. Nun kam die Kaiserliche Marine nicht mehr an ihnen vorbei und er wurde zum Leiter einer von Tirpitz neu geschaffenen Dienststelle, der Unterseebootabteilung der Torpedoinspektion des Reichsmarineamtes, ernannt; diese unterstand nicht dem großen und einflussreichen Konstruktionsdepartment, sondern Tirpitz unmittelbar. Berling befreundete sich mit Techel und es entwickelte sich bald eine gute, zügig voranschreitende Zusammenarbeit zwischen Krupp Germania und der Kaiserlichen Marine im U-Boot-Design und Bau (1913 wurde dann per Erlass des Kaisers die eigenständige »Uboot-Inspektion«, kurz UI, geründet.)

Erst 1906 wurde von der Germania Werft mit U 1 das erste U-Boot an die Kaiserliche Marine übergeben: Stapellauf war am 4.8.1906, die Indienststellung erfolgte am 14.12.1906. Es basierte technisch in sehr vielen Punkten auf der »Forelle«, war aber viel größer, hatte eine Länge von 42,39 m (ü.a.), Breite 3,8 m, Verdrängung 238 ts (getaucht 283 ts), 12 Mann Besatzung, als Bewaffnung ein Torpedorohr Kaliber 45 cm (drei Torpedos), als Antriebsanlage dienten zwei Körting Petroleum-Motoren, dazu zwei Elektromotoren, Maschinenleistung 400 PS insgesamt, zwei Wellen, 10,8 Knoten Geschwindigkeit (getaucht 8,7 Knoten); das Boot hatte eine Tauchtiefe von 30 m. Heute steht U 1, das stets nur zu Versuchs- und Schulzwecken verwendet wurde, als Ausstellungsstück im Deutschen Museum in München. Die beiden auf der Germania Werft 1907-09 für Österreich gebauten Boote (SM U 3 und U 4) sind als eine direkte Weiterentwicklung von U 1 zu sehen.

U 4 in einer Aufnahme vor dem Seebad Abbazia, fotografiert während der dortigen Sportwoche.

Eine Delegation im Auftrag der k.u.k. Kriegsmarine informierte sich sogar zwar schon im Herbst 1905 in Kiel über die Modalitäten für einen allfälligen Bauauftrag bei Germania, hatte aber noch nicht das Pouvoir, einen Vertrag abzuschließen. Als großes Problem wurde auch die Verbringung der Boote von der Ostsee in die Adria angesehen.

Germania hatte damals außer dem Versuchsboot »Forelle« und dem in Bau befindlichen U 1 noch keine echte Erfahrung mit dem Bau von U-Booten, das Deutsche Reich auf staatlicher Ebene (Reichsmarineamt) noch viel weniger. Es war also sehr mutig von Wien, so früh in Kiel anzuklopfen. Das deutsche Boot U 2, ein selbst erstellter Amtsentwurf der Torpedoinspektion und am Papier konstruktiv U 1 deutlich überlegen, wurde auf der Kaiserlichen Werft in Danzig erst im März 1906 in Auftrag gegeben (man traute dem »starken ausländischen Einfluss bei Germania« in Kiel nicht, d.h. der führenden Rolle von d'Equevilley, der ja bereits bewiesen hatte, dass er auch jederzeit woanders zu arbeiten bereit war). Nach Darstellung des führenden deutschen U-Bootexperten Eberhard Rössler wurde der Bau von U 2 dann »wegen der fehlenden Fertigungserfahrung auf diesem technischen Neuland zu einem Fiasko« (»Geschichte des deutschen Ubootbaus«, Bd. 1, S. 12). Das Boot lief erst am 18.8.1908 in Danzig vom Stapel, zwei Tage vor dem k.u.k. U-Boot U 3 in Kiel. Die Antriebsanlage des deutschen Bootes U 2 war jahrelang kaum zu benutzen, vor allem die neuartigen Leitungssysteme bekam man sehr lange nicht in den Griff. Von großer

deutscher Erfahrung im U-Boot war also zur Zeit der Bestellung der beiden Boote aus Wien noch absolut keine Spur.
Die Germania-Werft, die Krupp international als U-Bootswerft zu etablieren versuchte und bisher nur für Russland baute (drei Boote der »Karp«-Klasse als vergrößerter Typ »Forelle«), wollte aber 1906 offenbar den Auftrag aus Österreich-Ungarn unbedingt, auch als Visitenkarte, offerierte verschiedene Entwürfe zu günstigen Preisen, im November d.J. einen, der voll und ganz auf die Wünsche der Herren des Marinetechnischen Komitees maßgeschneidert war. Ausgearbeitet hatten ihn d'Equevilley und Techel gemeinsam.
Techel schreibt über den begehrten Bauauftrag aus Österreich-Ungarn für die im U-Boot-Bau noch so unerfahrene Werft: »Die günstigen Ergebnisse der Erprobungen der russischen und des ersten deutschen U-Bootes brachten der Werft im März 1907 den Auftrag auf 2 Boote für Österreich-Ungarn ... und im Oktober desselben auf ein weiteres für Norwegen.« (Techel, a.a.O., S. 79)
Am 12.3.1907 wurde von Österreich-Ungarn der Kaufvertrag mit Germania abgeschlossen, d.h. etwa fünf Monate nach jenem für die beiden Lake-Boote (s. Aichelburg: »Die Unterseeboote Österreich-Ungarns«, Bd. 1, S. 41). Man kann die beiden Boote durchaus als unmittelbare Weiterentwicklung von U 1 oder als einen »deutschen Entwurf à la française« bezeichnen, denn Laubeuf war im Hintergrund via d'Eque-

U 4 von achtern fotografiert am 27.2.1916, die im Jahr 1914 auf beiden Booten eingebaute Stabilisierungsflosse am Heck ist gut zu sehen, die hochgestellte Flosse wurde entfernt. Dem Boot gelang es am 18.7.1915 den italienischen Panzerkreuzer »Giuseppe Garibaldi« zu versenken und im Juni 1915 den britischen Kreuzer HMS »Dublin« zu torpedieren; dieser sank allerdings nicht.

Das Germania-Boot U 4 im Stützpunkt Gjenovic in der Bocce bei der Treibstoffübernahme.

Der Turm von U 4, vom Achtereck aus fotografiert.

villey unfreiwillig Pate gestanden. Im Sinne der Bezeichnung »Lake«- und »Holland«-Boote, nach den Vätern ihrer Entwürfe, hätte man U 3 und U 4 eigentlich die »Laubeuf«-Boote nennen müssen.
Und es war auch durchaus ein Glück für Österreich-Ungarn, dass man keinen fortschrittlicheren Entwurf aus Deutschland zum Kauf angestrebt hatte, wie der Flop um das deutsche Projekt U 2 belegt, das damals parallel in Bau war (erst einige Jahre später zog Deutschland den anderen Nationen im U-Boot-Bau technisch davon).
Auch die beiden später sogenannten »Germania-Boote« hatten noch keinen Diesel-, sondern zwei 8-Zylinder-Zweitakt-Petroleummotoren mit je 300 PS für die Fahrt über Wasser. Die Kiellegungen für beide Zweihüllen-Boote erfolgten am 12.3.1907, d.h. bereits am Tag der Unterzeichnung des Kaufvertrages, der wahrscheinlich nur mehr eine Formalität war, die Stapelläufe im August und November 1908, die Indienststellungen am 12.9. und 29.8.1909. Obwohl also sowohl Kiellegungen, Stapelläufe und die Indienststellungen deutlich vor jenen der Lake-Boote lagen, wurden die Germania-Boote nummernmäßig als SM U 3 und U 4 in die k.u.k. Kriegsmarine übernommen, da die Bauverträge später abgeschlossen worden waren als jene für die beiden Lake-Boote, die zu U 1 und U 2 geworden waren.
Gegenüber dem deutschen U 1 hatten sie eine größere Tauchtiefe, eine druckfestere Turmform und bessere Trimmeigenschaften etc. Techel widmet sich in seinem Buch sehr genau den technischen Leistungen und Verbesserungen der k.u.k. Boote gegenüber U 1: »Die Tauchtiefe wurde auf 50 m vergrößert; hierfür mußten die Spanten des Druckkörpers enger gesetzt werden. Die Boote erhielten Linien ohne paralleles Mittelschiff; dies ermöglichte, mit geringer Steigerung der Maschinenleistung etwa 12 Kn über Wasser zu fahren. Im übrigen muß bemerkt werden, daß sowohl die österreichisch-ungarische als auch die norwegische Marine auf kleine Wasserverdrängung und auf hohe Unterwasserleistung den größten Wert legten.« (Techel, a.a.O., S.80f; es folgt dort noch eine ausführliche technische Beschreibung).
Für Norwegen wurde von Germania mit der »Kobben« ab 1907 ein sehr ähnliches Boot gebaut, das erste Unterseeboot für das erst 1905 unabhängig gewordene Königreich, Stapellauf war am 5.5. Mai 1909. Es handelte sich praktisch um ein Schwesterschiff der beiden k.u.k. Boote.
Mit dem Bau selbst hatte Österreich-Ungarn bei U 3 und U 4, anders als bei den Lake-Booten, nichts zu tun. Auch sie hatten noch erhebliche Konstruktionsdefizite, bedingt durch die mangelnde deutsche Bauerfahrung, wie sich bei den Erprobungen zeigte, z.B. zu kleine Tiefenruder, die erst im Arsenal in Pola vergrößert wurden; am Heck wurde dann 1914 eine große Stabilisierungsflosse montiert. Auch die mäßigen Taucheigenschaften führten zu einer Reihe von experimentellen Erprobungen und daraus folgenden Abänderungen in mehreren Bereichen. Aber die sprichwörtliche deutsche Qualität der Bauausführung wurde von der k.u.k. Marine in höchstem Ausmaß gelobt und auch die anderen U-Boot-Typen der ersten Generation hatten natürlich ihre Kinderkrankheiten.
Erich Heyßler, Leiter der Unterseebootsstation in Pola, beschreibt in seinen »Erinnerungen«, die Zeit in Kiel bei der Übernahme der ersten beiden k.u.k. U-Boote ab Frühsommer 1908, als er mit zwei Offizieren (als künftige U-Boot-kommandanten), einem Maschinenbetriebsleiter und sechs Unteroffizieren für mehrere Monate dorthin beordert wurde (S.282f): »Bei der Germania Werft in Kiel waren unsere ersten beiden U-Boote (U 3 u. U 4) in Bau … Wir fanden die beiden Boote, am Stapel der Germania Werft ziemlich weit vorgeschritten, mit bereits eingebauten Petroleum- und Elektromotoren, die Zeit bis zum Stapellauf wurde auf etwa 2 Monate geschätzt.
Es begann jetzt für uns eine Zeit fleißiger Arbeit und namentlich fleißigen Lernens. Wir bekamen ein Zimmer auf der Werft, wo wir täglich, vor- und nachmittags, die uns anfangs kaum verständlichen Pläne und Schaltungsschematur, zuerst mit Beihilfe deutscher Ingenieure studierten. Nicht einmal zum Mittagessen hatten wir Zeit, denn die Mittagszeit der Arbeiter, wenn die Boote, die sonst wie Ameisenhaufen wimmelten, leer waren, mußten wir benützen, um das in den Plänen theoretisch Verdaute in Natura im Boot zu studieren. Wer

U 4 führte während des Krieges zeitweise diesen Tarnanstrich, wie auch viele andere k.u.k. U-Boote um 1915. Die Anstriche der U-Boote wechselten häufig, es gab auch eine Reihe von aufwändigen Versuchen, um den bestgeeigneten Anstrich zu finden. Man beachte das im Krieg eingebaute 3,7-cm-Geschütz am Turm, der Geschützführer saß wie ein Reiter am schmalen Turm. Erst später wurde ein 7-cm-Deckgeschütz von Škoda installiert.

kein U-Bootsmann ist, macht sich keine Vorstellung, was da an Flut-, Pressluft-, Brennstoff-, Drainage-, Ventilations- und elektrischen Leitungen auf engstem Raum zusammengedrängt ist. Dazu die den vorderen, unteren Schiffsraum fast ganz füllenden Akkumulatoren, die Maschinen, Hilfsmaschinen und Elektromotoren – das Ganze starrt einen anfangs wie ein böser Traum, als unenträtselbares Gewirre entgegen. Und es bedarf monatelanger Arbeit, um endlich darin so heimisch zu sein, wie es der U-Bootsoffizier sein muß.«

Obwohl Heyßler und die beiden angehenden Kommandanten nur im Rang von Linienschiffsleutnants waren, wurden sie in Kiel sogar von Prinz Heinrich von Preußen zum Lunch eingeladen, dem jüngeren Bruder des Kaisers, Admiral und Chef der Hochseeflotte von 1906 bis 1909 (ab 1909 Großadmiral); er bestand aber darauf, dass sie in Zivil erschienen. Über die Werft und ihre Arbeit schreibt Heyßler sehr positiv: »Die Germania Werft verfügte über ganz hervorragende Fachleute unter ihren Ingenieuren, Leute, deren Kenntnisse, Erfahrung, vereint mit unermüdlichem Eifer und Arbeitskraft, der deutsche Schiffs- und Maschinenbau eben sein einzig dastehendes Aufblühen verdankte. Mit ihnen über technische Frage zu sprechen, war ein wirklicher Genuss.« (Heyßler, a.a.O., S. 284).

Die Kinderkrankheiten der Zweihüllenboote waren dagegen gravierend und teilweise struktureller Natur, besonders hinsichtlich der Antriebsanlagen. Dazu wieder Heyßler (S.285f): »Es kam die Zeit, wo unsere Unterseeboote vom Stapel gingen und bald darauf begannen die Probefahrten. Diese Boote waren, was den schiffbaulichen und elektrischen Teil betrifft, schon ganz so vorgeschritten, wie es ihre größeren Brüder im Krieg waren. Sehr im Rückstand waren noch die Ölmotoren für die Überwasserfahrt und die Periskope. Der Dieselmotor war noch nicht so weit entwickelt, um auf U-Booten verwendet werden zu können. Andrerseits hatte man in Deutschland schon die Unmöglichkeit der Benzinmotoren auf kriegstauglichen Unterseebooten erkannt. Der größte Teil der vielen Unglücke und Verluste von Booten und Menschen, die in jener Anfangszeit der U-Bootwaffe auftraten, lag in den Benzinmotoren. Weniger war es die Feuergefährlichkeit dieses Brennstoffes, als die Benzindämpfe, die im Inneren eines luftdicht abgeschlossenen U-Bootes, wo Menschen auf engstem Raum zusammengedrängt sind, daß die Atemluft außerordentlich knapp ist, Vergiftungserscheinungen und Bewußtlosigkeit hervorriefen und eine große Gefahr für die Bemannung und das Boot waren. Unsere anderen vier Versuchsboote, Whitehead- und die Lake-Boote, hatten noch Benzinmotoren und ich habe damit genug böse Erfahrungen gemacht, auf die ich noch zurückkommen werde.

Unsere ‚Germania'-Boote hatten Petroleummotoren. Petroleum zählt schon zu den schweren Ölen und verbreitet keine gefährlichen Dämpfe. Aber die Motoren waren unverläßlich,

Seitenaufnahme von U 4 während des Krieges in der Bocce.

brauchten ein langes Vorwärmen unter großer Rauchentwicklung, bevor sie ansprangen, lange Überseereisen mit ihnen waren unmöglich und man würde sie heute nicht mehr als kriegsbrauchbar anerkennen.«

Ein besonderes Problem war aber das auch in Deutschland noch kaum vorhandene Personal zum Betrieb von Unterseebooten (Heyßler, a.a.O. S. 287f): »Die Probefahrten waren anfangs recht abenteuerlich. Die Germania Werft hatte keinen wirklich erfahrenen U-Bootkommandanten, es gab ja überhaupt noch kaum solche. So gab es da einen ‚Seemännischen Kommandanten', der ein Handelskapitän war, einen ‚Tauchkommandanten', das war der Schiffsbauoberingenieur, dann einen Maschinenbauer, der die Maschine und einen Elektroingenieur, der die elektrische Anlage ‚kommandierte'. Da gab es ein wildes Durcheinander.«

Er beschreibt dann die Schwierigkeiten und die mangelnde Erfahrung sehr anschaulich am Beispiel einer Probetauchfahrt (S. 287): »Die Tauchfahrten fanden in der Eckernförder Bucht statt, die zum Glück nicht über 20 Meter tief ist. Beim ersten Tauchversuch fuhren wir, unter dieser republikanischen Leitung, unter 45 Grad Neigung in den Grund und blieben dort stecken. Der zurückschlagende Propeller wirbelte oben in der Luft herum und das Begleitboot, ein Tender, fuhr verzweifelt rund um das über Wasser ragende Heck. Im Boot waren wir alle im wirren Knäul nach vorne in den Bug geflogen, erst langsam entwirrten wir uns und kletterten aufwärts gegen Achter. Kein Trimmen half und auch das Ausblasen der vorderen Tanks half nichts. Ein ominöser, süßlicher Chlorgeruch verbreitete sich im Boot. Dieses Gas entsteht, wenn die Schwefelsäure der Akkumulatoren ausläuft und sich mit dem Seewasser mischt, welches sich in der Folge kleiner Undichtigkeiten, meistens von der Kühlung der Motoren stammend, im Soodraum findet. Bei größeren Wassereinbrüchen, wenn Seewasser in die Akkumulatoren dringt, bedeutet es den Tod der Bemannung, denn es ist ein tödliches Giftgas. Es verlor aber niemand den Kopf. Langsam kletterten wir nach Achter ins Heck und das Gewicht der ganzen dort versammelten Bemannung, vereint mit den sonstigen angewandten Mitteln drückte endlich das Heck herunter, der Bug löste sich aus dem Schlamm, wir kamen hoch und waren gerettet.«

Die Probefahrten wurden 1908 bis Anfang 1909 weitgehend abgeschlossen. Die Überstellungen ins Mittelmeer erwiesen sich als relativ problemlos: beide Boote fuhren nach Fertigstellung aus eigener Kraft von Kiel durch den Kaiser Wilhelm-Kanal in die Elbmündung und wurden nacheinander ab Brunsbüttel mit dem Hamburger Hochseeschlepper »Gladiator«, über Gibraltar und Malta, nach Pola geschleppt, wo U 3 am 24.1. und U 4 am 19.4.1909 eintrafen.

Nun begannen die Erprobungen der Boote in der Adria unter Aufsicht Heyßlers als Leiter der k.u.k. Unterseebootstation Pola. Er schreibt dazu in seinen »Erinnerungen« (S. 290): »Im Frühjahr trafen die beiden ‚Germania'-Boote im Schlepp eines Hamburger Hochseeschleppers in Pola ein und es begannen die Übernahmeerprobungen. Bei allen Fahrten führte ich das Kommando. Da gab es Geschwindigkeitsproben, über und unter Wasser, Schnelligkeit des Tauchens, Fahrten bei stürmischer See, über und unter Wasser etc. Bewohnbarkeitsproben, bei welchen wir mit voller Bemannung 12 Stunden am Meeresgrund liegen mußten, wobei ein Arzt Puls und Blutdruck aller Eingeschlossenen stündlich kontrollierte.«

Aber offenbar war nicht einmal die Germania Werft selbst von der Belastbarkeit der Boote beim Tauchen in größere Tiefen überzeugt (Heyßler, a.a.O., S. 290): »Am schwierigsten gestaltete sich die Versenkprobe, wobei das Boot auf 50 Meter Tiefe versenkt und die Druckfestigkeit des Bootskörpers erprobt werden sollte. Man hatte damals noch wenig Vertrauen und Erfahrung, und selbst die Leute von der Germania Werft bestanden darauf, dass das Boot ohne Bemannung versenkt würde. Wenn man bedenkt, dass der Druck, also auf jeden Quadratmeter der Oberfläche, 50.000 kg beträgt, schien das wohl begreiflich. Mit einem indessen eigens erbauten Bergekran wurde nun das Boot, das so getrimmt wurde, dass es unter Wasser nur ganz geringes Gewicht hatte, versenkt und eine Stunde belassen. Beim Aufwinden ergab sich gleich, dass etwas geschehen war. Nur dank der starken Ketten und großen Kraft des Kranes gelang es, das Boot in schiefer Lage an die Oberfläche zu bekommen. Es war ziemlich viel Wasser eingedrungen, die Elektromotoren und ein Teil der Akkumulatoren-Batterie waren ruiniert. Die geringfügige Undichtigkeit eines Rohres hatte dies bewirkt. Es dauerte drei Monate, bis das Boot wieder betriebsfähig war. Wäre nur ein Mann im Boot gewesen, er hätte das Unglück leicht verhindern können. So beantragte ich, das nächste Boot mit uns an Bord zu versenken, was mir aber in Anbetracht der Gefährlichkeit verboten wurde. Als ich nun mit einigen Unteroffizieren und Ingenieuren eine letzte Runde im Boot gemacht hatte und wir es gut verschlossen versenkt und nach einer Stunde wieder gehoben hatten, tauchte zu unserem Erstaunen, beim Öffnen der Luke, ein Unteroffizier auf. Der Brave hatte sich im Boot versteckt, um Undichtigkeiten, wie beim ersten Versuch, zu bekämpfen und hatte es heimlich getan, da er wußte, man würde es ihm nicht erlauben. Eine kühne Tat, denn er hatte keine Telefonverbindung mit oben, und auch nicht die Mittel, das Boot im Falle eines Wassereinbruchs hochzubringen.

Die Proben mit den ‚Germania'-Booten verliefen gut, wozu nicht nur das wohldurchdachte System, sondern auch die gründliche, solide Arbeit der deutschen Ingenieure beitrug.«

Der marinebegeisterte Thronfolger Erzherzog Franz Ferdinand, der sich über seine halboffizielle, als »Militärkanzlei« bezeichnete Dienststelle früh für die Beschaffung von U-Booten eingesetzt hatte, besichtigte die beiden ersten österreichisch-ungarischen U-Boote in Pola im Juli 1909. (Kaiser Franz Joseph I., dem Schiffe sowieso äußerst suspekt waren, bekam U-Boote dagegen nie zu Gesicht.)

Obwohl nur sehr bedingt fronttauglich, wurden die beiden U-Boote mangels Alternativen ab Kriegsbeginn umfangreich eingesetzt. U 4 konnte am 18.7.1915 den italienischen Panzerkreuzer »Giuseppe Garibaldi« versenken und im Juni 1915 den britischen Kreuzer HMS »Dublin« durch Torpedotreffer beschädigen. U 3 erzielte keine Versenkungserfolge und wurde im August 1915 vom italienischen Hilfskreuzer »Città di Catania« gerammt und, nach dem erzwungenen Auftauchen, vom französischen Zerstörer »Bisson« durch Artillerie versenkt (7 Gefallene).

SM U 3 und U 4 in Pola 1915, bereits mit gut erkennbarer Stabilisierungsflosse am Heck.

U 3-Klasse – Typ Germania (2 Boote)	
SM U 3	
Kiellegung	12.3.1907; Stapellauf: 20.8.1908, Indienststellung: 12.9.1909
Bauwerft	Germaniawerft Kiel
Verbleib	am 13.8.1915 gerammt (Hilfskreuzer »Città di Catania«) und dann versenkt durch Artilleriefeuer des französischen Zerstörers »Bisson«
SM U 4	
Kiellegung	12.3.1907; Stapellauf: 20.11.1908; Indienststellung: 29.8.1909
Bauwerft	Germaniawerft Kiel
Verbleib	1920 an Frankreich; Abbruch
Anmerkungen	Zweihüllenboot, verbesserter Entwurf des deutschen Typs U 1. Von Kiel nach Pola geschleppt, dort ausgerüstet.
Technische Daten	
Abmessungen	Länge 43,2 m, Breite 3,8 m, Tiefgang 2,95 m
Verdrängung	240 ts (über Wasser), 300 ts (unter Wasser)
Maschinenanlage	Zwei 8-Zylinder-Zweitakt-Petroleummotoren mit je 300 PS Für Unterwasserfahrt: Zwei Elektromotoren mit je 160 PS Höchstgeschwindigkeit 12 Knoten (8,5 Knoten unter Wasser), 2 Wellen
Bewaffnung	1× 3,7 cm L/23 am Turm (1 x 7 cm L/26 Škoda ab 1915/16) 2 × Torpedorohre 45 cm (2 Bug, 1 Heck); 3 Torpedos
Besatzung	21 Mann

5. Die beiden Holland-Boote U 5 und U 6

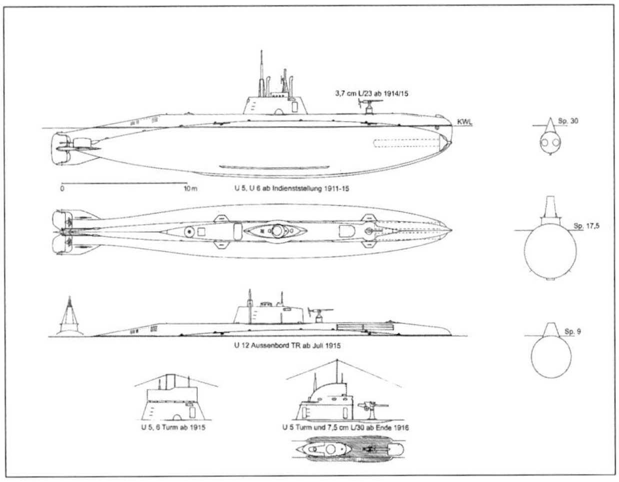

Die Holland-Boote U 5 und U 6 (Skizze Prof. Erwin Sieche).

Die dritte Gruppe an Versuchsbooten waren die Holland-Boote, auf deren Baugeschichte hier besonders umfassend eingegangen werden soll, da diese zu jenem interessanten Investment in Österreich-Ungarns U-Bootsbau führte. Namensgeber war ein aus Irland stammender Amerikaner namens Holland, er gilt heute als Vater der U-Bootwaffe der U.S. Navy und neben Lake darf in der Geschichte des Baus der ersten einsatzfähigen U-Boote sein Name nicht fehlen. Auch bis nach Wien und Pola war dieser Name schon durchgedrungen und auch von diesem Konstrukteur wollte die k.u.k. Kriegsmarine zwei Boote bauen lassen. Diese Einhüllenboote wurden schließlich nicht direkt bei der Electric Boat Company in den USA, sondern bei der Firma Whitehead in Fiume bestellt und dort auch gebaut, basierend grundsätzlich auf den Patenten und Konstruktionsentwürfen von John Philipp Holland (* 24. Februar 1841 in Liscannor, Irland - † 12.8.1914 in Newark, New Jersey), aber in der Praxis als sehr eigenständige Weiterentwicklung auf Grundlage der Entwürfe des amerikanischen Schiffbauingenieurs Lawrence York Spear (* 23.10.1870 in Warren, Ohio - † 9.9.1950 in Groton, Connecticut; nach anderen Angaben Sterbedatum 26.9.1950). Sub-Contractor von Whitehead war die Electric Boat Company Co. in Newport, Connecticut. John Holland hatte die Firma Electric Boat nämlich bereits 1904 im Zorn verlassen. Wie es im Detail dazu kam, wird noch zu schildern sein. Auch andere Länder, wie die USA, England, Russland und die Niederlande hatten bereits Erfahrungen im Bau von sogenannten Holland-Booten.

Der Vertrag für die beiden Boote SM U 5 und U 6 wurde am 3.12.1907 mit Whitehead unterzeichnet (s. Aichelburg: »Die Unterseeboote Österreich-Ungarns«, Bd. 1, S. 45), sie wurden Anfang 1908 in Fiume auf Kiel gelegt, liefen im Februar bzw. Juni 1909 vom Stapel und wurden im Juli 1910 in Dienst gestellt. Ein drittes Boot (mit Werftbezeichnung: »S.S. 3«) wurde ohne Auftrag privat von der Firma Whitehead gebaut, in der Hoffnung es später an die k.u.k Kriegsmarine (oder im Ausland) verkaufen zu können; es lief als Nachzügler im März 1911 vom Stapel (s. U 12).

Die Holland-Boote U 5 und U 6 basieren auf dem amerikanischen Unterseeboot USS »Octopus« (SS-9), Typschiff der C-Klasse. Sie wurden von Lawrence Y. Spear konstruiert, eigentlich müssten sie deshalb die »Spear«-Boote heißen (John Holland hatte aber 1899 auch seine Namensrechte an Electric Boat verkauft). Das Foto zeigt USS »Octopus« bei Probefahrten vor Rhode Island im Jahr 1907.

U 5 im Dock der Whitehead-Werft. Die Formgebung des Rumpfes erinnert sehr an moderne Unterseeboote ab 1945 und war tatsächlich für den schwerpunktmäßigen Einsatz unter Wasser gedacht, also nicht nur als tauchfähiges Torpedoboot. Das Design war ihrer Zeit aber um einige Jahrzehnte voraus, die Entwicklung zum reinen U-Boot mit Elektroantrieb und Verbrennungsmotoren, die vorwiegend deren Aufladung dienen, war noch nicht reif für die Praxis.

U 5 im brandneuen Hafenbecken der Whitehead-Werft, kurz nach dem Stapellauf. In der Fachliteratur wird bisher stets behauptet, dass die Torpedofabrik Whitehead unbedingt in den U-Boot-Bau einsteigen wollte. Zutreffend ist viel mehr, dass es die neuen englischen Mehrheitseigentümer um den Vickers-Konzern waren, die das wollten, nachdem die Firma 1907 in eine Aktiengesellschaft umgewandelt worden war. Die Firmenleitung in Fiume stand der Idee sehr skeptisch bis ablehnend gegenüber. Für den Einstieg in den Bau von U-Booten war auf englisches Drängen auch stark in die Infrastruktur investiert worden.

U 5 bei den Probefahrten, noch mit dem unpraktischen Turmaufsatz ausgestattet, der als Navigationsbrücke für Überwasserfahrten diente und nur im Stützpunkt entfernt werden konnte. Das Boot war beim Einsatz dieser Vorrichtung nicht tauchfähig. Diese wurde nur kurzzeitig verwendet und bald ausgemustert.

Vom Typ her ähneln U 5 und U 6 sehr dem amerikanischen Unterseeboot USS »Octopus« (SS-9), Typschiff der C-Klasse, entworfen von Lawrence Y. Spear. Dieses Boot wurde von der Fore River Shipbuilding Company in Quincy, Massachusetts (Sub-Contractor war die Electric Boat Company Co., Newport in Connecticut) am 4.10.1906 vom Stapel gelassen und am 30.6.1908 in Dienst gestellt; 1911 in C-1 umbenannt und vorwiegend für Erprobungs- und Testzwecke verwendet. USS »Octopus« verdrängte 238 ts (getaucht 275 ts), war 32,11 m lang, 4,24 m breit, bei 3,33 m Tiefgang. Die Antriebsanlage bestand aus zwei Craig-Benzinmotoren (zusammen 480 PS) und zwei Elektromotoren (230 PS) für 11

U 5 im Kanal von Fasana, vor Pola, bei der Bergung von abgefeuerten Übungstorpedos.

»S.M Unterseeboot V«, so die Beschriftung dieser Korrespondenzkarte. Das Boot ist hier in Pola zu sehen.

U 5 passiert in der Bocce einlaufend, mit angetretener Besatzung, ein Schlachtschiff der »Monarch«-Klasse, aufgenommen bei der Rückkehr nach der Versenkung des französischen Panzerkreuzers »Léon Gambetta« am 27.4.1915.

U 5 vor einem Schlachtschiff der »Monarch«-Klasse nach Versenkung der »Léon Gambetta«; die Besatzung des U-Bootes ist angetreten und schwenkt die Mützen.

Von vorne aufgenommen, in der Bocce di Cattaro, laut Beschriftung am 24.8.1915: U 5 mit Tarnanstrich, fünf Mann der Besatzung sind an Deck angetreten, der Kommandant steht am Turm. Gut zu erkennen auch das extrem schmale Deck der Holland-Boote. (Anmerkung: Das Foto kursiert auch mit der Beschriftung als U 6).

Knoten Überwasserfahrt (9 Knoten Unterwasser). Für zwei Torpedorohre (Kaliber 450 mm) konnten vier Torpedos mitgeführt werden.

Die Abnahme-Probefahrten und diversen Erprobungen mit dem ersten Whitehead-Boot U 5 begannen im Frühjahr 1909, kurz darauf folgte U 6 im Sommer d.J. Diese fanden wieder unter der erprobten Aufsicht von Korvettenkapitän Erich Heyßler statt, dem Leiter der k.u.k. Unterseebootstation Pola, der in seinen »Erinnerungen« über Probleme und heftige Zusammenstöße mit der Baufirma im Zuge der Übernahme berichtet (S. 290f): »Größere Schwierigkeiten ergaben sich mit den Whitehead-Booten, zu deren Übernahme ich viele Wochen in Fiume zubrachte. Whiteheads hatte ihre neue U-Bootabteilung in die Hände eines ehemaligen hol-

Eine weitere Aufnahme aus dieser Serie von U 5 (oder U 6?) mit Tarnanstrich und einem 4,7-cm-Geschütz. Erst 1916/17 wurden anstelle der Petroleummotoren neue Dieselmotoren eingebaut und ein 7,5-cm-Geschütz installiert.

U 5 im Schwimmdock in der Bocce während des Krieges.

Am 16.5.1917 sank U 5 bei Übungen im Kanal von Fasana durch einen Minentreffer. Sechs Mann kamen ums Leben, sie waren im Bugraum eingeschlossen worden, alle ihre verzweifelten Versuche, aus dem auf Grund liegenden Boot herauszukommen scheiterten, so wie auch der Versuch einer schnellen Hebung des Bootes. Es wurde erst am 23.6.1917 aus 36 m Tiefe gehoben und ist hier eingedockt in Pola zu sehen.

U 5 nach dem fatalen Minentreffer vom Mai 1917. Der schwere Schaden durch eine Seemine unbekannter Herkunft ist hier gut am Heck erkennbar.

ländischen Seeoffiziers namens Coster gegeben. Sie bauten Boote des ‚Holland'-Typs, deren Bestandteile aus Amerika kamen und unter Leitung amerikanischer Ingenieure in Fiume zusammengesetzt wurden. Man trachtete mir die Boote ‚anzuhängen' und verschleierte Fehler, z.B. den zu großen Brennstoffverbrauch durch heimliche Nachfüllung abgemessener Benzintanks etc. Der mir befreundete Chef der Firma, Graf Hoyos, mischte sich nicht ein, er hielt Coster die Stange und hat wohl erst später dessen wenig solides Wesen erkannt. Ich musste sehr auf der Hut sein und zerstritt mich später vollkommen mit Coster. Bei einer Schlechtwetter-Fahrt versagten beide Benzinmotoren, wir wären fast gestrandet, es gelang mir noch das Boot zu retten, indem ich es fast bis in die schwere Schiroccobrandung treiben ließ und mit der letzten Spannung der Elektromotoren hinter den Wellenbrechern der Petroleumfabrik brachte. Diesmal machten wir die Versenkproben, des nur auf 35 m Tiefe druckfesten Bootes, mit voller Bemannung. Obwohl wir der Solidität des Taues nicht sehr trauten. Es war nicht gerade gemütlich da unten auf Grund zu liegen, während es im Druckkörper von Zeit zu Zeit verdächtig knackte. ... Endlich wurden auch diese beiden Boote übernommen.«

Auch die beiden Holland-Boote U 5 und U 6 waren nur sehr bedingt fronttauglich, trotzdem wurden auch sie sofort ab Kriegsbeginn umfangreich und erfolgreich eingesetzt. U 5 versenkte am 27.4.1915 den französischen Panzerkreuzer »Léon Gambetta« (684 Gefallene) und im August des Jahres das italienische U-Boot »Nereide« sowie am 08.06.1915 den

In Pola zur Reparatur: U 5 unmittelbar nach Hebung am 23.6.1917 in der Werft des Seearsenals in Pola. Der 240-t-Kran, der zur Bergung verwendet worden war, ist rechts im Bild zu sehen.

U 5 auf See mit neuem 7,5-cm-U-Boot-Geschütz, hier nach der Wiederindienststellung.

Das nach dem Minentreffer 1917 wiederhergestellte Boot U 5 mit neuer Turmgestaltung. Es wurde danach nicht mehr für Kampfeinsätze verwendet, sondern nur zu Ausbildungszwecken.

italienischen Hilfskreuzer »Principe Umberto« (1750 Tote). U 6 im März 1916 den französischen Zerstörer »Renaudin«. Das Boot blieb am 13.5.1916 in der Otranto-Sperre an Netzen hängen und musste von eigener Besatzung versenkt werden (dabei keine Mannschaftsverluste).

Taufe von SM U 6 auf der Whitehead Werft in Fiume am 12.6.1909. Hier sieht man auch sehr deutlich, wie extrem schmal der Turm und das Deck der sogenannten Holland-Boote konzipiert war.

U 6 beim Stapellauf 1909, vom neuen Hafenbecken aus fotografiert. Zwei Boote nebeneinander konnten in der 1907/08 errichteten Schiffbauhalle gebaut werden.

Gegenüber den alten Fotos von der Silhouette her kaum wiederzuerkennen: U 5 nach der neuerlichen Indienststellung nach dem Minentreffer vom Mai 1917.

Zum Vergleich U 6 vor der Küste Dalmatiens, laut Originalbeschriftung bei den Probefahrten fotografiert, in Wirklichkeit aber im Juni 1915 in der Bocce aufgenommen.

Das Torpedodepotschiff SMS »Gäa« in der Bocce di Cattaro, das dort den ganzen Krieg über als U-Boot-Tender fungierte, mit dem großen deutschen U-Boot U 35 längsseits (achtern) und dem k.u.k. Boot U 6, im Bereich des vorderen Mastes längsseits vertäut.

U 6 mit dem »felsenartigen« Tarnanstrich in der Bocce 1915.

U 6 in der Bocce, mit neuer Turmform, die ab November 1915 zum Einsatz kam und mit 4,7-cm-Geschütz vorne. Unter dem Kommando von Hugo von Falkhausen wurde U 6 am 10.5.1916 in der Straße von Otranto im Netz von Bewachungsbooten gefangen und musste durch das Öffnen der Flutventile von der eigenen Bemannung versenkt werden. Diese wurde von den Bewachern aufgefischt und gerettet.

U 5-Klasse – Typ Holland (3 Boote)	
SM U 5	
Kiellegung	9.4.1908; Stapellauf: 10.2.1909; Indienststellung: 1.4.1910
Bauwerft	Whitehead-Werft Fiume
Verbleib	16.5.1917 vor Fasan von Mine getroffen und gesunken; geborgen und repariert; 1920 an Italien; Abbruch
SM U 6	
Kiellegung	21.2.1908; Stapellauf: 12.6.1909; Indienststellung: 1.7.1910
Bauwerft	Whitehead-Werft Fiume
Verbleib	am 13.5.1916 an der Otranto-Netzsperre hängengeblieben; selbstversenkt.
SM U 12 (gebaut als S.S. 3; im Juli 1914 von k.u.k. Kriegsmarine angekauft)	
Kiellegung	1909; Stapellauf: 14.3.1911; Indienststellung: 21.8.1914
Bauwerft	Whitehead-Werft Fiume
Verbleib	8.8.1915 Minentreffer vor Venedig und gesunken, keine Überlebenden
Anmerkungen	Einhüllenboote, gebaut auf der neuen Whitehead-Werft in Fiume, basierend auf Patenten des irisch-amerikanischer Erfinders John Holland; Typ entspricht USS »Octopus«, C-Klasse. Diverse Einzelteile wurden von der Electric Boat Company Co., Newport Connecticut geliefert, auch die Benzinmotoren kamen aus den USA. Ein drittes Boot wurde von der Whitehead-Werft als »S.S.3« auf eigene Rechnung gebaut, bei Kriegsausbruch von k.u.k. Kriegsmarine angekauft und als U 12 in Dienst gestellt.
Technische Daten	
Abmessungen	Länge 32,1 m, Breite 4,2 m, Tiefgang 3,9 m
Verdrängung	240 ts (über Wasser), 273 ts (unter Wasser)
Maschinenanlage	Zwei 6-Zylinder-Benzinmotoren, je 250 PS (U 6 ab 1915 Dieselmotoren) Für Unterwasserfahrt: Zwei Elektromotoren, je 115 PS Höchstgeschwindigkeit 11 Knoten (8,5 Knoten unter Wasser), 2 Wellen
Bewaffnung	1 × 3,7 cm L/23 (U 5 später 1 x 4,7 cm L/33) und dann 1 x 7,5 cm L/30 Škoda) 2 × Torpedorohre 45 cm, (Bug); 4 Torpedos
Besatzung	19 Mann

6. John Philip Holland und die Electric Boat Company

Es erscheint hier zur Hintergrund-Beleuchtung des Aufbaus eines ausländischen Investments zum U-Boot-Bau in Fiume angebracht, vorerst die Person Holland und die amerikanische Electric Boat Company etwas näher zu beschreiben.
Der Konstrukteur John Philip Holland, genialer Techniker und Erfinder, war irischer Patriot und wollte schon in seiner Jugend mittels der Idee von Unterseebooten die Royal Navy bekämpfen. Er war Lehrer, sah sehr schlecht, was ihn daran gehindert hatte, eine Laufbahn bei einer Marine einzuschlagen, was angeblich sein eigentlicher Wunsch gewesen wäre. Wie so viele Iren emigrierte er in die USA (1873) und beschäftigte sich dort intensiv und systematisch mit seinem Jugendtraum, in der Hoffnung Geldgeber für sein Projekt zu finden. Die fand er, nachdem sich die U.S. Navy uninteressiert gezeigt hatte, vorerst bei den Fenians, der finanzstarken Irisch-Republikanischen Bruderschaft, die das Unabhängigkeitsbestreben der Iren gegen die Engländer unterstützte, mit Geld und auch mit Waffen. Er konnte mehrere seiner Entwürfe z.T. baulich umsetzen und lernte jedenfalls technisch sehr viel dazu; die Brauchbarkeit dieser Unterwasserfahrzeuge war aber noch recht begrenzt, führte schließlich auch zum Bruch mit der Irisch-Republikanischen Bruderschaft und er begann privat als technischer Zeichner zu arbeiten.
Im Umfeld der U.S. Navy wurde man erst auf ihn wirklich aufmerksam, als in Europa schon die ersten U-Boote gebaut wurden und auch die amerikanische Marine sich mit solchen Booten beschäftigte. Schon 1888 beteiligte er sich an einer Ausschreibung der Navy (für ein »Submarine torpedo boat«, das 15 Knoten über und 8 Knoten unter Wasser schnell sein sollte) und setzte sich auch gegen die Entwürfe von Simon Lake durch; allein die Implementierung des Projekts kam nie zustande.

John Philip Holland (1841–1914), ein genialer, aus Irland stammender Ingenieur; er gilt heute als Vater der U-Bootwaffe der U.S. Navy. Wie Simon Lake war er viel mehr an der Entwicklung von U-Booten interessiert, als am Geld, das er damit verdienen konnte. Er verließ deshalb 1904 im Streit die Electric Boat Co., in der Isaac Rice das Sagen hatte; die 1907 von der k.u.k. Marine bestellten U-Boote wurden dennoch die Holland-Boote genannt, was legitim war, da er sogar die Rechte auf seinen Namen verkauft hatte.

1893 gründete Holland gemeinsam mit dem finanzstarken Anwalt Elihu Brintnal Frost (* 12.5.1860 - † 22.8.1925), den er nach dessen Erzählung zufällig bei einem Essen getroffen und sein finanzielles Leid geklagt hatte, die Holland Torpedo Boat Company, was schließlich entscheidend zu seinem Erfolg und Durchbruch beitrug. Frost hatte das in den Entwürfen steckende Potential sofort erkannt, er hatte Geld und auch guten Zugang zu führenden Kreisen in der U.S. Navy.
Holland baute, nach mehreren erfolglos abgebrochenen Projekten, mit Frosts Kapital im Hintergrund schließlich 1896/97 das 74 ts verdrängende U-Boot »Holland VI« auf eigene Kosten, das am 17.5.1897 vom Stapel lief. Es wurde von einem 50 PS starken Petroleummotor angetrieben, mit aufladbaren Elektromotoren für die Unterwasserfahrt und einem 45-cm-Torpedorohr mit zwei Whitehead-Reservetorpedos an Bord. Die Besatzung bestand aus 9 Mann. Nachdem die U.S. Navy zwei Jahre lang mit diesem kleinen, privat finanzierten Boot experimentiert hatte, kaufte sie es am 11.4.1900 an und stellte es im Oktober als USS »Holland« in Dienst. Norman Friedman nennt es den »prototype of all modern U.S. submarines« (Friedman, »U.S. Submarines Through 1945«, S. 24). Für Unterwasserfahrzeuge wurde nun eine neu geschaffene Schiffskennung eingeführt, das Boot mit SS-1 klassifiziert. Ein Vertrag für sechs weitere Boote wurde unterzeichnet.
In diesem Zusammenhang muss aber nun vor allem der Name Isaac Rice (* 22.1.1850 in Wachenheim an der Weinstraße - † 2.11.1915 in New York) erwähnt werden, als wichtigster Investor und zentraler Vermarkter seiner U-Bootentwürfe. Im Jahre 1900 ging die Holland Torpedo Boat Company in der 1899 von Rice gegründeten Electric Boat Company in Connecticut auf (davor Electric Storage Battery Company); John Holland wurde dadurch praktisch zum Angestellten von Isaac Rice, wie es Friedman treffend ausdrückt, der aber ganz andere Ziele hatte als Holland: »He wanted to continue

developing submarines, but Rice had a different priority: selling submarines. The shift in control, from inventor to investor/salesman, is probably inevitable for any inventor of a successful product.« (Friedman, a.a.O., S. 26). In diesem Punkt kann man Friedman kaum widersprechen.

Hollands Anwalt bzw. früherer Partner Elihu B. Frost wurde 1900 Vizepräsident und Finanzmanager von Electric Boat. Sie ist heute ein substantieller Teil von General Dynamics, einem amerikanischen Technik- und Rüstungskonzern mit ca. 40 Milliarden Dollar Jahresumsatz.

John Holland, der weiter in seiner Erfindersturheit versuchte, seine genialen Ideen umzusetzen, wurde in der Firma bald ausgebootet und kaltgestellt. Ihm schwebte weniger ein Tauchboot vor, das man jetzt in großen Stückzahlen verkaufen sollte, vielmehr ein »richtiges« Unterseeboot, mit Schwerpunkt auf den Unterwassereinsatz (wie es aber erst 1945 mit dem deutschen Typ XXI frontreif wurde; damit war er seiner Zeit viel zu weit voraus). Er verließ die Electric Boat Company verbittert 1904. Rice hatte mit dem schon davor erwähnten Ingenieur Lawrence Y. Spear einen Mann für Electric Boat eingekauft, der davor den Bau von U-Booten im Auftrag der U.S. Navy schiffbaulich bearbeitet hatte. Spear war Marineoffizier gewesen, interessierte sich aber mehr für den Schiffsbau als den Dienst an Bord, beendete als Leutnant seine Offizierskarriere und arbeitete als ziviler Schiffbauingenieur für die U.S. Navy. Er wusste genau, was diese wollte und genau deshalb brauchte ihn Rice. Dazu Friedman (a.a.O., S. 29): »In 1902, Rice hired Spear as vice president and naval architect. Spear was particularly important to Rice because he understood the navy's unexpressed needs ... He knew that active naval support was needed to maintain any containing submarine progress.«

Eigentlich hatte Rice ja Holland 1899 garantiert, dass er mindestens fünf Jahre alleiniger U-Boot-Designer von Electric Boat bleiben würde, gegen sehr viel Geld und im Ausgleich gegen die Rechte an all seinen Erfindungen und Patenten (es soll sich um fast 2000 gehandelt haben!).

Der brillante und leidenschaftliche Erfinder John Philip Holland in einem U-Bootturm.

Holland arbeitete eine Zeitlang mit Spear zusammen, der über 60-Jährige konnte sich aber à la longue nicht damit abfinden, dass dieser um 30 Jahre jüngere Ingenieur im konstruktiven Bereich zunehmend strategisch das Sagen hatte. »With Spear on board, Rice was free to abandon Holland, who left Electric Boat in March 1904. Spear designed the next, *Octopus* (C-Class). For many years, he was a major force in the U.S. submarine development.« (Friedman, a.a.O., S. 29). Dieser Umstand ist für Österreich-Ungarns Marinegeschichte insofern wichtig, als U 5 und U 6, die beiden sogenannten »Holland-Boote« der k.u.k. Kriegsmarine, bereits ganz auf dem »Octopus«-Entwurf von Lawrence Y. Spear beruhen, d.h. als John Holland die Firma Electric längst verlassen hatte (der Kaufvertrag für U 5 und U 6 wurde im Dezember 1907 unterzeichnet). Eigentlich müssten sie deshalb die »Spear«-Boote heißen, obwohl natürlich noch substantielle Technik und Patente von Holland für diesen Entwurf zur Anwendung kamen.

Lawrence Y. Spear spielte im amerikanischen U-Boot-Bau eine vergleichbare Rolle wie Hans Techel im deutschen; auch er war der hochbegabte und sehr praktische Schiffbauingenieur, der die ihm zugetragenen Entwürfe der eigentlichen Erfinder für die Verwendung durch die eigene Marine adaptierte und dabei auch substantiell weiterentwickelte. Nach beiden Schiffbauingenieuren wurden später auch Kriegsschiffe ihrer jeweiligen Marinen benannt (wie übrigens auch nach Holland und Lake). Und in dieser Funktion hatten beide Ingenieure natürlich auch Zugriff auf das nötige Geld und entsprechende Ressourcen der Privatindustrie, um große Staatsaufträge zu lukrieren.

Simon Lake, dem stets der finanzstarke Hintergrund gegenüber seinem Konkurrenten John Holland fehlte, schreibt in seiner Biographie (hgg. von Corey, S. 153f) über Isaac Rice: »When I tried to get money in the market I got nowhere. Bankers did not want any part or parcel of what I offered. The Holland patents had been sold to the Electric Boat Company, and the Holland boats had been improved, beyond any question. Isaac L. Rice of New York was the president of the Electric Boat Company, and he was a pushing, ruthless, hardfinished millionaire. ... He was a business man and could see farther ahead than I could.«

John Holland bekam das auch nochmals in seinen letzten zehn Lebensjahren selbst zu spüren, vom verbitterten Weggang bei Electric Boat 1904 bis zu seinem Tod 1914: er entwarf und entwickelte in dieser Zeit weiter U-Boote, fand aber keine Geldgeber und er konnte diese nicht mal mehr unter seinem renommierten Namen vermarkten, da sich Electric Boat auch »Holland« als Markenname gesichert hatte. Darum heißen auch noch die österreichisch-ungarischen »Holland-Boote« so, obwohl er sie gar nicht mehr selbst konstruiert hatte.

Isaac Rice spielt dann auch eine wichtige Rolle beim Investment von Whitehead in Fiume. Besonders wichtig zum Verständnis der Geschichte des U-Boot-Baus in Österreich-Ungarn ist aber auch die parallele Entwicklung in England, die anfangs untrennbar mit den Namen Holland und Vickers in Verbindung steht und deshalb kurz erwähnt werden muss.

7. Der Vickers-Konzern und die Holland-Boote

Der spätere Schiffbau-, Stahl- und Rüstungskonzern Vickers wurde 1828 von Edward Vickers (* 1804 - † 1897) in Sheffield als Gussstahlfabrik gegründet und kam vor allem durch Geschäfte mit der Eisenbahnindustrie zu Reichtum. 1867 wurde die Firma in eine Kapitalgesellschaft umgewandelt und erhielt die neue Bezeichnung Vickers, Sons & Company Ltd., später schlicht als Vickers Ltd. gekürzt. Im Zuge stetiger Erweiterung erwarb Vickers Ltd. eine komplette Produktpalette zum Bau von Kriegsschiffen, inklusive Artillerie, Maschinen, Elektrotechnik, Panzerstahl und Werke im Schiffbau selbst, u.a. durch den Ankauf der traditionsreichen Schiffswerft Barrow Shipbuilding Company in Barrow-in-Furness, auch bekannt als Naval Construction Yard (diese hatte sogar schon rudimentäre, allerdings weit zurückliegende Erfahrung mit dem Versuch, U-Boote zu bauen, die aber nicht brauchbar waren, wie so viele frühe Entwürfe).

Auch die W.G. Armstrong-Whitworth & Co., Ltd. war ein zentrales englisches Rüstungsunternehmen mit ähnlich breiter Produktpalette, der Hauptsitz befand sich in Elswick bei Newcastle upon Tyne. Firmengründer war 1847 William George Armstrong (* 26.11.1810 in Benwell, Newcastle upon Tyne - † 27. Dezember 1900 in Cragside bei Rothbury). Durch Fusion mit dem Maschinenbauunternehmen von Joseph Whitworth (* 21.12.1803 in Stockport - † 22.1.1887 in Monte Carlo) entstand 1897 der Konzern Armstrong-Whitworth. Eine Fusion von Vickers mit Armstrong-Whitworth erfolgte erst 1927, die tatsächliche Zusammenarbeit ist aber viel älter, auch der Einstieg bei Whitehead in Fiume 1907 erfolgte durch beide Konzerne gemeinsam.

Die Royal Navy hatte, wie auch die Kaiserliche Marine, um die Jahrhundertwende noch keine U-Boote, die Admiralität in London betonte sogar öffentlich, auch gar keine zu brauchen. In der Praxis konnte man aber, als größte Seemacht der Welt, die zunehmend alarmierenden Berichte der Marineattachés, besonders aus Paris und Washington, über angeblich ein Dutzend neuer französischer U-Boote und den Ankauf von sehr brauchbaren Unterseebooten durch die U.S. Navy, nicht länger ignorieren. Auch in England fragte die Presse, wieso die Royal Navy U-Boote komplett ignorieren zu können glaubte. Im Januar 1900 wurde dem englischen Marineattaché in Washington dann konkret der Kauf eines Holland-U-Bootes von der Electric Boat Company angeboten, die seit 1899 dessen U-Bootprojekte von Amerika aus weltweit vertrieb, was der Marineattaché natürlich nach London berichtete. Da die Royal Navy keine Erfahrung mit solchen Fahrzeugen hatte, wandte sie sich an die Rüstungsfirma ihres Vertrauens, Vickers Ltd. bzw. ihre Barrow Shipbuilding Company (später Vickers, Sons & Maxim). Es folgten Verhandlungen von Vickers mit der Electric Boat Company, welche bald zu einem Abschluss kamen.

Bereits im Dezember 1900 unterzeichnete die Royal Navy mit dem Vickers-Konzern den ersten Vertrag zum Bau von U-Booten, im Oktober 1901 sollte das erste Boot der »Holland«-Klasse abgeliefert werden, HM »Submarine Torpedo Boat No 1«, üblicherweise »Holland 1« genannt. Auch im technisch fortgeschrittenen England erwies sich der U-Boot-Bau als nicht so einfach, erst im April 1902 konnten die ersten Tauchversuche unternommen werden (das Boot sank übrigens viele Jahre später in einem Sturm, im Jahr 1913; es wurde 1981 gehoben und ist heute im Royal Navy Submarine Museum in Gosport, gegenüber von Portsmouth, ausgestellt). 1902 liefen bei Barrow Shipbuilding die Boote Holland 2 bis 5 vom Stapel, die alle 1903 in Dienst kamen. Vickers baute daraufhin die 11 Boote der »A«-Klasse, als verbesserter Typ Holland, und wurde die führende englische Werft im U-Boot-Bau. Um 1904 hielt Vickers bereits ca. 30% der Anteile von Electric Boat und war wichtigster Großaktionär neben Isaac Rice (vgl. Friedman, a.a.O., S. 36).

Der Vickers-Konzern dachte in großen Zügen und wollte expandieren; auch nach Österreich-Ungarn. Dort bot sich eine einmalige Gelegenheit, die mit U-Booten zumindest recht direkt in Verbindung stand: die weltweit führende Torpedofabrik suchte einen neuen Mehrheitseigentümer.

Anzeige von Vickers Ltd. 1914, abgedruckt in Janes's Fighting Ships.

II. Die Torpedo-Fabrik Whitehead und ihr Einstieg in den U-Boot-Bau

1. Robert Whitehead und die Hintergründe des Einstiegs der Torpedo-Fabrik Whitehead in den U-Boot-Bau

Robert Whitehead (1823–1905) der geniale Entwickler des modernen Torpedos, der dann auch eine entscheidende Voraussetzung für den Siegeszug der Unterseeboote im 20. Jahrhundert war.

V.l.n.r.: George Graf Hoyos (1842–1904), Schwiegersohn und engster Vertrauter von Robert Whitehead und John Whitehead (1854–1902), der technisch hochbegabte älteste Sohn von Robert. Rechts Edgar Graf Hoyos (1876-1952), Generaldirektor der Whitehead Torpedofabrik und Werft.

Doch nun zurück an die Adria. Warum war nun 1907 doch eine heimische Privatfirma in den Bau von Unterseebooten für die k.u.k Kriegsmarine eingestiegen? Die Antwort liegt in der hochinteressanten Geschichte eines weiteren Auswanderers, der des genialen Engländers Robert Roger Whitehead (* 3.1.1823 in Bolton, England - † 14.11.1905 in Shrivenham, Berkshire, England), dem »Vater des Torpedos«. Es ist für das Verständnis der weiteren Entwicklungen sinnvoll, das Leben dieses interessanten Mannes, das er zu einem erheblichen Teil in Österreich-Ungarn verbrachte, etwas ge-

Gediegene englische Atmosphäre beim Billardspiel in der Villa Whitehead: Robert Whitehead (rechts), in der Mitte Tal Jones (technischer Direktor) und links (wahrscheinlich) Whiteheads Tochter Alice (Foto: Rob Riddle).

Torpedoproduktion bei Whitehead in Fiume um 1900.

nauer zu untersuchen. Mit U-Booten steht sein Name aber meist nur insofern in Verbindung, als sich dieser Schiffstyp ohne die Erfindung des Torpedos sicher nicht so rasch und so erfolgreich durchgesetzt hätte. Dass auch eine österreichisch-ungarische Werft mit dem Firmennamen Whitehead U-Boote baute, ist weit weniger bekannt.

Während die Entwicklung des Torpedos zurecht dem in Fiume lebenden Engländer Robert Whitehead zugeschrieben wird, war der Ideengeber dafür ein österreichischer Marineoffizier, Giovanni Biagio Luppis (* 27.8.1813 in Fiume - † 11.1.1875 in Torriggia), die Schreibweise des Vornamens z.T. auch Johann oder sogar Ivan, der es in Österreichs Kriegsmarine bis zum Rang eines Fregattenkapitäns brachte. Er wurde später geadelt und nannte sich dann Freiherr von Rammer.

Robert Whitehead wurde kein Freiherr, er blieb ein selbstbewusster Bürgerlicher, hat nie einen Adelstitel verwendet, auf den er allein schon auf Grund eines hohen ungarischen Ordens, mit dem er ausgezeichnet wurde, Anspruch gehabt hätte. Während Whitehead nicht nur einen ungarischen Orden bekam, sondern mit Auszeichnungen aus aller Welt quasi überhäuft wurde, hat sich sein Heimatland England übrigens niemals zu einer Auszeichnung für ihn durchringen können. Das dürfte ihn doch etwas gekränkt haben. (Aber natürlich kam auch niemandem der Torpedo ungelegener als England, der größten Seemacht der Welt und man war wohl nicht so »amused«, dass er seine Erfindungen im Ausland entwickelte und umsetzte.)

Luppis hatte die Idee eines unbemannten, von Land aus steuerbaren, relativ schnellen Überwasser-Kleinfahrzeuges, das mit einer darin enthaltenen Explosivladung gegen ein Schiff gelenkt werden sollte, um beim Zusammenstoß damit zu detonieren. Dieses Projekt hatte er angeblich gemeinsam mit einem anderen, unbekannten und bereits verstorbenen österreichischen Marineoffizier entwickelt und dann allein weiterentwickelt. Whitehead, der damals für Stabilimento Tecnico di Fiume Schiffsmaschinen konstruierte und baute, traf in Fiume (Rijeka) mit Luppis zusammen; wie und wo dieses Treffen erstmals genau zustande kam, dafür gibt es einige abweichende Versionen, ist hier aber nicht wirklich wichtig. Whitehead sah sofort, dass die Idee genial war. Luppis nannte seine Erfindung »Salvacosta«, etwa »Küstenretter«, es kursiert u.a. auch die Bezeichnung »Küstenbrander«, später auch »Minenschiff« etc. Luppis hatte auch bereits selbst versucht, seine Konstruktion baulich umzusetzen. Aber sowohl die gesamte Technik als auch die verwendeten Materialien waren völlig unzulänglich und absolut unbrauchbar für die Praxis.

Nach dem Tod von Robert Whitehead 1905 war dann langfristig kein geeigneter Nachfolger für die Torpedofabrik in Sicht. Edgar Graf Hoyos übernahm schon kurz davor die Leitung als Generaldirektor, die Firma wurde in eine Aktiengesellschaft umgewandelt, die englischen Konzerne Vickers und Armstrong übernahmen dann die Mehrheit und entschieden sich zudem für den Einstieg der Firma in den U-Boot-Bau.

Viele neue Erkenntnisse über Robert Whitehead finden sich in den unveröffentlichten Aufzeichnungen von Edgar (Eddy) Graf Hoyos (* 7. Februar 1875 in Fiume - † 18. Juni 1952 in Satteins, Vorarlberg), die marinehistorisch höchst interessant sind und nach Information des Autors noch nicht für die Forschung zu Österreichs Marinegeschichte ausgewertet worden. Titel: »Aufzeichnungen über mein Leben und über unsere Familie, sowie Einiges über die Geschichte des Torpedos«.

Diese Aufzeichnungen werfen zum Teil ein ergänzendes, zum Teil auch ein völlig neues Licht auf die Geschichte des genialen Erfinders des Torpedos und dessen Fabrik in Fiume, deren Leitung Edgar Graf Hoyos später übernahm. Sofern nicht anders angegeben, stammen alle nachfolgenden Zitate aus diesen unveröffentlichten Aufzeichnungen von Edgar Graf Hoyos. Die von ihm verwendete und etwas antiquierte Rechtschreibung ist dabei unverändert übernommen.

Whitehead wird darin meist als »Nono«, also mit dem italienisch-venezianischen Wort für Großvater bezeichnet, da der Vater von Edgar, George Graf Hoyos, mit einer Tochter von Whitehead verheiratet war. Robert Whitehead war offenbar ein sehr angenehmer, bescheidener Mensch, durch und

Die Villa Whitehead in Rijeka im Juni 2021; sie zeugt heute noch vom Wohlstand, den Robert Whitehead mit seiner neuentwickelten Waffe erlangte, die den Seekrieg vollkommen revolutionierte. (Fotos G. Stadler)

Die berühmte Lancierstation (zum Einschießen der Torpedos) der Firma Whitehead im heutigen Zustand. Die Stadt Rijeka ist sich zwar der großen industriehistorischen Bedeutung der noch vorhandenen Objekte der Firma Whitehead bewusst, mehrere Anläufe zur Erhaltung und Restaurierung der umfangreichen Anlagen sind aber bisher leider an der Finanzierung gescheitert. (Fotos G. Stadler)

durch Technik-Freak, dem sein Erfolg und sein Reichtum nie zu Kopf gestiegen waren. Waffen interessierten ihn nicht, nur die Technik dahinter (ähnlich wie Lake und Holland). Eine besondere Sympathie für Österreich scheint er jedoch nie entwickelt zu haben, sehr wohl aber zu seinen vielen angeheirateten österreichischen Familienmitgliedern; im Herzen blieb er Engländer, obwohl ihn England nicht wirklich gut behandelte.

Es gibt zwar keine eigene Biografie über Robert Whitehead, sein Leben ist aber recht ausführlich beschrieben im gut recherchierten Buch des Engländers Edwyn Gray: »Die teuflische Waffe. Geschichte und Entwicklung des Torpedos.«, Oldenburg/Hamburg 1975 und 1982. Englische Ausgabe: »The Devil's Device: The story of the invention of the torpedo.«, London 1975 und dann 1991, mit neuem Untertitel: »Robert Whitehead and the History of the Torpedo« (auch als Ausgabe des U.S. Naval Institutes, Annapolis, Maryland). Gray verfügte aber auch nicht über die wichtigen Quellen aus dem Familienarchiv Hoyos.

Roberts Vater John Whitehead war Industrieller, zuerst im Textilbereich tätig, seltsamerweise wechselte er später ins Brauereiwesen. Für Robert war das gleichgültig, er interessierte sich schon als Kind nur für die dabei verwendeten Maschinen und Apparate. Er erhielt später eine technische Ausbildung, u.a. in Manchester, besuchte dort Kurse am Mechanics' Institute und konstruierte früh diverse technische Geräte, für die er später auch Patente anmeldete. Englische Konstrukteure und Techniker waren damals am Kontinent begehrt, er wollte dort sein Glück als Ingenieur versuchen. So folgte er dem Ruf eines Engländers, Philipp Taylor in Marseille, für dessen Fabrik zu arbeiten, die Dampfmaschinen baute. 1846, im Alter von 23 Jahren, heiratete er in England Francis Maria Johnson. (* 23.9.1821 - † 9.4.1883). Er zog mit ihr weiter nach Mailand, das seit den Napoleonischen Kriegen zu Österreich gehörte, um dort Kunden dieser Maschinen für Taylors Firma zu betreuen. Später konstruierte er auch Textilmaschinen. Er blieb in österreichischen Landen, offenbar auch, weil er ein österreichisches Patent für eine Seidenspinnmaschine besaß (zusammen mit einem Schweizer Textilindustriellen namens Franz Huber) und hoffen konnte, dass in Österreich etwas Geld für ihn zu holen war. Sein Hauptinteresse galt aber inzwischen den Dampfmaschinen.

1848 hatten er und seine Frau Francis die Revolution in Mailand gegen das kaiserliche Österreich erlebt; zumindest die Sympathien seiner Frau lagen ganz auf der Seite der italienischen Revolutionäre, wie aus einer anderen Quelle, nämlich ihren zahlreichen (ebenfalls unveröffentlichten) Briefen hervorgeht, die im Familienarchiv Hoyos abliegen. Edgar Hoyos betont dagegen in den »Aufzeichnungen« Whiteheads Verbundenheit mit Österreich, wohl auch, da er ja sein eigener und menschlich so hochgeschätzter Großvater war; und er war offensichtlich auch ein sehr ausgeprägter Familienmensch: »Whitehead hatte seit jeher die grössten Sympathien für Österreich und die Österreicher. Er sah sich deshalb genötigt, mit seiner jungen Frau und einem Kinde Mailand fluchtartig zu verlassen und nach Triest zu fahren.« (Hoyos, a.a.O., S. 4) So ganz scheint das aber nicht im Einklang mit den eindeutigen Feststellungen in den Briefen seiner Frau zu sein. In der Folge dürften Robert Whitehead und seine Frau später aber doch auch eine gewisse Zuneigung zu Österreich-Ungarn entwickelt haben, sonst wären sie nicht so lange geblieben.

Von Mailand aus zogen sie an die Küste, über mehrere Stationen in Europa zuerst nach Triest, wo er in der Schiffswerft Strudthoff für den Österreichischen Lloyd arbeitete, dann weiter nach Fiume (Rijeka), heute in Kroatien. Hier baute er auch wieder Maschinen, u.a. für die österreichische Kriegsmarine. Er baute auch jene für Tegetthoffs Flaggschiff »Ferdinand Max« in der Schlacht von Lissa. Sein Biograph Gray schreibt von einem Telegramm Tegetthoffs, wenige Tage nach dem Sieg von Lissa am 20.7.1866, das er an Whitehead in Fiume sandte »Dank ihrer erstklassigen Maschine war ich in der Lage, die Schlacht von Lissa zu gewinnen. Tegetthoff« (Gray, S. 60).

Den technisch interessierten und bereits pensionierten Marineoffizier Giovanni Luppis lernte Whitehead wahrscheinlich 1864 kennen. Dessen Idee ließ ihn dann nicht mehr los. Nach der Lektüre der »Aufzeichnungen« von Edgar Graf Hoyos und eingehender Beschäftigung mit weiteren Quellen, wie Edward Gray, gewinnt man aber den Eindruck, dass die Rolle von Luppis bei der Entwicklung des Torpedos vielleicht doch überschätzt und bisher zu stark herausgestrichen wurde, auch in früheren Darstellungen des Autors dieses Buches. Luppis war wohl wirklich nur der sehr grundsätzliche Ideengeber für diese die Seekriegsführung revolutionierende Erfindung, die der technisch hochbegabte Ingenieur Robert Whitehead dann ganz allein und in stark abgeänderter Form umsetzte und ständig weiter und weiter entwickelte, bis zur technischen Reife. Luppis spielte dabei überhaupt keine Rolle mehr. Edgar Hoyos schreibt dazu etwas launisch bzw. fast gereizt zum Verhältnis Luppis-Whitehead: »Er hat stets anerkannt, dass ihm die Idee für eine solche Waffe von Luppis gebracht wurde. Dieser erhielt auch dafür eine entsprechende Entschädigung und hat immer Whitehead als den alleinigen Erfinder anerkannt. Es ist deshalb falsch, die Erfindung des Torpedos dem Schiffs-Kapitän Luppis zuzuschreiben.« (Hoyos, a.a.O., S. 4)

Die weitere Geschichte des Torpedos ist faszinierend, würde aber das Thema hier sprengen. Whitehead verdiente jedenfalls bald sehr viel Geld mit seinen Torpedos, auf die er zeitweise ein quasi Monopol hatte, alle Marinen der Welt kauften in Fiume. Die Stadt, die nach dem Ausgleich von 1867 Teil der ungarischen Reichshälfte geworden war, wurde eine kleine Drehscheibe der maritimen Welt, durch die ständige Anwesenheit von ausländischen Marineoffizieren (genannt »Kommissionen«), welche das sogenannte »Lancieren« (Einschießen) der verschiedenen Torpedos, die laufend verbessert wurden, beobachteten und ihren Marineverwaltungen darüber berichten mussten. Die prachtvolle Villa Whitehead wurde 1888 gebaut, auch für deren Unterhaltung, und daneben die kleinere, aber ebenfalls sehr vornehme Villa-Hoyos, inklusive großer Garten-Veranda und Ballsaal. Aber nicht nur große Persönlichkeiten kamen nach Fiume in die Torpedofabrik, auch solche, die erst viel später zu Berühmtheit gelangten: »Ein anderer Gast, der in späteren Jahren eine grosse Rolle spielte, war der damalige Leutnant zur See von Tirpitz. Dieser erkrankte in Fiume an einem schweren Typhus und meine Grosseltern nahmen ihn in der Villa Whitehead auf. Nona Whitehead pflegte ihn durch mehrere Monate. Das hat Tirpitz nie vergessen und hat seine Freundschaft auch für meine Eltern und später auch für mich aufrecht erhalten. Jedesmal, wenn ich als Generaldirektor der Torpedofabrik nach Berlin kam, besuchte ich ihn und wurde stets mit gleicher Freundlichkeit empfangen.« (Hoyos, a.a.O., S. 9) Der mehrmonatige Aufenthalt von Tirpitz in Fiume ist laut dessen »Erinnerungen« (S. 30f) auf 1877/78 zu datieren.

Die Torpedofabrik war ein klassischer Familienbetrieb, Robert der Chef und Familienpatriarch. Sein wichtigster Mitarbeiter und Geschäftspartner wurde sein Schwiegersohn und persönlicher enger Vertrauter George Graf Hoyos (* 21.1.1842 in Zombor/Sombor in der Vojvodina - † 15.8.1904 in Beckett, England), österreichischer Marineoffizier, Lissa-Kämpfer von 1866 (als Batterie-Kommandant auf dem Panzerschiff »Drache«), der 1869 Roberts Tochter Alice Whitehead (* 31.3.1851 in Triest - † 18.1.1936 in Wien) geheiratet hatte. Das Adelsgeschlecht der Familie Hoyos kam ursprünglich aus Spanien, war aber schon sehr lange in Österreich und seinen Landen ansässig. Er hatte eine ungarische Mutter, wurde auf den Namen George (ausgesprochen Djördsch) getauft (seine Tochter Marguerite, genannt Maggy, heiratete 1892 Herbert von Bismarck-Schönhausen, den ältesten Sohn von ex-Reichskanzler Otto von Bismarcks). George führte die weltweite Korrespondenz der Firma, unterhielt die notwendigen Kontakte zu den Marinen, war technisch sehr versiert und leitete teilweise selbst die technischen Lancierversuche der Torpedos für die Royal Navy in England. Insbesondere die Tatsache, dass er seine Laufbahn als österreichischer Marineoffizier aufgegeben hatte, um Gesellschafter der Torpedofabrik zu werden und für den Verkauf der Torpedos zuständig war, sollen einige Hoyos-Verwandte als »unmöglich« empfunden haben; der Verkauf erschien ihnen eine Beschäftigung zu sein, die sich nach ihrer Auffassung für einen Gentleman nicht gehörte. Ein Verwandter soll ihm vorgeworfen haben, er betätige sich als »commis voyageur«.

John Whitehead (* 23.11.1854 in Triest - † 9.4.1902 bei Fiume), der ebenfalls technisch sehr begabte älteste Sohn, sollte langfristig Nachfolger seines Vaters in der Torpedofabrik werden. Er war verheiratet mit der österreichischen Gräfin Agathe von Breunner-Enkevoirth und führte zusammen mit George de facto die Firma. Robert Whitehead zog sich selbst immer mehr aus dem operativen Geschäft zurück. Er verbrachte viel Zeit mit Mitgliedern seiner Großfamilie in England, auf seinem geliebten, 1882 gekauften Landsitz Paddockhurst in Sussex, der sich finanziell langsam aber stetig als Fass ohne Boden entwickelte. Die sinnvolle Bewirtschaftung des großen Anwesens interessierte Whitehead nicht wirklich und seine angeheuerten Verwalter warfen mit seinem Geld nur so um sich. Nicht zuletzt auf Drängen der Familie verkaufte er nach dem Tod seiner Frau das Gut Paddockhurst schließlich, mietete dann 1893 das deutlich kleinere Leweston Manor bei Sherborne in Dorsetshire (wo es ihm nicht besonders gefiel) und später den Landsitz Beckett House in Shrivenham. Gestorben ist er dort 1905, begraben aber bei Paddockhurst, wie dort ebenso seine bereits 1883 verstorbene Gattin Frances.

2. Vickers und Armstrong übernehmen die Whitehead-Torpedofabrik in Fiume und investieren in den U-Boot-Bau

Eine Serie von Todesfällen erschütterte in dieser Zeit den Familienbetrieb, nach seinem Tod war aber dann auf Anhieb langfristig kein geeigneter Nachfolger für die Torpedofabrik in Sicht, die erfolgreich für die ganze Welt produzierte. John Whitehead war bereits 1902 im Alter von nur 48 Jahren verstorben, d.h. noch vor seinem Vater. Schwiegersohn George Graf Hoyos verstarb 1904 im Alter von 61 Jahren. Albert Jones, der technische Direktor, leitete die Firma in Fiume de facto interimistisch, der englische Marineoffizier (seit 1890 pensioniert) und Torpedoexperte Captain Edwin John Payne Gallway (* 31.1.1850 - † 18.4.1906), ein langjähriger Freund der Familie, leitete schon seit geraumer Zeit das Filialwerk im englischen Weymouth und kümmerte sich nun auch etwas um Fiume mit. Er war offenbar das einzige Nicht-Familienmitglied im Unternehmen mit einer zentralen Vertrauensstellung und starb auch schon im Jahr 1906.

Die beiden noch lebenden Söhne von Robert Whitehead sahen sich zur Übernahme der Torpedofabrik aber nicht in der Lage: Beethom war nicht bereit, seine erfolgreiche Karriere als englischer Diplomat aufzugeben und Robert (Bertie), der vor allem seine britische Jagdleidenschaft besonders ausgiebig pflegte, wollte diesen Posten in Fiume ganz grundsätzlich nicht übernehmen. Edgar Graf Hoyos, ältester Sohn von George, der als Zugeteilter auf diplomatischen Posten in London war, schien dafür in Frage zu kommen. Er quittierte seinen Dienst als k.u.k. Diplomat, um als Prokurist die Leitung der Whitehead-Torpedofabrik in Fiume zu übernehmen. Er schreibt dazu:

»Onkel Beethom Whitehead hatte von seinem Vater noch rechtzeitig Vollmacht erhalten, in seinem Namen Beschlüsse zu fassen. Nun war der Fall eingetreten, dass von den drei Partnern Nono unfähig und Papa zu krank war, die Fabriken

Albert Vickers (1838–1919) war Vorsitzender des gleichnamigen englischen Konzerns, der 1907 die Aktienmehrheit bei Whitehead in Fiume übernahm. Aktiv ins Firmengeschäft war er 1854 eingetreten. Ende 1900 unterzeichnete die Royal Navy mit dem Vickers-Konzern ihren ersten Vertrag zum Bau von Unterseebooten in England.

Isaac Rice (1850–1915) war die treibende Kraft des Erfolgs der Electric Boat Company. Im Unterschied zu John Holland, dessen Patente und Rechte er 1899 gekauft hatte, wollte er keine U-Boote entwerfen und entwickeln, sondern verkaufen und Geld damit verdienen. Vickers besaß etwa ein Drittel der Aktien von Electric Boat.

Der schillernde und besonders skrupellose Waffenhändler Basil Zaharoff (ca. 1849–1936) gehörte zu den reichsten Menschen seiner Epoche, besaß den überwiegenden Teil der Vickers Aktien und erlangte auf diese Weise auch Einfluss auf Entscheidungen von Whitehead in Fiume. Wie viele Milliardäre, die ihr Geld mit zweifelhaften Methoden erwirtschaften, wurde er später zum Mäzen und stiftete einen Großteil seines Vermögens für wohltätige Zwecke.

zu leiten, während Onkel John schon verstorben war. Bertie Whitehead, der eventuell in Betracht gekommen wäre, hatte keine Lust dazu. So blieb ich als einziges grossjähriges Mitglied der Verwandtschaft und als ältester Sohn meines Vaters dazu berufen, mich dieser für mich ganz neuen Carrière zu widmen. Meine ganze Erziehung schien wahrlich nicht für diese Tätigkeit geschaffen. Niemals hatten je mein Vater oder wir daran gedacht, dass sich die Gelegenheit für einen von uns bieten würde, in die Fabrik einzutreten, war doch John viel jünger als mein Vater gewesen und hatte man nie erwartet, dass er als erster von den drei Partnern und so früh sterben würde! Wäre er am Leben geblieben, hatte er ja drei Söhne, die an seine Stelle hätten kommen können, um die Whitehead Tradition weiterzuführen. Diese waren aber im Jahre 1903 noch minderjährig, deshalb machte Onkel Beethom meinem Vater den Vorschlag, dass ich die Diplomatische Carrière verlassen und vorderhand als Prokurist der Firma unter meinem Vater in Fiume angestellt werden sollte. Papa nahm diesen Vorschlag mit Rücksicht auf seine Erkrankung dankend an. Für mich war dieser Entschluss ein so zwingender, dass ich selbstverständlich bereit war, die Stelle in Fiume anzunehmen.« (Hoyos, a.a.O., S. 286)

1905 wurde die Firma, welche zuvor eine Offene Handelsgesellschaft (OHG) war, auf Betreiben von Beethom Whitehead, in eine Aktiengesellschaft umgewandelt (»Mein Vater hatte, wenn auch nicht gerne, seine Zustimmung gegeben, dass die Firma Whitehead & Co. in eine Familien-Aktiengesellschaft verwandelt werde. ... Durchgeführt konnte sie erst nach Papas Tode werden. Nominell blieb er bis zu seinem Tode noch der Chef und ich sein Prokurist. Onkel Beethom reiste anfangs Jänner 1904 nach Fiume, um mit mir die Vorbereitungen für die Aktiengesellschaft zu treffen.)« (Hoyos, a.a.O., S. 289)

George Hoyos starb am 15.8.1904 in Beckett, England. Im Laufe des Jahre 1904 wurde die Umwandlung in eine Aktiengesellschaft rechtlich vorbereitet. Edgar Hoyos dazu: »Die gründende Generalversammlung der Aktiengesellschaft wurde für Ende März 1905 einberufen. ... Ich wurde zum Generaldirektor gewählt, Mr. Jones zum technischen, Herr Sigismund Dankl zum kommerziellen und Captain Edwin Payne Gallway zum Direktor in Weymouth, das vorderhand noch eine Filiale war, aber dort wurde dann eine eigene Aktiengesellschaft gegründet, welche dieselben Aktionäre im gleichen Verhältnis hatte, wie in Fiume. Das Aktienkapital betrug 7.350.000 Kronen in Namensaktien, jede à 10.000 K.« (Hoyos, a.a.O., S. 307)

Die Bestellungen auf Torpedos waren damals, wie Edgar Hoyos betont »sehr gross und die Erträge der Fabrik glänzend, so dass alle Aktionäre hätten zufrieden sein können. Leider hatte Onkel Beethom, sowohl für sich als auch für die Kinder von Onkel John, deren Mitvormund er war, nicht genügend Vertrauen zu meiner alleinigen Führung der Fabrik und bewog auch die anderen Aktionäre, dem Verkauf des ganzen oder eines Teiles des Aktienbesitzes ins Auge zu

Marinekommandant Rudolf Graf von Montecuccoli (1843–1922).

fassen. Mein Vater war immer gegen einen Teilverkauf und wünschte eher die beiden Fabriken ‚in toto' zu verkaufen.« (Hoyos, a.a.O., S. 307)

Von vielen Seiten gab es bereits starke Begehrlichkeiten, die gut gehende Torpedofabrik zu kaufen. Schon zu Lebzeiten von George Hoyos waren unverbindliche Gespräche über einen möglichen Verkauf geführt worden und, »da die Mehrzahl der Aktionäre Engländer waren und lieber mit einer englischen Firma verhandeln wollten«, wurden Kontakte nach England geknüpft. Ludwig Graf von Plessen-Cronstern, der mit Edgars älterer Schwester Leopoldine Gräfin Hoyos verheiratet war, vermittelte über seinen guten Bekannten Sir Ernest Cassel (* 3.3.1852 in Köln - † 21.9.1921 in London), einem außerordentlich einflussreichen Bankier in England, erste Schritte in diese Richtung (wegen seiner exzellenten Kontakte zum englischen Königshaus hatte er den Spitznamen »Windsor Cassel«).

Am 14.11.1905 verstarb Robert Whitehead in Shrivenham 83-jährig, der aber schon jahrelang keinen Einfluss mehr auf die Firma nehmen hatte können. Alle Familienmitglieder fuhren nun nach England, wo sein Testament eröffnet wurde. Die Eigentümerstruktur der Firma Whitehead gestaltete sich wie folgt:

Georg Graf Hoyos, der Schwiegersohn und engste Vertraute, war schon seit der Gründung der Firma mit 20 % an ihr als Gesellschafter beteiligt. Nach Robert Whiteheads Tod 1905 erhielt seine Tochter Alice Hoyos, die sich nach dem Tod ihrer Mutter ganz besonders um ihren Vater gekümmert hatte, aus dem Erbe noch 5 % der Gesellschaft. Die restlichen 75 % erbten die beiden noch lebenden Söhne Beethom und Robert (Bertie) sowie die damals minderjährigen Nachkommen des schon vor seinem Vater verstorbenen ältesten Sohnes, John. (Es gab noch eine weitere Whitehead-Tochter, Helen, genannt Nellie, die aber bereits verstorben war; ihr Witwer Sir Charles Drury erhielt etwas Geld, aber keine Firmenanteile).

Edgar Hoyos führte nun mit Cassel Verhandlungen bezüglich des Aktienverkaufs und dieser erklärte »sich sofort bereit, die Vermittlung zu übernehmen, was die ganze Transaktion sehr beschleunigte. Für die kurzen Verhandlungen, die er mit mir und dann mit Vickers und Armstrong hatte, liess er sich später von Whitehead A.G. die nicht unbedeutende Summe von 10.000 £ Sterling zahlen. Das zeigt, dass Cassel ein guter Geschäftsmann war.« (Hoyos, a.a.O., S. 322)

Im Detail schreibt Edgar Hoyos dazu: »Meine Verhandlungen mit Sir Ernest Cassel hatten das Resultat, dass Messrs. Armstrong-Whitworth und Messrs. Vickers zu gleichen Teilen die Hälfte unserer Whitehead Aktien plus einer Aktie (um den Preis von rund £400.000.-) kauften, wodurch sie zusammen die Majorität der Stimmen hatten. Bevor diese Summe bestimmt wurde, die auf einem durchschnittlichen Jahresertrag von £40.000.- basierte, hatten sie uns einen britischen ‚Chartered accountant' /Rechnungsrevisor/ in der Person eines sehr netten älteren Herren geschickt, des lieben John H. Armstrong. Er war – trotz des gleichen Namens – mit dem Begründer der Armstrong-Firma in keiner Weise verwandt; der Name Armstrong ist aber in Nordengland ziemlich verbreitet…« (Hoyos, a.a.O., S. 325)

Die Hälfte plus eine Aktie der Torpedofabrik Whitehead gehörte nun (1906) den großen englischen Rüstungskonzernen Vickers und Armstrong. Auch englischerseits hatte man längst ein Auge auf die Torpedofabrik in Fiume geworfen, als Teil einer strategischen Investition. Und jetzt ging alles sehr schnell: »Da der Kauf der Aktien nun perfekt geworden war, erschienen zur Generalversammlung die von Vickers und Armstrong als Whitehead Direktoren designierten Herren. Es waren dies von Vickers der Chef des Hauses, Mr. Albert Vickers und Sir Trevor Dawson, ein gewesener Marine-Offizier und ‚gunnery-expert', für Armstrong Mr. Saxton Noble, Sohn des damaligen Chefs der Firma Armstrong, Whitworth &Co, Sir Andrew Noble, und Cousin Harry Whitehead of Haslem Hay, Bury, ein Vetter meines Grossvaters.« (Hoyos, a.a.O., S. 325)

Aber der Mann, der in der Firma Vickers »die ausschlagende Stimme« hatte, war der berühmt-berüchtigte »Pariser Financier M. Zaharoff – später Sir Basil Zaharoff. Er besass den überwiegenden Teil der Vickers Aktien und erlangte auf diese Weise auch Einfluss auf Whitehead. … Die Methoden, die er anwendete, waren nicht besonders schön …«, so Edgar Hoyos. (Hoyos, a.a.O., S. 327)

Dieser Zaharoff (* ca. 1849 - † 1936; die genaue Herkunft und Lebensdaten sind nebulös) war ein sagenumwobener Waffenhändler mit ganz abenteuerlicher Lebensgeschichte, er gehörte jedenfalls zu den reichsten Menschen seiner Zeit, mied die Öffentlichkeit und hatte den Ruf »The Mystery Man of Europe« zu sein. Seine berufliche Karriere hat

er als Feuerleger in reichen Häusern und gleichzeitig Mitarbeiter der Feuerwehr von Konstantinopel begonnen; für die darauffolgende Löschung der Brände und die Rettung von teurem Hausrat kassierte er Kommission. Es gibt sehr viel Literatur über ihn, an Skrupellosigkeit und auch Neigung zu krimineller Energie bei seinen Geschäften soll er unübertroffen gewesen sein (z.B. ließ er bei Vorführungen die Waffen gegnerischer Firmen sabotieren etc.). Er war es, der die großen strategischen Entscheidungen im Vickers-Konzern traf. Sir George William Buchanan, 1910–1917 der englische Botschafter in St. Petersburg, schrieb über seine Methoden zum dortigen Verkauf von Vickers-Rüstungsgütern nach London, diese seien »too disgusting for words«. George Bernard Shaw wählte Zaharoff als Symbolfigur für den skrupellosen Rüstungsfabrikanten in einem Bühnenstück und 1969 wurde über ihn der deutsche Fernsehfilm »Sir Basil Zaharoff – Makler des Todes« gedreht, etc.
Mehrfach ist in der Fachliteratur zu lesen, dass die Firma Whitehead unbedingt in den Bau von Unterseebooten in Österreich-Ungarn einsteigen wollte. Das ist nur insofern richtig, als es ausschließlich die neuen Eigentümervertreter des englischen Konzerns waren, die überhaupt auf diese Idee kamen und auf den Einstieg in den Bau von Unterseebooten drängten, um bei der aufkommenden österreichischen U-Boot-Beschaffung einen Fuß in der Tür zu haben. Das dürfte man schon beim Kauf der Mehrheitsanteile von Whitehead strategisch im Sinn gehabt haben.
Edgar Hoyos, Generaldirektor der Firma, stand dieser Idee sehr reserviert bis ablehnend gegenüber, die aber trotzdem bald Wirklichkeit wurde. Er schreibt: »Unsere Vickers und Armstrong Direktoren machten den Vorschlag, dass wir das Fiumaner Werk erweitern und dort auch, ausser Torpedos, Unterseeboote bauen sollten. Vickers hatte einen Vertrag mit der ‚Electric Boat Company' in U.S.A., dem zufolge er die Pläne und Baulizenzen uns zur Verfügung stellen konnte. Dieser Vorschlag wurde von der Generalversammlung angenommen und trotz meiner Bedenken erklärte ich mich bereit, mit dem damaligen Marinekommandanten und alten Freund Rudolf Graf Montecuccoli in Fühlung zu treten, um zu erfahren, wie er sich zu dem Bau von Unterseebooten bei Whitehead stellen würde. Österreich-Ungarn hatte damals gar keine Uboote, Deutschland begann erst den Bau von solchen. Frankreich und England hatten schon eine ziemliche Anzahl von Ubooten gebaut, wobei Frankreich führend war.« (Hoyos, a.a.O., S. 341)
Der Marinekommandant Rudolf Graf von Montecuccoli (* 22.2.1843 in Modena - † 16.5.1922 in Baden bei Wien) war ein Absolvent der Marineakademie und 1859 als provisorischer Marinekadett und aktiver Bewerber für die Laufbahn als Marineoffizier eingetreten. Als Kontreadmiral hatte er das österreichisch-ungarische Ostasien-Geschwader kommandiert, welches 1900 zur Niederschlagung des Boxeraufstandes nach China entsandt wurde. 1904 wurde er Marinekommandant, in der österreichischen Praxis eine Doppelfunktion als Flottenkommandant in Pola und Sektionsleiter der Ma-

Der Holländer Paul Koster (1869–1941) wurde von Isaac Rice 1907 nach Fiume als Leiter der neuen U-Boot-Bauabteilung von Whitehead entsandt.

rinesektion des Kriegsministeriums in Wien. Aber, für österreichische Verhältnisse besonders wichtig, er war auch ein Jahrgangskamerad und »einer der besten Freunde« des ein Jahr älteren George Graf Hoyos gewesen, dem verstorbenen Vater des neuen Generaldirektors der Firma Whitehead: »Graf Montecuccoli, den ich in dieser Angelegenheit sprach, hatte den Entschluss gefasst, von diesen drei Typen je zwei Versuchsboote zu bauen und zwar war er bereit, die zwei ‚Electric Boat Company' Uboote bei Whitehead zu bestellen.«
Ursprünglich sollte nach Vorstellung der k.u.k Marineführung die Electric Boat Company nämlich direkt der dritte Empfänger für zwei k.u.k. U-Boot-Aufträge im Sinne der beschlossenen Teststrategie (3 x 2) werden, nun eben als Sub-Contractor der Firma Whitehead in Fiume, die damit eine ausgezeichnete Gelegenheit fand, in den Bau von Unterseebooten in Österreich-Ungarn einzusteigen. Gemeinsam mit dem kommerziellen Direktor Sigismund Dankl, einem langjährigen Mitarbeiter und Vertrauten, reiste Edgar Hoyos nach Wien und traf dort mit dem Präsidenten der Electric Boat Company, Mr. Isaac L. Rice, zusammen, um den Lizenzvertrag mit ihm abzuschließen. »Wir beide hatten dabei eigentlich keine Stimme, da der Vertrag schon von Vickers-Armstrong aufgesetzt worden war und wir gebeten wurden, ihn ‚tale-quale' zu unterschreiben, was wir auch taten«, so Hoyos weiter (S. 341).
Schlecht war der Vertrag aber deswegen nicht und er ähnelte denen, die Vickers in den Niederlanden abgeschlossen hatte, wo der Konzern mit ähnlicher strategischer Absicht in den U-Boot-Bau investierte: »Die Bedingungen waren nicht

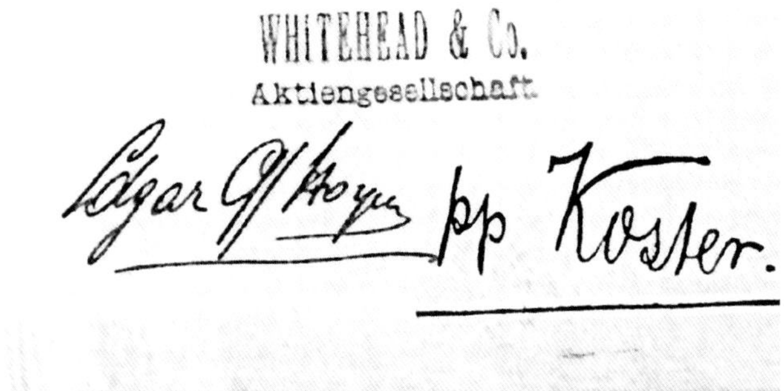

Unterschriftszüge von Edgar Hoyos und Paul Koster.

ungünstig und dieselben, die die holländische Lizenznehmerin, ‚de Schalde' in Vlissingen, mit der Electric Boat Company hatte. Sie sicherten uns die volle Unterstützung der E.B.C. zu für den Bau, Lieferung aller Pläne und Hilfe eines Experten im Uboot-Bau. Rice erklärte, er hätte gerade den richtigen Mann zur Leitung der Unterseeboots-Abteilung in unserem Werk; es sei dies ein holländischer Marine-Offizier namens Paul Koster, den er gleich mit nach Wien gebracht hatte und den er uns auch vorstellte.« (Hoyos, a.a.O., S. 341)
Paul Koster (Schreibweise z.T. auch Coster) wurde 1868 in den Niederlanden geboren und starb dort 1941, er hatte bis 1906 eine wichtige Rolle beim Aufbau einer holländischen U-Bootwaffe gespielt, Rice hatte ihn dann aufgrund seines Wissens für die Electric Boat Company angeworben und nun quasi nach Fiume versetzt. Über den Leiter der neuen U-Boot-Bauabteilung, den schon Heyßler im Zuge der Probefahrten der Whitehead-Boote erwähnte (s. dort; er hatte sich völlig mit ihm zerstritten), schreibt Edgar Graf Hoyos auch sehr viel an persönlichen Anmerkungen, einschließlich seinem Privatleben. Aber was ist schon Geschichte ohne Anekdoten, auch Marinegeschichte: »Ich kann nicht sagen, dass Koster mir je besonders gefiel, denn die Methoden, sich seine Bezüge immer erhöhen zu wollen und für seine private Tasche zu arbeiten, waren mir nicht sympathisch. Nichtsdestoweniger muss ich anerkennen, dass er ein fähiger Kopf war und dass er die beiden Uboote, die wir für Österreich-Ungarn bauten, mit grossem Geschick der Regierung vorführen konnte, sodass sie volle Anerkennung fanden. … Obwohl mir Koster in Geschäftssachen nicht homogen war, fanden wir ihn als Menschen nicht unsympathisch. Ilona und die Kinder apprecierten ihn sogar sehr. Besonders gefiel es Ilona, dass er ihre Klagen immer anhörte, wenn die Arbeiter ihre Frauen schlecht behandelten und er bei solchen Gelegenheiten die Männer energisch zurechtwies. Dabei war sein eigenes Eheleben ein eher turbulentes, denn er wechselte 3mal seine Frauen, seitdem wir ihn kannten – die eine war dezidiert nicht ‚hoffähig'« (Hoyos, a.a.O., S. 342)
Neben Koster kam eine Reihe weiterer Experten in die Whitehead-Werft nach Fiume, inklusive etwa drei Dutzend technischer Zeichner und Konstrukteure: »In der Fabrik war eine eigene Unterseeboot-Abteilung gegründet worden, die unter der Leitung Kosters stand. Als Ingenieur hatte er einen Amerikaner, Mr. Marley Hay, von der Electric Boat Company; als Prokuristen und Generalsekretär versetzten wir den Linienschiffsleutnant Louis Podhorsky, einen Vetter der Littrows, der früher in der Torpedo-Abteilung tätig war, zu der für Unterseeboote. Ausserdem hatte Koster einen grossen Stab von Zeichnern, da er auch eigene Ubootstypen entwickeln wollte. Eines nach seinen Plänen wurde auch für die dänische Marine unter dem Namen ‚Havmanden' gebaut.« (Hoyos, a.a.O., S. 342)

3. Investitionen in die Infrastruktur für den U-Boot-Bau in Fiume und erste Exporterfolge: Dänemark ordert die »Havmanden«-Klasse

1910 hatte die Whitehead-Werft, bereits als Teil des englischen Konzerns, ihren ersten internationalen Auftrag an Land gezogen. Die »Havmanden«-Klasse (zu Deutsch: Wassermann) bestehend aus sechs Booten, wurde von 1911 bis 1914 für die Königlich Dänische Marine gebaut.
Eigentlich hätte ursprünglich in Fiume nur das Typschiff »Havmanden« gebaut werden sollen, ein zweites, die »Havfruen«, wurde dann bereits in Kopenhagen begonnen, wo auch alle Folgeschiffe gebaut werden hätten sollen. Der Bau erwies sich dort aber doch als komplizierter, als erwartet. Im Mai 1911, als diese ersten beiden noch im Bau waren, bestellte die Königlich Dänische Marine noch zwei weitere Boote direkt bei Whitehead in Fiume, welche die Namen »Thetis« und »Triton« erhielten; die beiden letzten, »Najaden« und »Nymfen«, wurden dann aber tatsächlich in Dänemark gebaut.
Die Boote verdrängten 164 ts (getaucht 204 ts), waren 38,91 m lang, 3,61 m breit bei 2,31 m Tiefgang, verfügten über einen 6-Zylinder-Dieselmotor (nur eine Welle) mit 430–450 PS, zwei Elektromotoren, Geschwindigkeit über Wasser 13 Knoten (10 Knoten unter Wasser) und sie hatten zwei 457 Torpedorohre.
Technisch waren sie teilweise eine Weiterentwicklung von U 5 und 6, speziell zum Einsatz in besonders flachen Ge-

Die ab 1907/08 neu errichtete Whitehead-Werft in Fiume, mit dem auf eigenes Risiko gebauten Boot S.S.3 der U 5-Klasse im Vordergrund, das 1914 von der k.u.k. Kriegsmarine angekauft und als U 12 in Dienst gestellt wurde. Edgar Graf Hoyos zeigte sich immer wieder erstaunt, wie ungezwungen die englische Konzernleitung bei diesen Investitionen mit großen Geldsummen umging, ganz im Gegensatz zum stets so sparsamen Österreich. Er beklagte besonders die hohen Summen, die für Wasserbauten ausgegeben wurden.

wassern (wie um Dänomark) konstruiert, viel länger als U 5, aber mit weniger Tiefgang. Sie waren später die Grundlage für den Entwurf von österreichisch-ungarischen U-Booten, die im Krieg als U 20-Klasse gebaut wurden. Für den Entwurf verantwortlich war der aus Schottland stammende Schiffbauingenieur Marley Fotheringham Hay (* 31.10.1879 in Aberdeen - † 7.10.1963 in Scituate, Massachusetts), der für Electric Boat in den USA gearbeitet hatte und, quasi firmenintern, zu Whitehead in Fiume gewechselt war, um dort eine wichtige Rolle beim Aufbau einer lokalen Infrastruktur zum U-Boot-Bau zu spielen. (Hay wird gelegentlich als britischer Schiffbauingenieur bezeichnet, Hoyos bezeichnet ihn, wie die meisten anderen Autoren, als »Amerikaner«, da er zuvor lange in Connecticut tätig war.)

Marley F. Hay schrieb ein interessantes Buch mit Titel »Secrets of the Submarine«, das 1917 bei Dodd, Mead and Company in New York veröffentlicht wurde und in dem die grundsätzlichen technischen Charakteristiken aller Bereiche eines U-Bootes in gut verständlicher Weise vorgestellt werden; er betont dabei auch an zwei Stellen, dass diese dänischen Boote (und auch die holländischen Boote von Electric Boat) von ihm konstruiert worden seien und sieht sie als ganz besondere und eigenständige Konstruktionen, die nicht in das Schema der gängigen Boote passen würden. Dabei gibt er einen recht eigenwilligen, aber nicht unzutreffenden Überblick über die Hintergründe der U-Boot-Entwürfe und Konstruktionen der wichtigsten Marinen:

»The United States has confined itself, with one exception, exclusively to the designs of Holland and Lake, both American citizens. France has followed the general characteristics of Laubeuf's original design. Italy has built all of her submarines in accordance with the designs of an Italian engineer, Dlg. Laurenti, and Russia, although she has built several other types, has also patronised largely the designs of Bubnoff, a Russian naval officer. The English submarines, although originally built from Holland designs, have now so far departed from their former characteristics that they can more accurately be called, as indeed they are, Vickers Admiralty design, and the German and Austrian submarines have been developed by Krupp from an original French design. The only other design from which submarines have been built and are actually in service, is that of the writer, for the Dutch and Danish Navies.« (Marley F. Hay, a.a.O., S.12f)

Vickers und Armstrong hatten ab 1907 viel Geld in die Hand genommen, um der so erfolgreichen Torpedofabrik in Fiume eine Werft für den U-Boot-Bau anzugliedern. Es war eine strategische Investitionsentscheidung gewesen und man versprach sich einerseits Aufträge von Österreich-Ungarn, das als Großmacht langfristig gezwungen sein würde, eine nicht unbeträchtliche Zahl von U-Booten für die k.u.k. Kriegsmarine anzuschaffen und die Herstellung lieber im Inland sehen würde; zudem kam, wie im Fall Dänemark, auch der Export von U-Booten als mögliche Option für zusätzliche Verdienstmöglichkeiten dazu, da natürlich nicht alle Länder nur direkt in England kaufen wollten, moderne Rüstungskonzerne trachteten schon damals nach einer Diversifizierung von Werksstandorten. Edgar Graf Hoyos zeigte sich dabei trotzdem immer wieder erstaunt, wie ungezwungen die englische Konzernleitung bei diesen Investitionen mit großen Geldsummen umging, ganz im Gegensatz zum stets so sparsamen Österreich; ebenso sein technischer Direktor, Mr. Jones.

Edgar Hoyos sieht sich überhaupt mit einem völlig anderen Geschäftsumfeld und anderen Geschäftsmethoden konfrontiert, als im alten Familienbetrieb Whitehead: »Papa sagte mir noch vor seinem Tode, wenn der Concern an eine andere Firma, wie Armstrong, die damals allein in Betracht kam, verkauft würde, rate er mir, nicht dabei zu bleiben, denn die Methoden von grossen Firmen seien nicht die, an welche unsere, nur von ‚Herren' gemachte Fabrik gewöhnt war. Ich habe oft in späteren Jahren an diese Worte meines Vaters gedacht, als ich Einblick in die oft sehr merkwürdigen Mittel bekam, welche unsere Partner Vickers und Armstrong zur Erreichung von Bestellungen verwendeten. Gott sei Dank gelang es mir, doch jede Art von Bestechung bei Whitehead zu vermeiden. Unsere Fabrik hatte aber auch eine derartige Monopolstellung, dass diese Methoden gar nicht nötig waren.« (Hoyos, a.a.O., S. 308)

Der schon mehrfach erwähnte Mr. Jones war einer seiner engsten Vertrauten in der Torpedofabrik; er hieß mit vollem Namen Albert Edward Jones, war »ein echter Welshman«, wie Hoyos an anderer Stelle schreibt, der noch Robert Whitehead an seinem Landsitz in Paddockhurst während einer Arbeit dort positiv aufgefallen war und später eine wichtige Rolle in der Firma in Fiume spielte, vor allem in der Zeit des Interregnums. »Da Mr. Jones längere Zeit dort (Anmerkung: am Landsitz Paddockhurst) arbeitete und wegen seines Studiums in Zürich perfekt deutsch sprach, befreundeten wir uns sehr bald mit ihm ... Aber auch Nono und Papa erkannten an ihm einen sehr intelligenten Fachmann und machten ihm den Vorschlag, in die Torpedofabrik einzutreten. Tal Jones, wie er sich nannte, war ein äusserst fähiger Kopf, wenn auch seine Umgangsformen etwas zu wünschen übrig liessen. Er brachte es aber zum Schluss zur höchsten Stelle in unserer Fabrik, zum technischen Direktor. Damals arbeitete er hauptsächlich mit Onkel John Whitehead in Fiume und die beiden zusammen machten viele Verbesserungen an dem Torpedo. ... Jones hatte seit Onkel Johns Tod die Fiumaner Fabrik praktisch allein geleitet, da Papa die letzten Jahre einen grossen Teil des Jahres wegen Weymouth in England sein musste und Nono schon seit Jahren nicht mehr eingreifen konnte«, so Edgar Hoyos (a.a.O., S. 301; in Weymouth wurden der Royal Navy die Whitehead-Modelle bei sogenannten Lancierversuchen vorgestellt). Wie er selbst hatte demnach auch Jones Bedenken gegen die Erweiterung des Werkes im Sinne von Vickers gehabt:

»Mr. Jones war von Anfang an mit der Teilung der Fabrik und der Aufnahme dieses grossen neuen Stabes nicht einverstanden gewesen, während Dankl und ich über die Kosten des Baues, besonders des neuen Hafens ... schwere Bedenken hatten. Die englischen Direktoren aber, die in ihren grossen Werken an viel grosszügigere Ideen gewohnt waren, fanden diese Auslagen ganz begreiflich. Jones Bedenken waren aber ganz gerechtfertigt, denn die Torpedos mussten

Die Whitehead-Werft mit dem für die königlich-dänische Marine gebauten Boot »Triton« der »Havmanden«-Klasse, davor das scheinbar wesentlich kleinere »Spekulationsboot« S.S.3 (später U 12); es war aber in Bezug auf Verdrängung sogar größer. Als spezielle Konstruktionsanforderung hatten die dänischen Boote nämlich einen möglichst geringen Tiefgang gefordert, um in den teilweise sehr seichten Gewässern um Dänemark besser operieren zu können. (»Triton« wurde später in »2. April« umbenannt, nach der Schlacht von Kopenhagen vom 2.4.1801 gegen die Briten).

für das Defizit der Ubootsabteilung schliesslich aufkommen, und wir erkannten bald, dass dies der Fall sein musste.« (Hoyos, a.a.O., S. 343)

Die Ausgaben für die Investitionen in den U-Boot-Bau am Standort Fiume wurden zwar von Vickers und Armstrong übernommen, die Rechnung dafür aber quasi in Form eines Kredites in England wieder an die Firma Whitehead zurückgeschickt: »Die Vorbereitungen zu der Generalversammlung hatte mir viel Arbeit gebracht, denn ausser den Torpedos war ja die Unterseebootsabteilung da und die finanzielle Lage infolge dieses neuen Betriebes machte mir viel Kopfzerbrechen. Es sollte ein ganz neuer Hafen gebaut werden, und Wasserbauten sind bekanntlich sehr teuer. Auch mussten die Hellinge für den Bau der Boote hergerichtet, eine neue Halle errichtet werden ect. Der Beamtenstab wurde auch sehr vergrössert, da Koster durchaus ein neues Konstruktions-Bureau einrichten wollte. Alles dies beanspruchte viel Geld und entstand daraus die Notwendigkeit, eine grössere Anleihe in England aufzunehmen. Diese wurde von Vickers und Armstrong gemeinsam vermittelt und garantiert und hat der Firma Whitehead nach dem Weltkrieg 1918 das Leben gekostet.« (Hoyos, a.a.O., S. 369)

Gebaut wurde, etwa 150 m westlich der bekannten Torpedo-Lancierstation, ein L-förmiges, etwa 120 m langes und bis zu 80 m breites Hafenbecken, daran anschließend ein etwa 130 m langer Molo als Anlegestelle bzw. Ausrüstungskai, dazu Hellinge, Werkshallen und ein großes Verwaltungsgebäude (die Hafenanlagen sind heute noch unverändert vorhanden, weitgehend auch die Gebäude, diese aber teilweise deutlich verändert). Geld spielte bei dem gesamten Investment offenbar kaum eine Rolle. Auch was die (vorwiegend amerikanischen und von Electric Boat kommenden) Ingenieure vor Ort betrifft, scheinen sie sehr gute Vertragsbedingungen gehabt und in Fiume recht luxuriös gelebt zu haben, wie auch Heyßler in seinen »Erinnerungen« sehr einprägsam beschreibt (offenbar mit Bezug auf Marley F. Hay).

Seitdem Vickers und Armstrong Teilhaber der Torpedofabrik waren, musste Edgar Hoyos alljährlich nach England reisen, das er ja von vielen langen Aufenthalten bei seinem Großvater sehr gut kannte. Über Albert Vickers meint er, dieser war »nicht unsympathisch, wenn er auch meist nur über Geld sprach und sich gern als überzeugter Atheist äusserte. … Geld imponierte ihm sehr.« Von den Armstrong-Direktoren, die er insgesamt »mehr schätzte«, sei Saxton Noble der angenehmste gewesen, »der ein gebildeter und gesellschaftlich routinierter Mann war, mit dem man auch über andere Themata gut reden konnte, nicht immer von Geld und business.« Ein solches Thema waren Jagden, was Edgar natürlich sehr zu schätzen wusste. Interessant auch eine Kurzbeschreibung der beiden Firmensitze in London aus seiner Sicht: »Wie mir die Armstrong Direktoren im Allgemeinen besser gefielen als die von Vickers, so könnte ich auch dasselbe von den Methoden der beiden Firmen sagen. Schon allein die Aufmachung ihrer Büros in London zeigte den grossen Unterschied ihrer Einstellung. ‚Vickers House' in der Gegend von Victoria Street, mit luxuriösen, stark vergoldeten Möbeln und riesigen Räumen, Armstrong dagegen hatte in Great George Street, Westminster, ein kleines, schäbiges, altes Haus, nur zweistöckig, in dem die Firma schon über 50 Jahre beheimatet war. Vickers konnte man aber mit einer amerikanischen oder deutschen Firma vergleichen, während Armstrong typisch britisch war.« (Hoyos, a.a.O., S. 326)

Zwei Boote der »Havmanden«-Klasse, in Dänemark aufgenommen. Die ersten drei U-Boote der Klasse wurden ab 1910 von Whitehead in Fiume gebaut, während die restlichen drei in Lizenz auf der Marinewerft in Kopenhagen hergestellt wurden. Die Namen waren »Havmanden«, »Havfruen«, »Thetis«, »Triton«, »Najaden« und Nymfen. Für die Konstruktion des Typs war der schottisch-amerikanische Schiffsbauingenieur Marley F. Hay verantwortlich, der in Fiume für Whitehead arbeitete. Dänemark zeigte sich mit den Booten sehr zufrieden (die allerdings auch keinen Kriegseinsatz erlebten).

Über den Präsidenten der amerikanischen Electric Boat Company, Isaac Rice schreibt Edgar Hoyos, dass er und seine Frau Ilona einige Male mit ihm und dessen Frau Julia zusammen waren »nicht nur in Wien, sondern auch in Paris«. Er sei enorm reich gewesen, aber stets extrem bescheiden gekleidet gewesen (sein Äußeres verglich er mit einem Bettler). Seine große Leidenschaft war das Schachspiel, das er auch als Mäzen förderte und (sehr seltsam) das große Engagement gegen Lärm auf der Straße, dem er gemeinsam mit seiner Frau frönte (und das auch von Simon Lake mit viel Erstaunen erwähnt wird). Mindestens bei einem Treffen mit Rice in Paris war auch der sagenumwobene Sir Basil Zaharoff dabei, mit dem Hoyos dann auch noch mehrfach allein zusammenkam, dem eigentlichen Macher bei Vickers.

Ausgezahlt hat sich das finanzielle Engagement aus England und den USA im U-Boot-Bau in Fiume nicht. Die Torpedoproduktion musste den U-Boot-Bau subventionieren. Die lief weiterhin sehr gut, das Werk expandierte sogar, neue Produktionsstätten wurden gebaut, auch hier war die Diversifikation von Werksstandorten angesagt: »Die allgemeine europäische Lage brachte es mit sich, dass die meisten fremden Regierungen, besonders die der Grossmächte, anfingen, Bedenken zu haben, grössere Bestellungen für Kriegsmaterial im Ausland zu vergeben. Besonders Frankreich, bisher einer unserer besten Kunden, erklärte, dass sie sich ge-

zwungen sehen würden, im eigenen Land ihre Torpedos zu erzeugen.«. (Hoyos, a.a.O., S. 360) Durch Zaharoff machte Hoyos deshalb auch die Bekanntschaft des französischen Marine-Ministers Théophile Delcassé (* 1.3.1852 in Pamiers - † 22. Februar 1923 in Nizza), der später 1915 als französischer Außenminister den Kriegseintritt Italiens auf Seiten der Entente nachhaltig vorantrieb: »Wir hatten nämlich die Absicht, eine Filialfabrik in Frankreich zu gründen, was wir auch später in St. Tropez an der französischen Südküste ausführten. ... Delcassé machte mir den Eindruck eines rabiaten Chauvinisten und Deutschenhassers.« (Hoyos, a.a.O., S. 329) Whitehead versuchte sich übrigens auch schon im Bau anderer Kriegsschiffs-Typen: 1909 legte die Werft der k.u.k. Kriegsmarine einen sehr innovativen Entwurf für ein 160-t-Torpedoboot mit Dieselantrieb vor, der schon viel vom Typ der späteren Schnellboote vorwegnahm; gebaut wurden aber dann doch sehr konventionelle Küsten-Torpedoboote mit Expansions-Dampfmaschinen von den klassischen Anbietern. Die U-Boot-Sparte war dagegen weiterhin mehr ein Klotz am Bein, finanziert von den Torpedos, und schlussendlich war der Kampf der Firma Whitehead um den zentralen und zukunftsweisenden Großauftrag zum Bau von U-Booten für die k.u.k. Kriegsmarine nicht erfolgreich, wie im nächsten Kapitel gezeigt wird.
Erst wenn man die Ereignisse und Hintergründe um diese Investitionen aus England und Amerika am Standort Fiume für den U-Boot-Bau kennt, wird verständlich, warum um die Ausschreibung von fünf großen, modernen U-Booten für die k.u.k. Kriegsmarine ein so emotionaler Wettbewerb und Kampf entstehen konnte. Nach Erprobung der je zwei Typen »Lake«, »Germania« und »Holland«, die 1909 bis 1911 in Dienst gestellt wurden und ja nur als Versuchsboote bezeichnet werden können, wurden die Bedingungen einer Ausschreibung erarbeitet und schon im September 1910 erstmals öffentlich bekanntgegeben, dann aber noch mehrmals nachgebessert. Erst 1912 erfolgte die finale Ausschreibung für fünf moderne Unterseeboote. Die k.u.k. Kriegsmarine hatte inzwischen auch erkannt, dass es eines weitaus größeren und komplexeren Typs von 500 bis 1000 t bedurfte, der im gesamten Mittelmeer einsetzbar sein sollte.

4. Fiume, Ungarns Zugang zum Meer

Hier noch ein paar kurze Anmerkungen zu Fiume, dem Standort der Whitehead-Werft. Die Stadt entwickelte sich sehr gut in der zweiten Hälfte des 19. Jahrhunderts, bis hin zum Ersten Weltkrieg. Die Bezeichnung Fiume war in der Monarchie in der italienischen, ungarischen und deutschen Sprache gebräuchlich, die alte deutsche Bezeichnung Sankt Veith am Flaum wurde praktisch nicht mehr verwendet; die kroatische Bezeichnung der Stadt lautet Rijeka, im Slowenischen heißt sie Reka.
1857 wurde die Marineakademie eröffnet, ansonsten spielte die Stadt als Marinestützpunkt aber keine Rolle. Nach dem Ausgleich 1867 gehörte Fiume zur ungarischen Reichshälfte, war quasi Ungarns Zugang zum Meer, denn es kam nur ein recht kurzer Küstenabschnitt an das Königreich Ungarn und Fiume war der weitaus größte Hafen. Das Gebiet um Fiume wurde kurz nach dem Ausgleich ein Sonderverwaltungsgebiet, gemäß Beschlussfassung des ungarischen und des kroatischen Parlaments, wenn auch in jeweils etwas verschiedener Form bzw. Interpretation, weshalb dieser Status stets als »provisorisch« galt, aber in bester k.u.k. Tradition zu einer Dauerlösung wurde.
Fiume wurde der Haupthafen für ungarische Güter und Sitz aller wichtigen ungarischen Reedereien, die Stadt erlebte eine Blüte, schmucke Villen wurden gebaut, es gab ein dichtes Netz an elektrischen Straßenbahnen, zahlreiche Hotels wurden eröffnet und bis zum Ersten Weltkrieg wurden 22 ausländische Konsulate in der Stadt etabliert. 1873/74 wurden Eisenbahnverbindungen nach Laibach, Agram, Wien, Budapest und Triest aufgenommen. Vom Ausgleich 1867 (ca. 25.000 Einwohner) bis zur letzten Volkszählung in der Monarchie 1910 stieg die Bevölkerungszahl stetig an, 1880 waren es etwa 38.000 Einwohner, 1890 bereits 49.000, 1900 dann 61.000 und 1910 schließlich 76.000. Durch den Sonderstatus in der Verwaltung erlebte Fiume auch keine so starke Magyarisierung wie die übrigen Teile der ungarischen Reichshälfte nach 1867. Aufgrund der speziellen Rolle als Ungarns Tor zur Welt, dem stark geförderten Aufbau ungarischer Reedereien sowie einer eigenen Werftindustrie und dem Zuzug von Verwaltungsbeamten etc., stieg aber der Anteil der ungarischen Bevölkerung von unter 4 Prozent 1890 auf ca. 13 Prozent im Jahr 1910. Die größte Volksgruppe blieben die Italiener, die knapp der Hälfte der Bevölkerung stellten (und zudem die städtische Elite, wie in vielen Hafenstädten Dalmatiens), die Anteile der Kroaten und Slowenen gingen in der Stadt selbst etwas zurück, sie dominierten aber stark im Umland. Vor Ausbruch des Ersten Weltkriegs gehörte Fiume mit einem Umsatz von fast drei Millionen Tonnen zu einem der zehn größten Häfen in Europa, etwa 8000 Schiffe pro Jahr frequentierten den Hafen. Triest blieb der größte Handelshafen der Doppelmonarchie, Fiume (Rijeka) rückte an die zweite Stelle. Heute ist es der wichtigste Hafen Kroatiens.

5. Die Errichtung der »Unterseebootsstation Pola« und Ergebnisse der Erprobungen mit den sechs k.u.k. U-Booten der ersten Generation

Die technische Entwicklung im U-Boot-Bau war seit 1904 international sehr zügig vorangeschritten, als damals im Technischen Komitee in Pola erstmals die Idee einer Ausschreibung zum Bau solcher Boote gereift war; im November 1906 war dann der erste Vertrag zum Bau von zwei U-Booten auf Basis eines Entwurfs von Simon Lake unterzeichnet worden, gefolgt im März 1907 von den beiden Krupp-Germania-Booten aus Kiel und zuletzt im Dezember 1907 den beiden Holland-Booten von Whitehead in Fiume. U-Boot-Besatzungen (im k.u.k. Marine-Deutsch: Bemannungen) gab es natürlich noch nicht, aber nun wurde erstes Personal dafür rekrutiert.
Der Aufbau einer solchen Truppe begann 1907: »Schon im Herbst des Jahres 1907 hatte sich Linienschiffsleutnant ERICH HEYSSLER freiwillig zum Unterseeboot-Dienst für das auszubildende Offizierskorps gemeldet. Nicht unerwartet erhielt er dann Mitte 1908 den Befehl, sich als Leiter mit seinen gleichrangigen Kameraden EMMERICH GRAF THUN UND HOHENSTEIN und LOTHAR LESCHANOWSKY als Kommandanten der ersten U-Boote, einem Maschinenbetriebsleiter sowie sechs Marineunteroffizieren nach Kiel auf die Germaniawerft zu begeben.« (Mayer/Winkler: »Als die Schiffe tauchen lernten«, S. 31). In der Ostsee wurden die ersten Erfahrungen in der Handhabung von U-Booten gesammelt, Probetauchfahrten durchgeführt und noch in Kiel begann Erich Heyßler bereits mit der Ausarbeitung eines Papiers zur Verwendung von U-Booten in der k.u.k. Kriegsmarine: »Ich war in Kiel eifrig an der Arbeit, einen Vorschlag zur Organisation des U-Bootwesens für unsere Marine auszuarbeiten, bei dem die Ausbildung von Offizieren und Mannschaften für die Zukunft eine Hauptrolle spielen mußte. Das U-Bootwesen galt im damaligen experimentellen Zustand als recht gefährlich, zahlreiche Unglücke in fremden Marinen, bei denen Boote mit ganzer Bemannung zu Grunde gegangen waren, wirkten nicht gerade anziehend.« (Heyßler, a.a.O., S. 288). Im Dezember 1908 kehrte er nach Pola zurück. Das erste von ihm vorgelegte Papier trug den Titel »Organisation des U-Wesens«.
Eine durchaus ungewöhnliche und etwas raue Truppe aus U-Boot-Männern war inzwischen zusammengestellt worden, die jungen Offiziere, Unteroffiziere und Mannschaften kamen meist von den Torpedobooten, wo vergleichbar enge Verhältnisse an Bord herrschten. Für die U-Boot-Waffe wurden nur Freiwillige genommen. Als sich 1910 zu wenige Freiwillige meldeten, wurden die Anreize in Form finanzieller Zulagen und extra Urlaub etwas verstärkt, dann kamen wieder genug Meldungen.
Kommandant der offiziell am 24.1.1909 neu geschaffenen »Unterseebootsstation Pola«, d.h. des ersten k.u.k U-Boot-Truppenkörpers, wurde der aus Kiel zurückgekehrte Linienschiffsleutnant Erich Heyßler, der über seine britisch-australische Frau (Nanny Hancock) der englischen Welt nahestand und schon dadurch mit der Familie Hoyos gut befreundet war. (Edgar Graf Hoyos schreibt in seinen »Aufzeichnungen« auf S. 324 über ihn: »Schiffsleutnant Heyssler hatte eine Engländerin zur Frau und sie lebten auch in ihrer eigenen Villa, die sie selbst, ganz im Stil eines englischen ‚Cottage' erbaut und reizend eingerichtet hatten. Wir haben dort manch angenehme Stunden mit ausgezeichneten englischen ‚teas with Plum-cake' verbracht.«)
Der Stab, mit anfangs nur vier Offizieren und einem Techniker, wurde ab Sommer 1908 auf dem alten, gehulkten Panzerschiff »Don Juan d'Austria« einquartiert. Das Bergungsschiff »Gigant« und (später) auch das Torpedo-Depotschiff »Pelikan« wurden für die Station abgestellt, letzteres dann auch speziell als U-Boot-Mutterschiff ausgerüstet. Linien-

Im Jänner 1909 wurde die »Unterseebootsstation Pola« amtlich neu geschaffen, ab 1917 wurde für dieses Kommando die neue, viel breiter gefasste Bezeichnung »Leiter des U-Bootswesens« eingeführt. Aber bereits ab dem Sommer 1908 wurde ein erster Stab der Unterseebootstation Pola, mit anfangs nur vier Offizieren und einem Techniker, auf dem alten Panzerschiff »Don Juan d'Austria« einquartiert. Anders als auf diesem Foto war das Schiff zu diesem Zeitpunkt aber bereits gehulkt und hauptsächlich als Wohnschiff in Verwendung. Am 29.8.1909 wurde mit SM U IV das erste Unterseebot in Dienst gestellt und der Unterseebootsstation Pola zugeteilt. Erst im Herbst 1911 traf das letzte der sechs Boote der ersten Generation im Stützpunkt ein.

Eines der wichtigsten Schiffe der Unterseebootstation Pola war SM Torpedo-Depotschiff »Pelikan«, das speziell als U-Boot-Mutterschiff ausgerüstet wurde.

Ebenfalls zur Verfügung der Unterseebootstation war SM Bergungsschiff »Herkules« abgestellt.

Das Bergungsschiff (Pumpentender) SMS »Gigant« wurde der Unterseebootstation Pola ebenfalls sehr früh zugeteilt.

schiffsleutnant Heyßler schildert in seinen »Erinnerungen« den Dienstbeginn als erster Leiter der Unterseebootstation Pola (a.a.O., S. 289): »Auf dem Kasernschiff der Torpedodirektion, dem gehulkten Kasemattschiff ‚Don Juan', wurde mir eine geräumige Deckkabine aufgebaut, die mir als Kanzlei und Schlafraum dienen sollte, ferner gab es eine ganze Reihe von Offizierskabinen. Die Kasematte war Wohnraum der U-Bootmannschaft. Für die in Bau befindlichen Boote erhielt ich je zwei Kommandanten und zwei Offiziere zugeteilt, so dass jedes Boot ganze doppelte Bemannung hatte, die zweite zur Ausbildung und zum Ersatz von Kranken und Urlaubern.«

Die Unterkünfte und sonstigen Einrichtungen, auch für Offiziere, waren auf den U-Booten selbst marginal bzw. kaum als solche zu bezeichnen; man schlaf und aß, wo etwas Platz war; zwischen Offizieren und Mannschaften entstand aber ein Nahe- und Vertrauensverhältnis, das auf den großen Schiffen so nicht vorstellbar war. Auch die Standesunterschiede zwischen Offizieren, Unteroffizieren und Mannschaften, die auf den großen Schiffen fast »zelebriert« wurden, verschwammen an Bord der kleinen Boote völlig. Sogar die Altersunterschiede waren gering, denn selbst die Kommandanten waren durchwegs noch sehr jung. Der erfolgreiche U-Boot-Kommandant Georg von Trapp hat es später in seinen Memoiren sehr schön beschrieben, als er bei seiner Kommandoübernahme von U 5 eine kleine Ansprache an die Männer wiedergibt: »Das Wichtigste ist: Wir müssen uns aufeinander verlassen können! Ich muß Euch vertrauen können und Ihr mir, wenn wir Erfolg haben und unser Boot heil zurückbringen wollen. Es kommt auf jeden einzelnen an!« (Trapp; a.a.O., S. 24).

Im Bedarfsfall zur Verfügung der Unterseebootstation Pola war der große 240-t-Schwimmkran des Seearsenals, der als größter Kran der Welt bezeichnet wurde. Das Ungetüm hatte 2503 t Wasserverdrängung und war von der Prager Maschinenbau AG 1907 bis 1909 gebaut worden. Die offizielle Bezeichnung lautete »P 240« (Pontonkran mit 240 t Hebekraft). Der Kran wurde anfangs auch zu Versenkversuchen mit U-Booten ohne Besatzung verwendet, um die Standfestigkeit des Druckkörpers zu prüfen. Eine solche findet auf diesem Foto offenbar gerade statt, mit einem Boot von Whitehead.

Erst später wurde für die Unterseebootstation Pola eine große und moderne Ladestation für die Akkumulatoren gebaut, sie lief über Dieselmotoren.

Das Torpedo-Depotschiff SMS »Gäa«, ex HAPAG Schnelldampfer »Fürst Bismarck« (Stapellauf 1890 und damals größtes deutsches Passagierschiff), wurde bereits Ende Juli 1914 in der Bocce di Cattaro verlegt und verbrachte dort den Krieg als Tender für Unterseeboote. Der U-Bootstützpunkt Gjenovic wurde durch seine günstige strategische Lage in der südlichen Adria ab 1915 zum wichtigsten operativen Stützpunkt der k.u.k. U-Boote, aber auch für die von dort aus operierenden Kaiserlich-Deutschen Boote. Bei Kriegsende 1918 beschlagnahmten die Italiener das Schiff in Pola, es fuhr noch kurz als italienischer Passagierdampfer »San Giusto« und wurde 1923/24 abgewrackt.

Die Versuche mit diesen sechs Booten (1909 bis 1911) zeigten die schweren Mängel bzw. Kinderkrankheiten dieser frühen Unterseeboot-Typen sehr klar. Sie stammten praktisch technisch noch aus einer völlig anderen Zeit, waren durchwegs mit Benzin- (bzw. Petroleum-)Motoren ausgestattet, die schwere Dämpfe im Bootsinneren entwickelten, was häufig zu Ohnmachtsanfällen und Vergiftungserscheinungen unter der Besatzung führte. In der k.u.k. Marine nannte man das einen »Benzinschwammer«. Bei schnellen Tauchgängen war es oft auch nicht möglich, das Boot rechtzeitig von diesen Dämpfen zu entlüften. Beim Aufladen der Batterien ereigneten sich manchmal Knallgasexplosionen. Unfälle mit Toten hat es vor dem Krieg bei den k.u.k. U-Booten aber nie gegeben.

Inzwischen hatten moderne Dieselmotoren als Antrieb viel bessere Ergebnisse erbracht und lösten überall bei modernen Booten die Benzin- und Petroleummotoren im U-Boot-Bau ab. Unzählige Verbesserungen und Technologieschübe hatte es inzwischen auch an der gesamten Ausrüstung und technischen Anlagen, bei Antrieb, Batterien, Sehrohren, Navigationshilfen (u.a. sehr wichtig der Kreiselkompass), akustischen Signalmittel, Tauchtechnik und den Booten selbst gegeben.

Man hatte zwar mit den (nummernersten) Lake-Booten, die erst sehr spät fertig wurden, noch nicht so viel Erfahrung wie mit den Krupp-Germania- und den Holland- bzw. Whitehead-Booten, aber alle Weichen deuteten bald in die Richtung, dass die wirkliche Entscheidung für einen größeren Auftrag zum Bau einer zweiten Generation ohnehin nur zwischen diesen beiden Herstellern fallen würde. Zwar wurde auch der Unterseeboot-Bau in Italien und anderswo studiert, aber das änderte nichts an dieser bald sehr fixen Ausgangskonstellation für die Ausschreibung.

Für jedes Boot wurde weiterhin ausreichend Reservepersonal rekrutiert, während eine Mannschaft Dienst am Boot versah, stand eine komplette zweite als Reserve und Ersatz bereit. Beheimatet waren die U-Boote vorerst alle in Pola, dem Zentralkriegshafen der Doppelmonarchie. Am 29.8.1909 wurde mit SM U IV das erste Unterseebot in Dienst gestellt bzw. der Unterseebootsstation Pola zugeteilt, was als Indienststellung galt, wie auch jeweils für die nachfolgenden Boote. Die Unterseebootstation Pola wuchs ständig, eine moderne, großzügig angelegte Ladestation ging in Betrieb (betrieben mit Dieselmotoren).

Heyßler, inzwischen Korvettenkapitän, setzte sich unermüdlich und mit Leidenschaft für seine junge und völlig neue Waffe ein, wodurch er sich schließlich mit seinen Vorgesetzten etwas verkrachte (a.a.O., S. 293f): »Mit dem Hafenadmiral, meinem verehrten alten Seebären, Admiral von Riper, stieß ich zusammen, weil ich für meine Unteroffiziere, die ja ausgewählt intelligente Leute waren und einen schweren, damals auch gefährlichen Dienst machten, bessere Lebensbedingungen verlangte. Mehr Urlaub, eine kleine Bibliothek für einschlägige technische Werke, Freilassung von gröberen Dienstleistungen wie Deckwaschen etc., während er jede Bevorzugung bekämpfte«, so Heyßler in seinen unveröffentlichten Memoiren.

Zudem machte er sich unbeliebt, da er seine U-Boote bei allen möglichen Gelegenheiten zu Scheinangriffen auf die Flotte verwendete, wozu er zwar grundsätzlich die Erlaubnis hatte; er legte es aber offenbar ein wenig darauf an, die Admirale damit vorzuführen und zu blamieren, um die Wirksamkeit der neuen Waffe zu demonstrieren. »Unterstützung und Anlehnung fand ich nur in Wien, da der Marinekommandant, Admiral Graf Montecuccoli, sich für das U-Bootwesen inter-

Links Erich Heyßler (1869–1948; auch Schreibweise »Heyssler«) erster »Leiter der Unterseebootsstation Pola«, rechts sein Nachfolger Franz Ritter von Thierry (1871–1942), er hatte von Februar 1912 bis Kriegsende diese Funktion inne (ab 1917 als »Leiter des U-Bootswesens«).

essierte, mich immer, wenn er nach Pola kam, zu einer Beratung im ‚Technischen Komitee' berief, mich auch auf seine Jacht einlud und fast alle meine Anträge bewilligte.« (Heyßler, a.a.O., S. 293f)

Aber auch Admiral Graf Montecuccoli konnte und wollte dem energischen, aber etwas ungestümen Heyßler bald nicht mehr helfen, nachdem er und seine U-Boote bei einem Manöver der Escadre anders eingesetzt wurden, als er das für vernünftig und sinnvoll hielt. Admiral Eugen von Chmelarž (* 17.11. in Neutitschein in Mähren - † 13.8.1945 in Perchtoldsdorf) nahm dann seinen Manöverbericht etwas zu persönlich, wonach es laut Heyßler »notwendig sei, daß sich auch die höheren Führer von Verbänden mit der richtigen Verwendung von U-Booten vertraut machen sollten«. Er wurde als Leiter der Unterseebootsstation Pola abgelöst. Sein Nachfolger wurde am 1.2.1912 Korvettenkapitän Franz Ritter von Thierry (*10.7.1871 in Podgora, Dalmatien - † 10.12.1942 in Budapest), der sich auch sehr für »seine« U-Boote engagierte und sie gegenüber der eigenen Marineführung nach Kräften zu fördern versuchte.

Thierry wurde, wie Heyßler in der ersten Phase ab 1908, auch zu einer prägenden Gestalt dieser jungen Waffe in Österreich-Ungarn. Das Verhältnis Heyßler-Thierry blieb dagegen zwar professionell korrekt, viel mehr aber nicht. Thierry verwehrte sich auch dagegen, dass Heyßlers Rat in U-Boot-Angelegenheiten von einzelnen Vorgesetzten noch lange eingeholt wurde. In seiner Funktion spielte Thierry natürlich auch bei der nun stattfindenden Ausschreibung 1912 für eine neue Generation österreichischer U-Boote eine wichtige Rolle als der fachlich zuständige Offizier und Experte. Anders als Heyßler favorisierte er klar eine »heimische« Lösung zugunsten Whiteheads.

Im Sommer 1914 wurde ein erheblicher Teil der U-Boot-Aktivitäten vom Zentralhafen Pola auf die vorgelagerte Insel Brioni verlegt, das vor dem Krieg über eine hochmoderne touristische Infrastruktur verfügt hatte, inklusive moderner Hotels, die nun natürlich leerstanden. Diese konnten, nach einigen anfänglichen Widerständen, von den U-Bootbesatzungen genützt werden (viele Kameraden der Schiffe in Pola erblassten vor Neid). Der Hafen von Brioni bot Platz für alle sieben k.u.k. U-Boote (und hätte auch einige weitere vertragen), der Tender »Pelikan« wurde an Bojen davor vertäut. Das Seearsenal in Pola blieb aber den ganzen Krieg über wichtig für die Ausrüstung und Reparatur der Boote, Brioni wurde zum Zentrum für die Ausbildung der Besatzungen.

Bereits ab Ende September 1914 wurden erstmals zwei Boote in die Bocce verlegt (U 3 und U 4). Langsam entstand dort in der südlichen Adria ein U-Bootstützpunkt, bei der kleinen Siedlung Gjenovic, gleich neben Kumbor in der Bocce (gegenüber dem Seearsenal von Teodo/Tivat). Das große Torpedo-Depotschiff »Gäa« wurde dorthin am 29.7.1914 als U-Boottender verlegt und den ganzen Krieg über in der Funktion verwendet. Gjenovic war später Ausgangspunkt fast aller Operationen der k.u.k. U-Boote Richtung Straße von Otranto und darüber hinaus.

Die ursprüngliche Dienstbezeichnung des Kommandos »Leiter der Unterseebootsstation Pola«, die Erich Heyßler 1909 erhalten hatte und sein Nachfolger Franz Ritter von Thierry 1912 übernahm, wurde erst 1917 breiter gefasst; sie wurde in »Leiter des U-Bootswesens« umgewandelt.

Im Jahre 1910 wurde das U-Bootabzeichen in der k.u.k. Marine eingeführt, das jeder U-Bootfahrer auf der Brust der Uniform trug.

6. Die großen Werften in Österreich-Ungarn

Auch die größte und weitaus fortschrittlichste Werft Österreich-Ungarns in Triest, Stabilimento Tecnico Triestino (STT), hatte sich mit einem eigenen Projekt in die Ausschreibung eingebracht. Es scheint aber, als ob die Firma nur ein Lebenszeichen von sich geben wollte. Der angebotene Entwurf war veraltet, STT hatte zudem keinerlei Erfahrung im U-Boot-Bau und hätte erst umfassend in diese Sparte investieren müssen. Das Offert war daher wohl nur ein Angebot in diesem Sinne an die k.u.k. Marine und wurde weder von der Werft noch von der Marineführung wirklich ernst genommen. Natürlich wäre ein groß angelegter Einstieg von STT in den U-Boot-Bau sehr wünschenswert für die k.u.k. Kriegsmarine gewesen. Es ist keineswegs unrealistisch anzunehmen, dass STT in dieser Phase wohl mehr Interesse am Bau von U-Booten gezeigt hätte, da sie als wichtigste Werft der Monarchie hoffen konnte, solche Aufträge für die k.u.k. Kriegsmarine zu erhalten. Irgendwie hat man den Eindruck, dass STT den Zeitpunkt dafür verpasst hatte, wohl auch aufgrund der guten Auslastung und der vielen Umstrukturierungen, nachdem dort 1897 Großbanken die Aktienmehrheit übernommen hatten. Später war die Werft auf eigenes Risiko nicht mehr dazu bereit, da Whitehead durch seine Investitionen (mit Vickers und Armstrong als sehr potente Geldgeber im Hintergrund) dieses Produkt am heimischen Markt ja bereits recht früh »abgedeckt« hatte. Denn der U-Boot-Bau für Österreich-Ungarn blieb aus Sicht großer Firmen wie STT selbstverständlich nur ein kleines Nischenprodukt.

Und STT war auch bewusst, dass Whitehead einen weiteren Vorteil hatte, der im Fall einer Beauftragung einer heimischen Firma schwer einzuholen gewesen wäre: es war eine ungarische Firma, STT eine österreichische. Im Jahr 1867 war mit dem sogenannten »Ausgleich« aus Österreich die Doppelmonarchie Österreich-Ungarn und aus der »k.k.« Kriegsmarine (»kaiserlich-königlich«) die »k.u.k« Kriegsmarine (»kaiserlich und königlich«) geworden, wobei das kleine Wörtchen »und« eine de facto Gleichstellung der ungarischen Souveränität ausdrücken sollte. Und die ungarische Reichshälfte drängte inzwischen auch mit voller Vehemenz auf seinen »rechtmäßigen Anteil« am staatlichen Kriegsschiffbau. Der Zentralkriegshafen Pola in Istrien, wo praktisch alle größeren Kriegsschiffe stationiert waren, blieb zwar mit dem Ausgleich 1867 in der österreichischen Reichshälfte, ebenfalls Triest als der weitaus wichtigste Handelshafen und Werftstandort, aber Ungarn hatte bei Fiume (Rijeka) einen schmalen Zugang zum Meer erhalten und entwickelte dort mit viel Nachdruck auch eine eigene Schiffbauindustrie. Alle budgetären Beschlüsse mussten vom Ministerrat für gemeinsame Angelegenheiten abgesegnet werden und, wenn eine parlamentarische Zustimmung erforderlich war, auch von beiden Parlamenten, d.h. in Wien und in Budapest.

1911 wurde ein Flottenprogramm vorgelegt, wonach Österreich-Ungarns Kriegsmarine künftig aus 16 Schlachtschiffen, 12 Kreuzern, 24 Zerstörern und 12 U-Booten bestehen sollte. Es wurde in seinen Grundzügen vom Kaiser und den beiden Parlamenten bewilligt. Aber Ungarn hatte klare Bedingungen daran geknüpft und als politische Voraussetzung für die Zustimmung bestand Ungarn, verkürzt ausgedrückt, auf einer »Quote« von gut einem Drittel (genau 36,4%) bei sämtlichen staatlichen Bauaufträgen für Kriegsschiffe. Diese ungarische Werftindustrie, die z.B. ein Drittel der modernen Dreadnoughts und Kreuzer hätte bauen sollen, gab es aber in dem schmalen Küstenstrich noch gar nicht, d.h. eine solche musste erst mit viel Geld und staatlicher Unterstützung aufgebaut werden. Infrage kam für den Bau größerer und komplexer Schiffe nur die Werft Ganz & Co – Danubius in Fiume, die sich dort nach 1890 etabliert, aber nur Kriegsschiffe bis zur Größe von Torpedobooten gebaut hatte. In diese Werft wurde nun viel Geld investiert, mit staatlicher Unterstützung und Förderung.

Die Firma Ganz war 1844 von Ábrahám Ganz (* 6.11.1814 in Unter-Embrach, Schweiz - † 15.12.1867 in Pest) im heutigen Budapest als Eisengießerei Ganz & Cie gegründet worden und entwickelte sich zu einem riesigen Mischkonzern im Bereich Eisenbahnbau, Maschinenbau, Waffen, Elektrotechnik, Fahrzeugherstellung, Brückenbau etc. Ab 1890 beteiligte sich die Firma an der Danubius-Werft in Fiume und stieg damit auch groß in die Schiffbauindustrie ein. Die königlich ungarische Regierung kämpfte bei jedem Auftrag verbissen um Ungarns »Quote«, viele Projekte verzögerten sich dadurch erheblich und auch die gelieferte Qualität entsprach lange nicht den geforderten Standards, was im Zuge des Aufbaus einer neuen Industrie verständlich ist. Besonders nachteilig für die Marine war zudem, dass Ganz-Danubius Verträge mit ganz anderen Zulieferern hatte als STT in Triest, wodurch selbst Schiffe ein und derselben Klasse ganz verschiedene Ersatzteile benötigten. Danubius steckte aber in der Vorkriegs-Periode der U-Boot-Beschaffung noch zu sehr in einer Art Aufbauphase und entwickelte deshalb auch vorerst keine Ambitionen, selbst groß in diesen Bereich einzusteigen. Sie gab kein Angebot für die neuen U-Boote ab.

Andere Werften spielten vorerst für den U-Boot-Bau sowieso keine Rolle, es gab derer auch nicht sehr viele andere als potentielle Kandidaten. Die marineeigene Werft im Seearsenal von Pola hatte kein Interesse am Eigenbau von U-Booten, ebenso vorerst die erst 1908 gegründete Cantiere Navale Triestino in Monfalcone, etwas westlich von Triest (eine Gründung der Österreichischen Schiffahrts A.G. und der Škoda-Werke in Pilsen, mit Kapital der Creditanstalt in Wien). Die 1910 aus dem Unternehmensverband von STT ausgeschiedene Werft San Rocco in Triest war eng mit dem Österreichischen Lloyd verbunden und konzentrierte sich ganz auf den Bau von Handelsschiffen, da passten U-Boote nicht ins Unternehmenskonzept.

Für die k.u.k. Kriegsmarine wäre also die Beauftragung von

Whitehead als heimische Firma allein schon deshalb attraktiv gewesen, weil damit wieder ein Teil der leidigen ungarischen »Quote« abgedeckt werden hätte können und auch Gelder aus staatlicher Förderung für die ungarische Werftindustrie gewunken hätten. Wie von Heyßler, dem Leiter der Unterseebootstation Pola überliefert, hat Marinekommandant Montecuccoli gerade darin einen großen Vorteil für die Whitehead-Boote gesehen und versuchte ihn deshalb dazu zu bewegen, das Gutachten zugunsten dieses Angebotes zu formulieren.
Soweit die Ausgangsposition bei der Ausschreibung in Bezug auf die Werftinfrastruktur von Österreich-Ungarn.

III. Der harte Kampf um die Ausschreibung für eine zweite Generation von k.u.k. U-Booten

1.Ausschreibung für die fünf Hochsee-Boote U 7–U 11: die Geschichte einer folgenschweren Entscheidung

Die Firma Whitehead in Fiume beteiligte sich also nun mit viel Energie und Einsatz mit einem eigenen Entwurf, dem selbstentwickelten Typ K1 und (nachfolgend) mehreren ähnlichen Typen, zuletzt dem sogenannten Typ 48, an der Ausschreibung, im Sinne der mehrmals nachgebesserten Anforderungen. Die Germaniawerft in Kiel bot schließlich den modernen Typ 506c, zuletzt Typ 506d an, entworfen von Hans Techel, der preislich günstiger war als das Whitehead-Angebot.
Im Gutachten einer 1910 eingesetzten Bewertungskommission, noch unterzeichnet von Heyßler, wird klar den Germania-Booten der Vorzug gegeben. Es war nur als Grundlage für eine Entscheidung konzipiert. Heyßler schreibt in seinen Erinnerungen, dass er ganz klar für die Germania-Lösung war, Marinekommandant Montecuccoli anfangs dagegen klar zur Whithead-Lösung tendierte, allerdings nicht aus fachlichen, sondern aus politischen und finanztechnischen Gründen, im Zusammenlag mit Ungarn (vgl. W. Aichelburg, »Die Unterseeboote Österreich-Ungarns«, Band 1, S. 61f): »Ich beharrte darauf, dass man unbedingt den Germania-Typ bauen sollte, weil sich dieser den anderen überlegen gezeigt hätte. ... Montecuccoli wieder, trachtete mich zu bewegen, dem Bau von Whitehead-Booten zuzustimmen, was ich beharrlich ablehnte. Der Grund war, daß die Whitehead-Boote in Ungarn (Fiume) gebaut werden konnten, und es eine große Hilfe zur Bewilligung von Krediten durch ungarische Delegationen gewesen wäre, wenn er hätte darauf hinweisen können, daß die Boote in Ungarn gebaut würden. Er konnte aber das fachmännische Gutachten der Unterseebootstation nicht recht übergehen und ich blieb standhaft.«
Hier die wesentlichen Teile des Gutachtens (zitiert nach O. Trulei: »Tauchfahrt in den Tod – Die Havmanden-Boote der k.u.k. Kriegsmarine«; S. 5ff): »Vorzüge der Germaniaboote: Große Solidität des Materials, geräumiger Turm, gute Periskope, wasserdichte Schotte, gute Rettungseinrichtungen ... führt Jolle und guten Anker, offenkundiges Bestreben der Firma alle Fehler ohne Rücksicht auf Kosten zu beheben. Nachteile der Germaniaboote: Minder gute Taucheigenschaften, weit sichtbarer Rauch beim Andrehen der Maschinen, starker Auspufflärm. Vorteile der Whiteheadboote: Gute Taucheigenschaften, gute geschützte Propeller und Steuer, Auspuff unter Wasser ohne Rauch und Lärm. Nachteile der Whiteheadboote: Unzureichende Periskopeinrichtung, beengter Turm, ... schlechtes Kurshalten unter Wasser, daher schweres Abkommen beim Lancieren, ursprünglich gar kei-

ne Rettungseinrichtungen (Telefonboje, Hißauge, Auspreßvorrichtung des Haupttanks und Luftzufuhr durch Taucher wurden auf Verlangen der Kriegsmarine eingerichtet), statt eines Fallkieles einen auszupressenden Ballast von nur ½ Tonne. Minderwertiger Anker. Firma muß durch offiziellen Druck zu Verbesserungen gezwungen werden. ... Falls also eine Wahl zwischen diesen bisher erprobten Booten jetzt getroffen werden müßte, so wäre der Vorzug den Germaniabooten zu geben, weil die Leistungen sich ungefähr ausgleichen, die Germaniaboote aber mehr Sicherheit gewähren, moderner sind und im Dienste bereits erprobt sind, was bei den Whiteheadbooten noch aussteht.«

Da stehen bereits, stark basierend auf den Erfahrungen bei den Erprobungen, alle Parameter für die Entscheidung drinnen, einschließlich der Richtung, in der diese gehen wird. Aber natürlich werden alle Alternativen für eine Entscheidung analysiert, wobei von Heyßlers Kommission konkret vier Möglichkeiten in Betracht gezogen werden:

1) Bau auf eigene Regie (nach eigenen Plänen).
2) Bau bei Whitehead.
3) Bau bei der Germaniawerft.
4) Bau nach Plänen der Germaniawerft auf einer heimischen Werft in Lizenz.

In der Analyse heißt es zu den einzelnen Punkten:

ad 1.:

»Der Bau in eigener Regie würde vermutlich sehr lange dauern, daher teuer sein und wäre ein Experiment, dessen Kosten im Falle des Misslingens lediglich die k.u.k. Kriegsmarine treffen. Es wäre schon der Garantie wegen vorteilhafter diesen Bau der Privatindustrie zu überbegeben.«

ad 2.:

»Der Bau bei Whitehead hätte namentlich den Vorteil für sich, die Boote im Inland zu bauen. Zweifellos hat die Firma gezeigt, daß sie im Stande ist Unterseeboote zu bauen und dieselbe verfügt über ein, wenn auch geringes, geschultes Personal. Dagegen müßte diese Firma einen ganz neuen, nie erprobten, also noch experimentellen Typ schaffen, ferner kann nicht verschwiegen werden, daß bei den bisher gelieferten Booten namentlich anfangs nicht das Bestreben herrschte das Beste zu liefern und daß es energisches Einschreiten seitens der Übernahmskommission und Bauleitung bedurfte, um Fehler und Mängel zu beheben. Auch hat eine gewisse Leichtfertigkeit in der Bereitstellung zu den Proben geherrscht. Daß die kontraktlichen Bedingungen in den meisten Punkten übertroffen wurden, wirkt weniger blendend, wenn man bedenkt, daß ein Boot von genau bekannten Eigenschaften kopiert, und die Bedingungen mit großer Vorsicht entsprechend tiefgestellt wurden.«

ad 3.:

»Dem Bau bei der Germaniawerft steht nur entgegen, daß es eine ausländische Firma ist, ferner die Entfernung. Dagegen hat diese Firma ihren Bootstyp bis zu modernen großen Booten entwickelt und hat solche Boote bereits gebaut, steht daher nicht mehr auf experimentellen Standpunkt. Hervorzuheben ist der Zug der Gewissenhaftigkeit und Gründlichkeit bis zum kleinsten Detail.«

ad 4.:

»Falls der Bau nach Plänen der Germaniawerft bei einem inländischen Etablissement in Erwägung käme, welches sich mit dem Unterseebootsbau nicht befaßt hat, so hätte die Ausführung des ersten Bootes unter Zuziehung des nötigen erfahrenden Personales der Germaniawerft zu geschehen. Trotzdem dürfte das Resultat sowohl in Qualität als auch in Dauer der Arbeit hinter einem von der konstruierenden Firma ausgeführten Bau zurückstehen.«

Die echte Wahl war im Prinzip also nur eine zwischen Ankauf eines sehr verlässlichen und preislich günstigeren U-Boot-Typs beim Verbündeten im Ausland oder der Investition in die heimische Werftindustrie, die durch diesen technisch anspruchsvollen Großauftrag nicht nur einen Sprung vorwärts machen würde, sondern auch im Kriegsfall mit eigenem Know-how vor Ort bereitstünde. Überspitzt formuliert, könnte man auch sagen, zwischen den internationalen Rüstungskonzernen Krupp und Vickers. Der Entscheidungsprozess verlief marineintern sehr emotional. Franz Ritter von Thierry, der neue Leiter der Unterseebootsstation setzte sich, anders als sein Vorgänger Heyßler, massiv für die »heimische Lösung« ein und unterstützte die Whitehead-Boote, um vor Ort eine Infrastruktur zum U-Boot-Bau zu schaffen. Und auch die Firma Whitehead selbst ließ natürlich nichts unversucht, um den Auftrag zu erhalten, für den man so viel investiert hatte. Thierry hatte die Ausschreibung adaptiert, er stellte, wie er schreibt, »ein Programm für alle nötig erachteten Verbesserungen mit Bezug auf Geschwindigkeit, Anzahl der Lancierrohre, Torpedozahl, Tiefenruder, Periskope, Luftregeneration, etc. etc. auf und legte beide Projekte nach Besprechung

Die Entscheidung zwischen dem Typ 506 von Germania und dem Typ 48 von Whitehead wurde noch in der letzten Phase der Dienstzeit von Rudolf Graf Montecuccoli als Marinekommandant getroffen, informell am 13.1.1913, formell bei einer Sitzung am 27.1.1913 in der Marinesektion in Wien. Hier das Gebäude der Marinesektion des k. und k. Reichskriegsministeriums im 3. Wiener Gemeindebezirk, das heute noch unverändert so dasteht.

Im Februar 1913 übernahm der neue Marinekommandant Admiral Anton Haus (rechts) die k.u.k. Kriegsmarine, hier in einer Propaganda-Ansichtskarte gemeinsam mit Alfred Tirpitz. Beide Großadmirale hatten lange ein eher trübes Verhältnis zu U-Booten, deren Wert sie erst spät erkannten. Haus interessierte sich zwar sehr für U-Boote, seine Haltung gegenüber der neuen Waffe bezeichnet der bekannte Marinehistoriker Wladimir Aichelburg jedoch in Summe zurecht als »recht unklar«.

mit den Uboots-Kommandanten der M.S. vor« (Thierry, Tagebuch, S. 21/23). Natürlich floss dabei ein kleiner Drall Richtung heimische Produktion bei Whitehead ein.
Sowohl beim Marinetechnischen Komitee in Pola als auch in der obersten Marineführung, der Marinesektion des Kriegsministeriums in Wien (bei Thierry als »M.T.K.« bzw. »M.S.« abgekürzt) wurden die Argumente für und wider beide Anbieter analysiert: »Nach vielfachen Sitzungen im M.T.K. dann bei der M.S. mit Vertretern der beiden Werften, wurden meine Forderungen von der letzteren zugestanden.
Ich plädierte für das Projekt Whitehead und begründete es in erster Linie damit, dass die k.u.k. Kriegsmarine hierdurch eine inländische Werft für den Uboots-Bau erhält, nach deren Plänen im Kriegsfalle weitere Boote gebaut werden können und ein Stock von Spezialarbeitern herangebildet wird, welche geeignet wären, an dem Bau weiterer Uboote mitzutun.
Ein weiterer Faktor, der mich dafür bestimmte Whitehead vorzuziehen, war darin zu suchen, dass im Falle eines Krieges vor gänzlicher Fertigstellung der Uboote die deutsche Marine Hand auf dieselben legen wird.
Meine Argumente schienen von einigem Erfolg, weil bei der Schlussitzung am 2.1.1913 die Abstimmung gleiche Stimmenanzahl pro und contra ergab.« (Thierry, Tagebuch, S.21/23–24).
Die grundsätzliche Entscheidung zwischen dem Typ 506d von Germania und dem Typ 48 von Whitehead wurde noch in der Dienstzeit von Rudolf Graf Montecuccoli als Marinekommandant getroffen, informell am 13.1.1913, formell bei einer Sitzung am 27.1.1913 in der Marinesektion in Wien (Aichelburg, »Die Unterseeboote Österreich-Ungarns«, Bd. 1, S. 53). Montecuccoli, dem noch von Heyßler vorgeworfen worden war, Whitehead zu favorisieren, war inzwischen ganz offensichtlich auf Germania umgeschwenkt. Nun wird, im Gegenteil, Graf Montecuccoli von Thierry quasi beschuldigt, ihn mit dem Ziel ausgetrickst zu haben, Germania zum Zug kommen zu lassen, ohne ihm die Chance einer Stimme in der Sitzung zu geben: »Der Marinekommandant Gf. Montecuccoli berief nach meiner Abreise nach Pola eine neue Sitzung ein, bei welcher beschlossen wurde, den Bau der 5 Stück 1000 Tonnen-Boote der Germaniawerft in Kiel zu übertragen.
Wie ich später erfuhr, brachte Gf. Montecuccoli als Gegengewicht für mein Argument vor, Fiume werde vom Feinde bombardiert werden, also wären bei Whitehead in Bau liegende Uboote ohnehin verloren. – Auch liess es sich Gf. Montecuccoli nicht nehmen, dass Whitehead alles Verlangte verspricht und nichts halten werde, während man bei der Germaniawerfte in dieser Hinsicht sicher gehe.
Mich wunderte diese Auffassung des Admirals, doch konnte ich nichts dagegen unternehmen. Leider musste ich später hören, dass Mitglieder der Kommission, welche früher fest zu meiner Ansicht hielten und meine Argumente unterstützten, bei der erwähnten Sitzung gegenteiliger Meinung wurden, Dinge die nur allzuoft vorkamen.« (Thierry, Tagebuch, S.21/24–25).
Soweit die Darstellung Thierrys zur entscheidenden Sitzung vom 27.1.1913. Er schließt diese trotzig mit den Worten: »Der Weltkrieg hat dann den Beweis geliefert, welche Auffassung die richtige war.«
Offiziell ausschlaggebend für die Entscheidung war der Preis gewesen, obwohl beide Offerten preislich sehr nahe aneinander lagen. Germania verlangte, nach mehrmaligen Preisnachlässen 16,12 Millionen Kronen, Whitehead 16,71 Millionen. Bewilligt für das Projekt neuer U-Boote waren 16,5 Millionen. Für die Offerte von Whitehead hätte der Marinekommandant also sogar um weitere Geldmittel in Wien und Budapest ansuchen müssen, ein sehr komplizierter und aufwändiger Prozess. Es steht aber außer Frage, dass es kein Zufall war, dass Germania so knapp im Limit der vorhandenen Mittel lag und Whitehead knapp darüber.
Die Germaniawerft war für ihre Qualitätsarbeit in der k.u.k. Kriegsmarine hochgeschätzt und es war klar, dass sie gute und verlässliche Qualitätsprodukte liefern würde. Es war gewünscht, dass Germania die Ausschreibung nach »objektiven« Preiskriterien gewinnt, darauf wurde sie auch entsprechend »hingebogen«, in bester österreichischer Tradition. Whitehead hatte als U-Bootbauer einfach noch nicht die Reife und Erfahrung. Oder spielte auch die Tatsache mit, dass dahinter englische Rüstungskonzerne standen? Die Tragweite der Entscheidung war jedenfalls langfristig sehr groß.
Bereits im Februar 1913 übernahm der neue Marinekommandant Admiral Anton Haus (* 13.6.1851 in Tolmein - † 8.2.1917 in Pola) die k.u.k. Kriegsmarine. Er rüttelte aber nicht mehr an der getroffenen Entscheidung (oder hatte er sie bereits im Stillen mit herbeigeführt?). Haus interessierte sich sehr für U-Boote, seine Haltung gegenüber der neuen Waffe bezeichnet der Marinehistoriker Aichelburg jedoch zurecht als »recht unklar«. Aber wer wusste 1913 schon wirklich, welches Potential in diesen Booten steckte?
Thierry hatte zum neuen Marinekommandanten Admiral Haus immer ein recht angespanntes Verhältnis, was der neuen U-Bootwaffe natürlich nicht unbedingt zugutekam. Haus beließ ihn jedoch auf seinem Posten, Thierry behielt die Position als Chef des k.u.k. U-Bootwesens sogar bis Kriegsen-

de (er hatte den Rang eines Fregattenkapitäns und führte ab 1915 den Adelstitel Baron).
Bei der Firma Whitehead selbst herrschte nach der Entscheidung natürlich eine gewisse Niedergeschlagenheit und Resignation bezüglich der Zukunft des eigenen U-Boot-Baus. Whitehead zog in der Folge einiges an Schlüsselpersonal und Facharbeitern vom U-Boot-Bau ab, auch zahlreiche Maschinen der Werft wurden verkauft. Für die Geldgeber der bisherigen Investition in England und Amerika war das alles zwar ein unangenehmer Rückschlag, aber von der Dimension her sicher nicht dramatisch und in der Geschäftswelt eben üblich. Vielleicht hätte man doch noch etwas heftiger und herzeigbarer in den U-Boot-Bau am Standort Fiume vorinvestieren sollen? Edgar Graf Hoyos war zwar beeindruckt, wie die Engländer dabei mit großen Summen arbeiteten, aber völlig überzeugt war die k.u.k. Kriegsmarine offensichtlich noch nicht, wenn wir uns an Heyßlers Formulierung im Gutachten der Bewertungskommission halten, der meinte, dass die Firma zweifellos gezeigt habe, dass sie im Stande sei, Unterseeboote zu bauen und sie verfüge auch über geschultes Personal, »allerdings ein nur geringes«.
Schon am 1.2.1913 erfolgte seitens der k.u.k. Kriegsmarine offiziell die Auftragsvergabe an die Germania Werft AG in Kiel für die Boote U 7 bis U 11.
Die Abmessungen der Boote betrugen 69,5 x 6,3 x 3,79 m, Verdrängung 695 ts/ 885 ts (in der ausgeführten deutschen Version 791 ts/ 933 ts). Die Konstruktion sah ursprünglich einen extrem kleinen Turm vor, der im Wesentlichen nur als Einstieg ins Bootsinnere diente, das Periskop war in der Zentrale darunter; dadurch war der Unterwasser-Widerstand geringer. Zahlreiche Spezifikationen für österreichische Industrievorgaben wie 45-cm-Torpedos, Škoda-Geschütze etc. wurden vergeben.
Interessant ist auch hier der Umstand, dass die Germania-Werft zu diesem Zeitpunkt keineswegs bereits große Erfahrungen mit dem Dieselmotor in U-Booten hatte, die Bestellungen der Kaiserlichen Marine bei Germania waren außerdem noch immer sehr gering. Verhandlungen über den Bau ausländischer U-Boote mit Dieselmotoren., nämlich das italienische Boot »Airopo« und die norwegischen Boote A 2 bis A 5, wurden ab Mitte 1909 von der Germaniawerft geführt, die erste fixe Bestellung (aus Italien) erfolgte aber erst im Herbst 1910. Der Chefingenieur der Werft, Hans Techel schreibt (»Der Bau von Unterseebooten auf der Germania-Werft«, S. 84) sehr nüchtern über diese ersten Boote mit Dieselmotoren: »Da die Bestellungen auf U-Boote, welche der Germaniawerft von der deutschen Marine zugingen, lange Jahre nicht umfangreich waren und immer damit gerechnet werden mußte, daß auch andere Werften den U-Bootbau aufnehmen würden, hat die Germaniawerft sich dauernd bemüht, Bestellungen aus dem Auslande zu erhalten. Wesentlich bestimmend, diesen Weg zu beschreiten, war für sie neben dem kaufmännischen Interesse auch die Ueberlegung, daß sie durch den Wettbewerb mit Auslandskonstrukteuren und durch den Meinungsaustausch mit Vertretern fremder Marinen nicht zu unterschätzende Anregungen für ihre eigenen Entwürfe erhalten würde. Außer für Rußland, Österreich-Ungarn und Norwegen, für die auch Nachbestellungen erfolgten, gelang es der Germaniawerft, auch eine Lieferung für die italienische Marine zu erhalten. Man geht wohl nicht fehl in der Annahme, daß die italienische Marine durch den guten Ausfall der Germaniaboote für die österreichisch-ungarische Marine veranlaßt worden ist, auch ihrerseits ein Boot der Germaniawerft zu bestellen, um in der Lage zu sein, durch Erprobungen dieses Bootes die besonderen Eigenschaften einer Bauart festzustellen, die in kurzer Zeit einen bedeutenden Ruf erlangt hatte. ... Es ist bemerkenswert, daß, wie die ersten größeren Boote der Germaniawerft, so auch das erste mit Dieselmotoren ausgerüstete Unterseeboot vom Auslande bestellt worden ist.«
Die Germania-Baunummern für die fünf k.u.k. Unterseeboote waren 203 bis 207, die erste Kiellegung erfolgte am 1.11.1913, die letzte am 11.2.1914. Über die Technik und spezifischen Anforderungen an diese Boote seitens Wiens schreibt Germania-Chefingenieur Hans Techel (a.a.O, S. 91f): »Ein von den bisher beschriebenen Booten etwas abweichender Typ sind die Baunummern 203 bis 207, die im Anfang des Jahres 1913 von der österreichisch-ungarischen Marine bestellt waren. Das Bauprogramm sah besonders hohe Ueberwasser- und Unterwassergeschwindigkeit vor. Um letztere, die, wie auf S. 7 auseinandergesetzt, mit Tauchbooten wesentlich schwieriger als mit Einhüllenbooten zu erreichen sind, zu ermöglichen, mußte eine besonders große Batterie eingebaut werden. Diese sollte als Großoberflächen-Batterie ausgeführt werden, was zwar auf die Höchstgeschwindigkeit ohne Einfluß war, die Erreichung des ebenfalls verlangten großen Fahrbereiches aber weiter erschwerte. Günstig für die Unterwasserleistungen war, daß der Kommandoturm, wie bei vielen ausländischen Marinen üblich, nicht als Kommandostand für die Unterwasserfahrt ausgebildet war, sondern im wesentlichen nur als Durchgang zum Bootsinneren und als Kommandostand für die Ueberwasserfahrt bei schlechtem Wetter zu dienen hatte, während die vor und hinter dem Kommandoturm angeordneten Sehrohre von der Zentrale aus benutzt werden sollten. Eine einfache Ueberlegung zeigt jedoch, daß bei gleicher Anordnung eine um etwa die Kommandoturmhöhe tiefere Schwimmlage des U-Bootskörpers damit besseren Schutz gegen feindliche Gegenwirkung und ruhigere Tiefensteuerung bei Seegang ergibt.
Als Bugarmierung waren bei diesen Booten zum ersten mal 4 Torpedorohre vorgesehen. Diese wie die Heckrohre hatten jedoch im Gegensatz zu den gleichzeitig ausgeführten Armierungen der deutschen Boote nur 45 cm Kaliber.«
Diese fünf hochmodernen U-Boote hätten eine extreme Kampfwertsteigerung der k.u.k. Marine im Mittelmeer bedeutet. Am 28.6.1914 wurde Österreichs Thronfolger Franz Ferdinand in Sarajewo ermordet, wenige Wochen später stand die Welt im Krieg. Alle fünf Boote waren zu diesem Zeitpunkt noch in Bau in Kiel, an der fernen Ostsee, keines war vom Stapel gelaufen. Ende Juli 1914 waren die einzelnen Boote jeweils zwischen einem Drittel bis maximal knapp zur Hälfte fertiggestellt, nach offiziellen Werftangaben zwischen 29 % bis 46 %.

2. Die Übernahme der fünf Boote durch die Kaiserliche Marine

Die kaiserlich-deutsche Regierung gab kurz nach Kriegsbeginn eine Verordnung heraus, wonach alle gegenwärtig im Deutschen Reich »für fremde Regierungen in Bau befindlichen Schiffe und Fahrzeuge sowie auch jegliches Kriegsmaterial« zu Kriegszwecken konfisziert werden konnten. (Wahrscheinlich stützten sich auf diese Verordnung auch spätere Behauptungen der Beschlagnahmung der fünf U-Boote). Beim Verbündeten Österreich-Ungarn machte Deutschland jedoch eine Ausnahme und suchte eine einvernehmliche Lösung im beidseitigen Interesse. Und was besonders wichtig war: weder Berlin noch Wien glaubte, dass die Boote kriegsbedingt nach Fertigstellung ausgeliefert werden könnten. Realistische Alternativen waren daher nur die Prüfung der Übernahme durch die Kaiserliche Marine oder die vorläufige Einstellung des Baus. Anfang November bot Berlin offiziell die Übernahme an. Wien nahm noch im November offiziell das Angebot an, die fünf unfertigen Boote im Bau der deutschen Regierung zu verkaufen, bei voller Rückerstattung der Anzahlung in Originalvaluta. Die offizielle Übernahme durch das Deutsche Reich erfolgte dann am 28.11.1914.
In mehreren Publikationen wurde früher dennoch behauptet, die Regierung in Berlin hätte die Boote sofort bei Kriegsbeginn von Österreich-Ungarn konfisziert (u.a. in E. Gröner: »Die Deutschen Kriegsschiffe 1815–1936«, München 1937, S. 61). Das ist nicht richtig, Österreich-Ungarn hat der Übernahme ausdrücklich zugestimmt. Man ging dabei natürlich auch in Wien davon aus, dass der Krieg nur ein paar Monate dauern würde und die Boote dafür sowieso nicht rechtzeitig kommen würden. Die Entscheidung zum Verkauf war nicht nur marineintern erfolgt, sondern mit dem Ministerrat für gemeinsame Angelegenheiten abgestimmt, d.h. mit den drei gemeinsamen Ministerien und den Ministerpräsidenten beider Reichshälften, die alle keine Einwände gegen den Verkauf einbrachten. Diese drei gemeinsamen Ministerien waren Äußeres, das Kriegsministerium sowie Reichsfinanzministerium (nur in Bezug auf Zuständigkeit zur Finanzierung von Außenpolitik, sowie Heer und Kriegsmarine). Seit dem Ausgleich mit Ungarn von 1867, bei dem aus dem Kaisertum Österreich die »Doppelmonarchie« Österreich-Ungarn geworden war, mussten ja alle budgetär relevanten Beschlüsse von beiden Reichshälften abgesegnet werden.
Für die Kaiserliche Marine waren die fünf im fortgeschrittenen Baustadium stehenden U-Boote ein Glücksfall. Sie wurden als »Typ UD« bzw. »Kriegsauftrag D« teilweise auf deutsche Standards umgerüstet und zwischen April und Juli 1915 als deutsche Boote U 66 bis U 70 in Dienst gestellt. Diese durch die Kaiserliche Marine verlangte Umrüstung war zwar nicht unbeträchtlich, in Summe jedoch bewältigbar. Dazu Hans Techel (a.a.O., S. 92): »Der zunächst von ihr erwogene Plan, sie mit 50-cm-Torpedos auszurüsten, mußte aufgegeben werden, jedoch konnte die deutsche Marine nicht darauf verzichten, den bei ihr gebräuchlichen Kommandoturm und ihre Sehrohrausrüstung einzuführen. Diese und zahlreiche andere Forderungen der Marine machten sehr umfangreiche bauliche Aenderungen nötig. Unter anderem wurde auch der Treibstoffvorrat beträchtlich vergrößert und so fiel das Boot erheblich tiefer, als wenn es nicht geändert worden wäre. Trotzdem wurden die vertraglichen Geschwindigkeiten sowohl über als auch unter Wasser fast noch erreicht, woraus sich ergibt, daß die Boote sie in der ursprünglich geplanten Ausführung nicht unwesentlich überschritten haben würden. Sie haben sich im Dienst gut bewährt und sind ein wertvoller Zuwachs für die deutsche Flotte gewesen.« Am Rande sei noch ergänzt, dass natürlich auch die vorgesehenen österreichischen 7 cm L/26 Decksgeschütze, die von der Firma Škoda in Pilsen entworfen wurden (fünf Stück wurden im Ap-

U 70 der Kaiserlichen Marine, ursprünglich 1913 als U 11 der k.u.k. Kriegsmarine bei Germania Kiel in Auftrag gegeben. Die fünf U-Boote U 7 bis 11 wurden vom Deutschen Reich angekauft und als »Typ UD« bzw. »Kriegsauftrag D« ab Ende 1914 auf deutsche Standards umgerüstet, nachfolgend zwischen April und Juli 1915 als U 66 bis U 70 in Dienst gestellt. Man beachte den nun großen Turm, wie für U-Boote der Kaiserlichen Marine üblich. Oben eine Skizze (Vojislav Jereb) von U 7 bis U 11 nach dem ursprünglichem k.u.k. Auftrag.

ril 1913 von der k.u.k. Kriegsmarine bestellt; vgl. Aichelburg, »Die Unterseeboote Österreich-Ungarns«, S. 54), durch solche deutscher Bauart ersetzt wurden, Kaliber 8,8 L/30, ab 196/17 ersetzt durch 10,5 cm, L/45.

Die fünf Boote wurden von der Kaiserlichen Marine in der Nordsee und im Atlantik eingesetzt (und ganz bewusst nie im Mittelmeer, um keine allfälligen österreichisch-ungarischen Begehrlichkeiten zu wecken) und erzielten dort zum Teil enorme Versenkungserfolge, weit mehr als alle alten, durchwegs technisch obsoleten oder zu kleinen k.u.k. U-Boote zusammen. Sie versenkten insgesamt nicht weniger als 124 Handelsschiffe mit 293.845 BRT sowie zwei kleine Hilfskriegsschiffe; 11 Handelsschiffe mit 48.747 BRT wurden beschädigt, dazu ein leichter Kreuzer; ein Handelsschiff wurde als Prise eingebracht.

Im Frühjahr 1915 zeigte dann ein anderes deutsches Boot, U 21, erstmals, dass es relativ problemlos möglich war, mit modernen U-Booten dieser Größe von der Nordsee direkt bis in die Adria zu fahren. Die Variante einer direkten Überstellung aus eigener Kraft war im Herbst 1914 offenbar gar nicht ernsthaft erwogen oder durchgerechnet worden.

Als wichtigstes Ergebnis dieser Entwicklungen hatte die österreichische Werftindustrie durch die Bauvergabe der modernen Boote ins Ausland bei Kriegsbeginn 1914 jedenfalls keine leistungsfähige Infrastruktur und kein wirkliches Know-how im modernen U-Boot-Bau aufzuweisen, was sich im Krieg bald als enormer strategischer Nachteil erwies.

Wie emotional die Entscheidung in der k.u.k. Kriegsmarine intern noch lange später behandelt wurde, zeigt ein Zitat des erfolgreichsten k.u.k. U-Boot-Kommandanten Korvettenkapitän Georg von Trapp, der in seinen Erinnerungen, in einem eigenen Kapitel »Arme Austriaci!«, die Situation beschreibt, wie sich die k.u.k. U-Boot-Fahrer bei den Schilderungen ihrer deutschen Kameraden fühlten (Georg v. Trapp: »Bis zum letzten Flaggenschuss«, 1935, S. 56–59): »Unterdessen führen die deutschen U-Boote ihren Handelskrieg im Mittelmeer und versenken Dampfer – Einen nach dem anderen!

... Aber die österreichischen U-Boote können da nicht mittun. So weit kommen sie gar nicht mit ihrem Treibstoffvorrat. Sie lauern an der albanischen Küste, vor Brindisi sowie zwischen den heimatlichen Inseln, und grasen die Otrantostraße ab. Es ist kaum der Mühe wert.

Fünf niegelnagelneue Boote liegen auf der Germaniawerft in Kiel auf Bau für die österreich-ungarische Kriegsmarine, als Resultat der Erfahrungen, die man mit den ersten Probebooten gemacht hatte. Sie waren die Hoffnung der alten U-Boots-Leute. Aber die Boote sind schon an Deutschland verkauft worden, als ob es für die k.u.k. Flotte keinen Feind in der Nordsee gäbe. Man hätte sie auch herüberfahren lassen können.

Man darf gar nicht von den Booten reden, dann werden die wild, die seinerzeit bei der Bestellung mitzuberaten hatten.

Indessen hat Kapitänleutnant Hersing vor den Dardanellen mit seinem ‚U 21' zwei englische Schlachtschiffe versenkt und damit die Engländer gezwungen, ihre Landungskorps dort wieder einzuschiffen und ihre Unternehmung aufzugeben. Die Namen der deutschen U-Boot-Kommandanten sind in aller Munde.

Die österreichischen Kameraden begeistern sich an ihren Erzählungen und gönnen ihnen ihre Erfolge von Herzen, aber im Inneren frißt doch die Beschämung – um Österreichs Flotte willen! Von ihr spricht kaum jemand. Sie könnten dasselbe machen, wenn sie nur die Boote dazu hätten. Sie sind halt doch immer nur die ‚armen Austriaci'!«.

U 7-Klasse (5 Boote; nicht geliefert)	
SM U 7 – U 11 1913 bei Germaniawerft in Kiel in Auftrag gegeben; am 28.11.1914 im Bauzustand an das Deutsche Reich verkauft (Kaiserlich-Deutsche Marine: U 66–U 70; auf deutsche Standards umgerüstet).	
Kiellegung U7	1.11.1913; am 31.7.1914 zu 46% fertig; als U 66 in Dienst für Deutschland
Kiellegung U8	1.11.1913; am 31.7.1914 zu 42,3% fertig; als U 67 in Dienst für Deutschland
Kiellegung U9	31.12.1913; am 31.7.1914 zu 38,8% fertig; als U 68 in Dienst für Deutschland
Kiellegung U10	7.2.1914; am 31.7.1914 zu 33,7% fertig; als U 69 in Dienst für Deutschland
Kiellegung U11	11.2.1914; am 31.7.1914 zu 28,7% fertig; als U 70 in Dienst für Deutschland
Technische Daten	
Abmessungen	Länge 69,5 m, Breite 6,3 m, Tiefgang 3,8 m
Verdrängung	695 ts (über Wasser), 885 ts (unter Wasser)
Maschinenanlage	Zwei Dieselmotoren (2300 PS) Für Unterwasserfahrt: Zwei Elektromotoren (1240 S) Höchstgeschwindigkeit 17 Knoten (10 Knoten unter Wasser), 2 Wellen
Bewaffnung	1 x Deckgeschütz (8,8 cm, später 10,5 cm) 5 x Torpedorohre 45 cm (4 Bug, 1 Heck), 12 Torpedos
Besatzung	37 Mann

IV. Österreich-Ungarns U-Boot-Bau im Ersten Weltkrieg

1. Die heikle strategische Lage der Werften in Österreich-Ungarn bei Kriegsausbruch

Am 28.7.1914 unterzeichnete Kaiser Franz Joseph I. in Bad Ischl die Kriegserklärung an das Königreich Serbien, Anfang August traten die Großmächte Deutschland, Frankreich, Russland und England in den Krieg ein, der Dreibund-Partner Italien erklärte dagegen seine Neutralität. Überall herrschte Kriegsbegeisterung, die europäische Ur-Katastrophe nahm ihren Lauf. Hauptgegner der Österreichisch-Ungarischen Monarchie zur See war vorerst Frankreich, die Haltung Italiens wurde sehr argwöhnisch beobachtet.
Alle wichtigen Werftstandorte waren recht grenznah zu Italien gelegen, besonders Monfalcone (Cantiere Navale Triestino/CNT), aber auch Triest (Stabilimento Tecnico Triestino/STT), Fiume (Ganz Danubius und Whitehead) und Pola (marineeigenes Konstruktionsarsenal), wobei Pola aber als Festung ausgebaut war. Zahlreiche Arbeiter wurden zum Kriegsdienst eingezogen, italienische Arbeiter nach Italien zurückgeschickt, viele Familienangehörige und Zivilpersonen wurden evakuiert und weit ins Hinterland geschickt, es war ja nicht für lange gedacht, ein paar Monate vielleicht; darunter auch viele Slawen, deren Zuverlässigkeit im Sinne panslawistischer Tendenzen angezweifelt wurde. An den Fronten hielt Serbien den Angriffen vorerst unerwartet stand, Russlands Truppen stießen in einer großen Offensive in Galizien vor. Die Kriegspläne scheiterten aber überall, auch der deutsche Schlieffen-Plan im Westen. Sie erzwangen schließlich den Übergang zu einem mörderischen Stellungskrieg. Nur das Osmanische Reich (und später Bulgarien) traten auf Seite der Mittelmächte in den Krieg ein, nicht aber der Bündnispartner Italien. Eine mögliche Kriegserklärung durch Italien nahm dagegen immer konkretere Formen an und erfolgte schließlich am 23.5.1915. Damit lagen alle wichtigen Werften in Frontnähe. Monfalcone lag direkt an der Grenze zu Italien, Triest mit seinen modernen Werftanlagen auch nur etwa 40 Kilometer entfernt, Fiume etwas über 100 Kilometer.
Viele lokale italienische Bewohner wurden wegen ihrer politischen Zuverlässigkeit pauschal als Irredentisten verdächtigt, zahlreiche Evakuierungen zum Schutz der Zivilbevölkerung hatten auch damit zu tun. Es wurde ein rascher Vormarsch der bisher vom Krieg gänzlich verschont gebliebenen italienischen Streitkräfte befürchtet, die beträchtliche Truppen an der Grenze zu Österreich-Ungarn zusammengezogen hatten, während der Großteil der eigenen Arme in Ost- und Südosteuropa im Einsatz war.
Österreich-Ungarn befand sich damit in einem Dreifrontenkrieg, konnte aber, was sehr erschwerend dazukam, die neue und sehr lange Front zu Italien nur völlig unzureichend mit Truppen absichern, vielerorts nur mit Landwehr und örtlichen Milizen (z.B. den Tiroler Standschützen). Die Kampfhandlungen begannen am Fluss Isonzo schon kurz nach der italienischen Kriegserklärung. Am 9.6.1915 wurde von

Triest, Pola und Fiume waren die wichtigsten österreichisch-ungarischen Werftstandorte, dazu kommt noch Monfalcone, direkt an der Grenze zu Italien. (WiCo/ Rand McNally World Atlas 1897).

der italienischen Armee die von k.u.k. Truppen verlassene Stadt Monfalcone eingenommen, sehr vorsichtig und langsam rückten sie ein und besetzten auch die erst 1908 dort errichtete CNT-Werft, deren Anlagen gesprengt worden waren. Der Beginn der ersten großen Offensive bzw. der sogenannten »1. Isonzo-Schlacht« erfolgte am 23.6.1915, einen Monat nach der Kriegserklärung. Trotz ihrer enormen Überlegenheit gelangen aber den Italienern überall nur sehr geringe Gebietsgewinne, sie kamen an der Küste nie sehr weit und haben weder die Stadt Triest noch gar die dahinter gelegenen Regionen bis Kriegsende erobert.
Nach der italienischen Kriegserklärung herrschte aber sowohl in Triest als auch im deutlich weiter entfernten Fiume die Befürchtung vor einem schnellen Einrücken der Italiener, es wurde nicht damit gerechnet, den Werftbetrieb aufrecht erhalten zu können. Auch in Fiume wollte das Militär vor allem verhindern, dass dem Feind wichtige Produktionsstätten für Kriegsmaterial in die Hände fielen. Dazu Edgar Hoyos (S. 380): »Bei Ausbruch dieses Krieges trat die Frage auf, was mit der Torpedofabrik geschehen solle. Admiral Barry, der Kommandant der Marineakademie und Platzkommandant von Fiume, wollte alle Maschinen der Fabrik sprengen lassen, weil das in der Mobilisierung vorgesehen sei. Zum Glück konnte ich bei dem Marinekommandanten Graf Montecuccoli intervenieren und unsere Bereitschaft erklären, die Fabrik ins Hinterland zu transportieren. Das geschah dann auch. Wir fanden Aufnahme in der St. Pöltner Glanzstoffabrik und arbeiteten dort durch den ganzen Krieg. Die in St. Pölten fertiggestellten Torpedos schickten wir zum Einlancieren nach Fiume zurück.« (Hoyos, a.a.O., S. 380)
Die Erste Österreichische Glanzstoff-Fabrik AG war 1904 in Wien als Tochter des deutschen Unternehmens Vereinigte Glanzstoff-Fabriken AG gegründet worden, dessen Werke Kunstseide produzierten. Das Werk in St. Pölten in Niederösterreich, mit den prägnanten, heute noch vorhandenen Wassertürmen, wurde 1906 eröffnet und produzierte ab 1911 vor allem Viskosefasern. Bei Kriegsbeginn arbeiteten dort etwa 1700 Personen. Nach der italienischen Kriegserklärung 1915 wurde vorübergehend ein Teil des Produktionsareals an die Firma Whitehead abgegeben.
Aber auch in den nicht weniger als zehn darauffolgenden und sehr blutigen Isonzo-Schlachten bis 1917 gelang den Italienern kein entscheidender Durchbruch, die strategische Gesamtlage im Küstenbereich blieb weitgehend unverändert.

2. Ein Nachzügler: das Holland-Boot U 12 von Whitehead

Wie bereits zuvor kurz erwähnt, hatte die Whitehead-Werft in Fiume, nachdem sie 1907 den ersten Auftrag für zwei k.u.k Unterseeboote erhalten hatte (U 5 und U 6; diese liefen im Februar bzw. Juni 1909 vom Stapel), gleich auf eigene Rechnung ein drittes Boot gebaut, das man in amerikanischer Manier auch so nannte, nämlich »S.S. 3«; der Nachzügler lief im März 1911 vom Stapel. Das Boot hatte eine etwas andere, recht charakteristische Turmform, und ist daher leicht zu unterscheiden, es war in einigen Punkten auf Basis der Erfahrungen mit den beiden Schwesterbooten auch konstruktiv etwas verbessert worden.
Whitehead hoffte, die Investitionen in den heimischen U-Boot-Bau würden von der Marineführung zumindest mittel- bis langfristig gewürdigt werden und bot das sogenannte »Spekulationsboot« der österreichisch-ungarischen Kriegsmarine zum Kauf an, sollte es mit den beiden bestellten Booten zufrieden sein. Und notfalls, so das Kalkül der Geschäftsleitung, würde man es auch ins Ausland verkaufen können.
Die k.u.k. Kriegsmarine zeigte aber vorerst nicht das geringste Interesse an dem Boot. Es wäre auch inkonsistent gegenüber der eigenen Strategie gewesen, zuerst die 3 x 2 Prototypen entsprechenden Praxiserprobungen zu unterziehen, bevor man eine grundsätzliche Entscheidung treffen wollte. Whitehead versuchte dann mit einem besonders günstigen Preisangebot das Boot der Marineführung doch schmackhaft zu machen.
Korvettenkapitän Ritter Franz von Thierry, seit 1911 bei der U-Bootwaffe und seit 1912 Leiter der Unterseebootsstation Pola, erfuhr nach Übernahme seiner neuen Funktion erst bei einem Urlaubsaufenthalt in Fiume im November 1912 zufällig von diesem Schnäppchen-Angebot. »Ich erwirkte mir bei Gf. Hoyos die Ermächtigung S.S. 3 genau zu besichtigen, alle erwünschten Proben vornehmen zu lassen, eine Fahrt mit dem Boot zu unternehmen, um mir ein klares Bild über die Eigenschaften desselben zu machen. Die Kapazität der Batterie betrug noch 80% der ursprünglichen.« (Thierry, Tagebuch, S. 21/40). Edgar Graf Hoyos ließ ihn das alles natürlich gerne tun und nannte ihm den günstigen Kaufpreis von 500.000 Kronen; die Werftdirektoren ließen dann sogar en passant durchblicken, dass da sogar noch ein zehnprozentiger Nachlass realistisch drin wäre. Der von seiner neuen Aufgabe beseelte Thierry sprach dazu, noch in seinem Urlaub, eiligst in der Marinesektion in Wien bei Konteradmiral Karl Kailer von Kaltenfels (* 24.5.1862 in Pola - † 28.4.1917 in Wien) vor. Thierry weiter: »Drei Tage später, am 20. XI., meldete ich mich in Wien bei der M.S. und referierte dem Stellvertreter des Marinekommandanten K. Adm. von Kailer über

Das Boot entstand als sogenannter Spekulationsbau der Whitehead-Werft, zu den Bestellungen für die beiden Boote U 5 und U 6 aus 1907 wurde von der Firma ein drittes gebaut, in der Hoffnung, die k.u.k. Kriegsmarine würde auch dieses kaufen. Dieses dritte Boot der Klasse wurde werftintern als S.S. 3 geführt, in Anlehnung der Bezeichnung für U-Boote in der U.S. Navy. Das Boot hatte eine etwas andere, recht charakteristische Turmform, und ist daher leicht von U 5 und U 6 zu unterscheiden. Es war in einigen Punkten auf Basis der Bauerfahrung mit den beiden Schwesterbooten auch konstruktiv verbessert worden.

die günstige Möglichkeit des Ankaufs von S.S. 3. Kailer war sofort mit meinem Vorschlag einverstanden und sagte mir, ich müsste dies beim Marinekommandanten durchsetzen.«
Admiral Anton Haus hörte sich die Sache, die ihm wohl grundsätzlich ohnehin bekannt war, nur gereizt an. Die Bestellung der fünf großen Boote in Kiel war zu diesem Zeitpunkt schon beschlossen, Budget für ein Zusatzboot sowieso nicht vorhanden, auch den Bedarf dafür sah er nicht. Thierry fühle sich im Gespräch mit Admiral Haus herablassend behandelt und sogar verspottet: »In meinem darauffolgenden Referat beim Marinekommandanten brachte ich alle nur denkbaren Argumente vor, um ihn zum Ankauf von S.S. 3 zu bewegen. Die Kriegsuntüchtigkeit der Lakeboote, wodurch nur 4 Uboote für den Kriegsfall verblieben, die Möglichkeit, S.S. 3 sofort zu bemannen, weil Stab u. Mannschaft der Reservebemannung U 5 u. U 6 vorhanden sind, schliesslich der lächerliche Preis von 450.000 Kronen etc. etc. Haus stellte nach allen meinen Bemühungen die mich verblüffende Frage, ob ich so viel Geld besitze, um das Uboot zu kaufen, die Marinesektion besitze es nicht. Dann ergänzte er noch wörtlich: ‚ich finde das Boot gar nicht so billig, ich glaubte, es werde 5 Kronen kosten'.« (Thierry, Tagebuch, S.21/40–41). Nach diesem Gespräch entließ er ihn, aber nicht ohne nochmals zu versichern, dass das Boot sicher nicht angekauft werde.
Thierry blieb stur, ging nochmals zu Kailer, erwirkte über diesen eine neuerliche Vorsprache beim bereits in der Causa reichlich ungehaltenen Haus und holte sich natürlich eine neuerliche Abfuhr »Haus wiederholte sogar seinen Witz von den 5 Kronen«, so Thierry.
Auch der Firma Whitehead war bewusst, dass das Boot inzwischen ein Ladenhüter war, da die technische Entwicklung so schnell vorangeschritten war. Mehrere Versuche des Verkaufs im Ausland waren bisher auch nicht erfolgreich gewesen. Es war zahlreichen Marinen angeboten worden, nachweislich Portugal, Peru, Niederlande, Argentinien, Brasilien und Bulgarien, die den Preis zu hoch fanden oder keinen Bedarf an diesem Typ sahen.
Alles änderte sich mit der Ermordung des Thronfolgers am 28.6.1914 und der nachfolgenden Juli-Krise, bei welcher der jüngere Bruder von Edgar Hoyos, Legationsrat Alexander Graf Hoyos (* 13.5.1876 in Fiume - † 20.10.1937 in Schwertberg in Oberösterreich) eine diplomatische Schlüsselrolle bei der erfolgreichen Absicherung der Rückendeckung Berlins »für ein hartes Vorgehen gegen Serbien« suchte (»Mission Hoyos«; er war zu diesem Zeitpunkt Kabinettchef von Außenminister Leopold Graf Berchtold).
Jetzt war plötzlich klar, dass die k.u.k. Kriegsmarine in einen immer wahrscheinlicher werdenden Krieg mit nur den 3 x 2 veralteten U-Booten ziehen würde, die vorwiegend zur Erprobung und zur Sammlung von Erfahrungen angeschafft worden waren. Aber in Fiume lag ja noch immer das dort

Die k.u.k. Kriegsmarine zeigte nicht das geringste Interesse an dem Boot, obwohl Whitehead versuchte, es mit einem besonders günstigen Preisangebot der Marineführung doch schmackhaft zu machen. Nach Kriegsausbruch 1914 wurde es dann aber ohne lange Verhandlungen oder Bedingungen gekauft und erhielt als siebtes U-Boot der k.u.k. Marine die Bezeichnung U 7. Wie hier im Bild vom August 1914 zu sehen (in Brioni), wurde diese Nummer sogar am Turm aufgemalt, bis man sich erinnerte, dass U 7 bis U 11 in Kiel in Bau waren. Bei der offiziellen Indienststellung am 21.8.1914 erhielt es dann die neue Benennung U 12. Die Episode zeigt aber, dass in Wahrheit die Boote U 7–11 sofort bei Kriegsbeginn von der Marineführung geistig abgeschrieben wurden.

Das Boot U 12 bei Tauchmanövern vor Pola 1914.

Seitenansicht von U 12, es sind 15 der 19 Mann Besatzung an Deck zu sehen. Man beachte die doch deutlich andere Turmform gegenüber den Schwesterbooten U 5 und U 6. Das Foto wurde 1914 aufgenommen.

am 14.3.1911 von Stapel gelaufene Boot S.S.3 im Whitehead-Werftbecken, der längst vergessene Ladenhüter. Jetzt musste alles schnell gehen, die Kriegsmarine zeigte sofortiges Kaufinteresse für den damals angebotenen Preis von 500.000 Kronen.

»Eines der ersten Signale, welches nach der Kriegserklä-

Links: Das Boot U 12 längsseits vom Torpedo-Depotschiff SMS »Gäa« in der Bocce. Auch hier sehr gut erkennbar die eigenwillige Form des Turms.

Unten: Am 7.8.1915 verließ U 12 Triest, ausgerüstet für eine Spezialmission. U.a. waren außenbords zwei zusätzliche 35-cm-Torpedos montiert, ein Eindringen in den Hafen von Venedig und Chioggia war geplant. Das Boot ging dabei am 8.8.1915 mit der ganzen Besatzung verloren, die Umstände des Verlustes aus italienischen Quellen sind sehr widersprüchlich. Das Boot wurde später von den Italienern im seichten Wasser gehoben, in ein Dock des Marinearsenals von Venedig gebracht und genau untersucht. Eines der 35-cm-Torpedorohre an Deck ist hier gut erkennbar.

rung am 26. VII. 1914 auf der Admiralsjacht ‚Lacroma', auf welcher der Flottenkommandant Admiral Haus seine Kommandoflagge führte, gehisst wurde war ‚Man ruft den U-Stationskommandanten'.« Thierrry schilderte Admiral Haus die Einsatzbereitschaft der vorhandenen sechs Boote und erhielt folgenden Befehl. »Der Flottenkommandant beauftragte mich hierauf das 3. Boot des Hollandtyps SS 3 umgehend von Whitehead zu übernehmen und tunlichst rasch in Dienst stellen zu lassen. Meine Bemerkung, dass ich es nicht beurteilen könne, wie es heute mit der Kapazität der Batterie dieses Ubootes stehe, welche vor einem Jahr noch 80 % betrug, wurde sehr ungnädig aufgenommen.« (Thierry, Tagebuch, S. 22/2–3). Die Kapazität lag bei 60% der ursprünglichen, eine neue Batterie wurde ebenfalls sofort in Deutschland bestellt.

Ohne allzu lange Verhandlungen oder Bedingungen bezüglich allfälligem Preisnachlass, Qualität, Haftung etc. war der Kauf am 26.7.1914 praktisch schon perfekt und Österreich-Ungarns Kriegsmarine hatte zumindest ein siebtes U-Boot (der ersten Generation) zur Verfügung. Es erhielt als siebtes Boot ursprünglich auch die Bezeichnung U 7, sie wurde sogar bereits am Turm aufgemalt, bis man sich schließlich erinnerte, dass ja die k.u.k. U-Boote U 7 bis U 11 eigentlich bei Germania Kiel in Bau waren. Bei der offiziellen Indienststellung am 21.8.1914 in der Unterseebootsstation Pola erhielt es dann die neue Benennung SM U 12.

Wie die Aufnahmen von U 12 im Dock des venezianischen Arsenals zeigen, lief das Boot offensichtlich auf eine Mine, der gesamte Bugbereich ist schwer beschädigt. Dem Kommandanten Egon Lerch wird nachgesagt, dass er mit dieser Operation unbedingt eine weitere Heldentat erbringen wollte, nachdem er bereits mit der Torpedierung des Schlachtschiffes »Jean Bart« eine gewisse Berühmtheit erlangt hatte. Als Hintergrund wurde immer wieder kolportiert, dass er unglücklich in eine Enkelin von Kaiser Franz Joseph verliebt war, Erzherzogin Elisabeth Marie, einzige Tochter des Kronprinzen Rudolf. Sie hatten sich 1913 in Pola kennengelernt, ihr wollte er offenbar imponieren.

U 12 torpedierte am 21.12.1914 ein französisches Dreadnought-Schlachtschiff in der Otranto-Straße. Dieser und weitere, sich bald einstellende Versenkungserfolge gegen Kriegsschiffe der Entente 1914/15 führten dazu, dass im weiteren Verlauf des Kriegs praktisch keine feindlichen Großkampfschiffe mehr in die Adria einliefen. Die Erfolge sind umso höher zu werten, als diese damaligen sieben Boote wie gesagt kaum fronttauglich waren. Aber sie waren eben die einzig verfügbaren Boote beim Kriegsausbruch und mussten daher eingesetzt werden, trotz ihrer fast abenteuerlichen technischen Unzulänglichkeiten. U 12 ging im Jahr 1915 verloren: bei einem waghalsigen Versuch, in den Hafen von Venedig einzudringen, lief es auf eine Mine, es gab keine Überlebenden.

Das Heck von U 12, aufgenommen 1917 im Dock des Marinearsenals von Venedig.

U 12, Abbrucharbeiten nach der Bergung; das Heckteil wird nach Abtrennung zur Abhebung vorbereitet.

Blick ins Boot: der Achterteil von U 12 in Venedig.

3. Der Beginn des Ersten Weltkriegs und der »Weddingen-Moment«

Mit diesen nur sieben technisch hoffnungslos überholten U-Booten einer Erprobungs-Generation zog also Österreich-Ungarn in den Weltkrieg. Aber eines hatten auch diese veralteten und oft störanfälligen Fahrzeuge in der Erprobungs- und Testphase schon gezeigt: sie waren nicht nur in unmittelbarer Küstennähe, zum Schutz des eigenen Stützpunktes, einsetzbar, sondern konnten eigenständig längere Operationen auf hoher See durchführen (wenn auch die Konstrukteure kaum brauchbare Einrichtungen für die Besatzungen für längere Einsatzfahrten vorgesehen hatten; viel musste deshalb improvisiert werden).

Am 26.7.1914, dem Tag der Kriegserklärung an Serbien, wurde Korvettenkapitän Thierry von Haus gefragt, wie es mit

Mit nur sieben technisch überholten U-Booten einer Erprobungs-Generation ging Österreich-Ungarn in den Weltkrieg. Linienschiffsleutnant Egon Lerch (1886–1915) sichtete mit U 12 am 21.12.1914 vor der albanischen Küste einen Dreadnought, das Flaggenschiff der französischen Flotte, die »Jean Bart« und kam zum Schuss.

Der Torpedo von U 12 traf das moderne Schlachtschiff »Jean Bart« am Bug, das Schiff nahm etwa 400 Tonnen Wasser auf, konnte jedoch aus eigener Kraft nach Malta gelangen, wo dieses Foto im Dock aufgenommen wurde. Dieser Angriff zeigte deutlich, dass auch von den österreichisch-ungarischen U-Booten eine erhebliche Gefahr für die überlegene gegnerische Flotte ausging, worauf sich diese weitgehend aus der Adria zurückzog und die Blockadelinie weiter nach Süden verlegte.

der Einsatzbereitschaft der Unterseeboote stehe. »In meiner Meldung erklärte ich dem Flottenkommandanten, dass mit U 1 u. U 2 wegen des bevorstehenden Motorenwechsels bis auf weiteres nicht zu rechnen sei, U 3, U 4, U 5, U 6 jedoch nach Einschiffung der Torpedo-Kriegsköpfe aktionsbereit seien. – Ebenso „Pelikan“ nach Einschiffung der Vorräte« (Thierry, Tagebuch, S. 22/2). Nach dieser Meldung erhielt er den Befehl zum sofortigen Ankauf des überzähligen Holland-Bootes bei Whitehead, das dann bereits im August als U 12 in Dienst gestellt wurde.

Im Dezember 1914 hatte dann mit genau diesem Boot auch die k.u.k. Kriegsmarine ihren »Weddingen-Moment«. Der junge deutsche U-Bootkommandant Otto Weddingen (* 15.9.1882 in Herford - † 18. März 1915 auf See vor Schottland) war auf einer Einsatzfahrt in der südlichen Nordsee, vor der holländischen Küste, als er in den Morgenstunden des 22.9.1914 drei große englische Panzerkreuzer der »Cressy«-Klasse (12.000 ts) sichtete, HMS »Aboukir«, »Hogue«

Einen weiteren großen Erfolg mit den hoffnungslos veralteten U-Booten erzielte Georg Ritter von Trapp (1880–1947), dessen Name später als Hauptfigur des extrem erfolgreichen Hollywood-Musicals »Sound of Music« weltberühmt wurde. Mit dem bei Whitehead gebauten Boot U 5 versenkte er am 27.4.1915 den französischen Panzerkreuzer »Léon Gambetta«.

und »Cressy«, ruhig in Kiellinie laufend. Es gelang Weddingen alle drei, einen nach dem anderen, in nur 75 Minuten zu versenken; etwa 1400 Seeleute der Royal Navy kamen dabei ums Leben. Weddingen wurde in Wilhelmshaven triumphal empfangen und überall im Deutschen Reich als Kriegsheld

Auch der bekannte Marinemaler Alex Kircher (1867–1939) hielt die Versenkung der »Léon Gambetta« als Bild fest, Fotografien davon gab es nicht. Das von Trapp torpedierte Schiff sank innerhalb von zehn Minuten, von den 821 Mann der Besatzung fielen 684, darunter Konteradmiral Senes, nur ein Offizier des Schiffes überlebte. Als Konsequenz wurde die Blockadelinie noch weiter nach Süden, auf die Höhe der Insel Kefalonia, zurückgenommen.

gefeiert. Aber marinehistorisch viel wichtiger war, dass dieser spektakuläre Erfolg die U-Bootwaffe endgültig als revolutionäres Mittel der Seekriegsführung etablierte.

Österreich-Ungarns »Weddingen-Moment« kam, wie schon kurz erwähnt, im Dezember 1914, war aber bei Weitem nicht so spektakulär. Im Mittelmeer hatte sich die militärische Lage nach Kriegsbeginn 1914 dahingehend entwickelt, dass Italien, entgegen seiner Verpflichtungen aus dem Dreibund, seine Neutralität erklärt hatte und damit das Operationsgebiet der k.u.k. Kriegsmarine sehr auf die Adria beschränkt blieb. Das ohnehin nur kleine deutsche Mittelmeergeschwader, bestehend aus dem Schlachtkreuzer »Goeben« und dem Kleinen Kreuzer »Breslau«, war nach einem Werftaufenthalt in Pola im Juli 1914, über das neutrale Italien, erfolgreich nach Konstantinopel verlegt worden, was wesentlich zum Kriegseintritt des Osmanischen Reiches auf Seiten der Mittelmächte beitrug. Deutsche U-Boote waren keine im Mittelmeer. Die Royal Navy konzentrierte alle ihre Kräfte in der Nordsee gegen die Kaiserliche Marine in der Nordsee, Frankreichs Kriegsmarine verlegte dagegen ihren Schwerpunkt ins Mittelmeer, um die k.u.k. Kriegsmarine in Schach zu halten. Sie fuhr dabei immer wieder mit der Schlachtflotte in die südliche Adria ein, welche, ähnlich wie die Nordsee, strategisch leicht über eine Meerenge (Straße von Otranto) abzuschließen war.

Der junge Linienschiffsleutnant Egon Lerch (* Triest, 19.6.1886 - † 8.8.1915 auf See vor Venedig) war im Oktober 1909 der Unterseebootstation Pola zugeteilt worden, kommandierte 1912/13 ein Torpedoboot und wurde dann bei Kriegsbeginn 1914 dazu ausgewählt, SM U 12 zu übernehmen, also den erst Ende Juli 1914 angekauften Ladenhüter der Whitehead-Werft. Am 21.12.1914 sichtete Lerch vor der albanischen Küste, nahe der Insel Saseno (Sazani), das Flaggenschiff der französischen Flotte, das 25.000-ts-Schlachtschiff »Jean Bart« der »Courbet«-Klasse. Lerch traf den Dreadnought mit einem Torpedo am Bug, das Schiff nahm etwa 400 Tonnen Wasser auf, konnte jedoch aus eigener Kraft die griechische Insel Kefalonia im Ionischen Meer erreichen, wo provisorische Reparaturen durchgeführt wurden, bevor es nach Malta zur endgültigen Reparatur weiterfahren konnte. Dieser Angriff machte aber deutlich, dass auch von den österreichisch-ungarischen U-Booten eine erhebliche Gefahr für die überlegene gegnerische Flotte ausging, worauf sich diese weitgehend aus der Adria zurückzog und die Blockadelinie weiter nach Süden verlegte (wichtigster strategischer Stützpunkt war dabei Malta).

Den nächsten großen Erfolg mit den veralteten U-Booten erzielte Georg Ritter von Trapp (* 4.4.1880 in Zara/Zadar - † 30.5.1947 in Boston, Massachusetts). Trapp, der in erster Ehe mit der ältesten Tochter von John Whitehead, Agathe, verheiratet war, wurde später als Hauptfigur des extrem erfolgreichen Musicals »Sound of Music« weltberühmt (1965 verfilmt, prägt dieser Hollywood-Film bis heute das Österreich-Bild in vielen Ländern). Die französische Flotte war im April 1915 wieder etwas unvorsichtiger geworden, nicht zuletzt, weil man Italien beeindrucken wollte, das kurz vor einem Kriegseintritt gegen Österreich-Ungarn stand. Auch schloss man einen Präventivschlag von Österreich-Ungarn gegen Italien nicht aus, das am 16.4.1915 den Londoner Geheimvertrag unterschrieben hatte, der für den Kriegseintritt die Anerkennung diverser territorialer Ansprüche, wie u.a. auf Südtirol und Istrien, vorsah. Mehrere französische Großkampfschiffe wurden näher an die Küste verlegt, gedeckt durch die Schlachtflotte in etwas größerer Distanz. Konteradmiral Victor Baptistin Senes, der Befehlshaber der 2. Leichten Division, fuhr nachts mit dem Panzerkreuzer »Léon Gambetta« (12.550 t) recht nahe an die italienische Küste heran. Trapp, Kommandant des bei Whitehead gebauten Holland-Bootes U 5, beobachtete ihn, kam aber nicht zum Schuss. Er erwartete jedoch zu Recht, dass der Panzerkreuzer diese Fahrt in den folgenden Nächten wiederholen würde und legte sich auf die Lauer. Er kam tatsächlich wieder, ohne Begleitschutz und mit sieben Knoten Geschwindigkeit kreuzte er vor dem Kap Santa Maria di Leuca, bei der Halbinsel Salento, dem Stiefelabsatz Italiens; die Nacht des 27.4.1915 war klar, die See ruhig, Trapp kam unbemerkt heran und feuerte zwei Torpedos ab, die beide trafen. Die »Léon Gambetta« sank innerhalb von zehn Minuten. Von den 821 Mann der Besatzung starben 684, darunter Konteradmiral Senes und fast alle Offiziere, die sich alle vorbildlich verhielten und mit dem Schiff untergingen (nur ein Offizier überlebte). Nun wurde die Blockadelinie der französischen Kreuzer weiter nach Süden, auf die Höhe der Insel Kefalonia, zurückgenommen. Georg von Trapp wurde daheim als großer Kriegsheld gefeiert (und mit dem Ritterkreuz des Maria-Theresien-Ordens ausgezeichnet).

Am 23.5.1915 erklärte Italien Österreich-Ungarn den Krieg und auch die Regia Marina wagte sich anfangs etwas forsch in die Nähe der dalmatinischen Küste. Der Panzerkreuzer »Giuseppe Garibaldi« (8000 ts), Flaggschiff der 5. Kreuzerdivision unter dem Kommando von Konteradmiral Eugenio Trifari, beschoss im Juni eine Eisenbahnlinie in der Nähe von Ragusa (Dubrovnik). Am Abend des 17.7. verließ das Schiff den Stützpunkt Brindisi erneut, geplant war ein Beschuss der Küste bei Ragusa Vecchia. Schon kurz nach Beginn des Bombardements, um 04:00 Uhr früh am 18.7.1915, wurde »Giuseppe Garibaldi« von einem Torpedo des österreichisch-ungarischen U-Boots U-4 unter Linienschiffsleutnant Rudolf Singule (* 8.4.1883 in Pola - † 2.5.1945 in Brünn) an der Steuerbordseite getroffen, im Bereich der Kesselräume achtern, und sank innerhalb weniger Minuten. 53 Besatzungsmitglieder kamen ums Leben, die restlichen 525 wurden von italienischen Zerstörern gerettet. Weitere Operationen dieser Art unterblieben, die Regia Marina verzichtete bis Herbst 1918 auf größere Aktionen direkt an der österreichisch-ungarischen Küste.

Es waren also diese sieben antiquierteren und störanfälligen U-Boote, die den Streitkräften der Entente im ersten Kriegsjahr mehr zusetzten als die ganze k.u.k. Schlachtflotte aus vier modernen Dreadnoughts und 12 älteren Schlachtschif-

Kurz nach der italienischen Kriegserklärung im Mai 1915 wagte sich die Regia Marina anfangs mehrfach in die Nähe der dalmatinischen Küste, bis der Panzerkreuzer »Giuseppe Garibaldi« am 18.7.1915 vom U-Boot U-4 unter Rudolf Singule (1883–1945) versenkt wurde. Er wurde von Admiral Haus kritisiert, danach den Angriff abgebrochen und nicht einen zweiten Panzerkreuzer versenkt zu haben.

fen. Nicht auszudenken, wenn Österreich-Ungarn jetzt moderne Hochsee-U-Boote zur Verfügung gehabt hätte, wie jene fünf, die auf der Germania-Werft in Bau waren, die im gesamten Mittelmeerraum hätten operieren können.

Und noch etwas Sensationelles ereignete sich im Frühjahr 1915 im Bereich der U-Boote im Mittelmeer, die direkte Verlegung von deutschen Hochsee-U-Booten über Tausende Seemeilen Distanz erwies sich als problemlos machbar.

Mit der massiven Landungsoperation auf der Halbinsel Gallipoli, maßgeblich auf Veranlassung Winston Churchills ab Februar 1915 durchgeführt, kam die Türkei in eine militärisch schwierige Lage. Im März 1915 ersuchte Berlin im k.u.k. Kriegsministerium in Wien daher um die dringende Entsendung von k.u.k. Unterseebooten in die Türkei, der deutsche Marineattaché sprach auch selbst in der Marinesektion vor. Für die wenigen einsatzfähigen k.u.k. Boote war dies aber vom Operationsbereich her de facto zu weit, eigentlich nur theoretisch möglich, und fünf der sieben Boote waren nur beschränkt oder gar nicht einsatzbereit, es wären dort auch nach der Ankunft keine geeigneten Stützpunkte vorhanden gewesen. Das Wichtigste aber: die wenigen Boote wurden

Auch von der Versenkung der »Giuseppe Garibaldi« gibt es eine Reihe von Darstellungen als Propaganda-Postkarten im Weltkrieg. Das Flaggschiff der 5. Kreuzerdivision beschoss im Juni eine Eisenbahnlinie in der Nähe von Ragusa (Dubrovnik), als das Germania-Boot U-4 mit einem Torpedo im Bereich der Kesselräume achtern traf, das Schiff sank innerhalb weniger Minuten. 53 Besatzungsmitglieder kamen ums Leben, die restlichen 525 wurden von italienischen Zerstörern gerettet. Die Regia Marina verzichtete danach bis Herbst 1918 auf größere Aktionen direkt an der dalmatinischen Küste. Das Bild malte Harry Heusser (1886 – 1943).

zudem selbst dringend in der Adria gebraucht. Admiral Haus sagte zwar grundsätzlich zu, eine Entsendung an die Dardanellen zu prüfen, sobald wieder mehr Boote einsatzbereit seien; das war aber nicht sehr vielversprechend.

Aber wie konnte man U-Boote dorthin bringen? Das moderne, 1913 auf der Kaiserlichen Werft in Danzig vom Stapel gelaufene deutsche Boot U 21 unter Otto Hersing (* 30.11.1885 in Mülhausen im Elsaß - † 5.7.1960 in Münster), versuchte am 25.4.1915 als erstes Unterseeboot den direkten Marsch von der Nordsee ins Mittelmeer, um die Britischen Inseln herum, durch die Straße von Gibraltar und erreichte am 13. Mai, mit nur noch 1,8 Tonnen Diesel, die Bocce di Cattaro. Schon bald darauf lief U 21 zu seinem ersten Einsatz vor den Dardanellen aus und versenkte gleich die alten englischen Schlachtschiffe HMS »Triumph« und »Majestic«. Kapitänleutnant Hersing wurde dafür mit dem Orden Pour le Mérite ausgezeichnet. Aber nun war auch klar, dass moderne deutsche Diesel-U-Boote sehr wohl direkt in die Adria verlegt werden konnten. Und das sollte auch bald zunehmend und in erheblichem Ausmaß geschehen. Hatte Österreich-Ungarn seine fünf modernen U-Boote in Kiel vielleicht doch zu früh aufgegeben?

Welch andere Standards U 21 gegenüber denen der k.u.k. Boote aufzuweisen hatte, wird in der Biografie von Georg von Trapp (»Bis zum Letzten Flaggenschuss«, S. 47–48) sehr anschaulich dargestellt, als er das im k.u.k. U-Boot-Stützpunkt vielbestaunte Kaiserlich-Deutsche U-Boot U 21 nach dem Einlaufen in der Bocce di Cattro mit Erstaunen sieht und näher beschreibt (er spricht von sich, als dem Kommandanten von U 5, in der 3. Person):

»Das Ziel des U ‚5' ist S.M.S. ‚Gäa', das als Torpedomutterschiff fungiert. Das deutsche U-Boot liegt längsseits des Dampfers und U ‚5' vertäut sich vor ihm, um seine Batterie aufzuladen.

Auf dem Deck der ‚Gäa' ist die Reeling dicht besetzt, jeder will sich das Ungetüm eines U-Bootes betrachten.

Einen Riesenturm hat es, mit großen Schutzwänden, hinter denen man bei schwerstem Wetter trocken stehen kann. Zwei Sehrohre und eine Kanone mit 8.8 Zentimeter Kaliber. Mit der kann man schon einen Dampfer beschießen. Man sieht es dem Boot an, daß es eine lange Seefahrt hinter sich hat. Achtzehn Tage waren sie unterwegs gewesen, um England herum ging die Fahrt, und, was am meisten imponiert, mit ihrem ursprünglichen Treibstoffvorrat haben sie den ganzen langen Weg bewältigen können.

Der Kommandant geht an Bord und bewillkommt den Kommandanten des U ‚21', Kapitänleutnant Hersing…

Was die da alles haben! Mächtige Diesel, der Maschinenraum von den anderen Teilen durch Schottentüren getrennt, überhaupt ist das Boot in viele Abteilungen geteilt. Eine große Zentrale, von der aus das Tauchmanöver gehandhabt wird, ein geräumiger Turm, zwei Sehrohre, die elektrisch aus- und eingeholt werden. Das Boot braucht nur seine Tiefe zu steuern, das Sehrohr besorgt den Auslug allein. Lancierrohre vorne und achter. Die Leute haben regelrechte Kojen, der Kommandant sogar eine richtiggehende Kabine mit elektrischer Lampe neben seinem Bett. Speisetisch für die Offiziere und Backtische für die Mannschaft. Wie ein Luxusdampfer im Vergleich zu seinem alten Boot. Anlagen für Luftgeneration, eigene Funkkabine. Es ist wie im Märchenland und die Deutschen sind sich dessen gar nicht bewusst. Tun so, als sei dies alles selbstverständlich. Den Kommandanten überkommt grimmiger Neid. Neben dem da muß er sich als österreichischer Offizier schämen. Er traut sich kaum Hersing einzuladen, seinen U ‚5'zu besuchen.«

Dann spricht aber der zerknirschte Trapp doch die Einladung zur Besichtigung seines Bootes aus und Hersing nimmt sofort an. »Viel zu erklären gibt es da nicht. Mit einem Blick kann der U-Boot-Mann den einen Raum im Boot erfassen«, so Trapp etwas indigniert und im Wissen, dass er wohl wenig Eindruck schinden wird. Und Kapitänleutnant Hersing meinte nur, nachdem er sich kurz umgesehen hat, mit typisch deutschem Charme: »Ich würde mich weigern, mit dem Kasten da zu fahren.«

Von der Versenkung des Panzerkreuzers »Giuseppe Garibaldi« in den frühen Morgenstunden des 18.7.1915 existiert auch eine Fotografie. Das Wrack wurde 2008 von Tauchern ca. fünf Seemeilen südöstlich von Dubrovnik in einer Tiefe von 124 m gefunden.

4. Ein unerwarteter Zuwachs aus Frankreich: das Beute-U-Boot U 14, ex Q 87 »Curie«

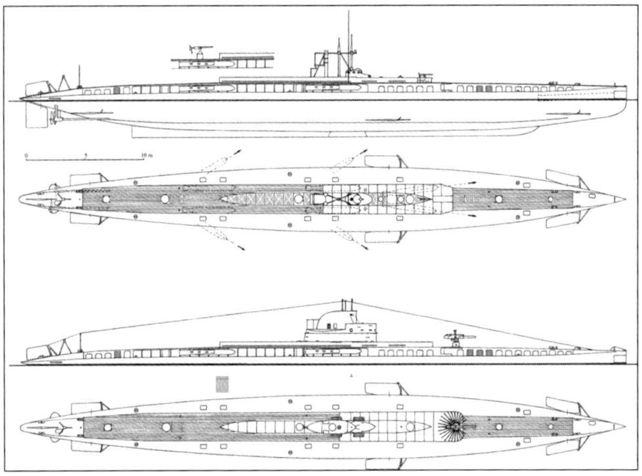

U 14, ex »Curie«. (Skizze Prof. Erwin Sieche)

Recht unerwartet stellte sich zum Ende des Jahres 1914 noch ein weiterer Zuwachs bei der k.u.k. U-Bootwaffe ein, als ein größeres U-Boot von der französischen Marine erbeutet werden konnte. Die »Curie«, ein Zweihüllenboot der »Brumaire«-Klasse, blieb beim Versuch, in die Bucht von Pola einzudringen in der Nacht vom 20/21.12.1914 an der Netzsperre hängen, die am Kopf des großen Molos bzw. Wellenbrechers, bei der Einfahrt in die Bucht, gelegt war. Die Lage war für den Kommandanten Gabriel O'Byrne aussichtslos: er versuchte volle Kraft voraus und zurück, bis die Batterien leer waren. Die vertikal ins Wasser hängenden Stahltrosse hatten sich um die Schrauben verwickelt, das Boot kam nicht mehr von selbst frei und musste schließlich wegen Sauerstoffmangel auftauchen, nachdem schon der Bordhund verendet war. Die »Curie« (Q 87) wurde dann von der Bewachung gesichtet, in der Hafeneinfahrt beschossen und versank, ein französischer Offizier kam dabei ums Leben (ein Verwundeter starb am Tag danach).

Dieser Beschuss durch mehrere k.u.k. Kriegsschiffe und Strandbatterien war heftig, da niemand sofort die Absicht des aufgetauchten U-Bootes einschätzen konnte, die ganze Flotte lag ja im Stützpunkt und schien gefährdet. Nachfolgende Berichte über den Beschuss von französischen Überlebenden im Wasser waren Feindpropaganda, es gibt absolut keinen Hinweis dafür.

Die »Curie« lag mit Treffern, aus durchwegs nur leichten Waffen, in halbwegs gutem Zustand am Grund auf 39 m Tiefe. Nach der erfolgreichen Hebung am 2.2.1915, in mehreren Versuchen bzw. Stufen, wurde es im Seearsenal eingedockt, repariert und als Kriegsbeute übernommen, dann im Juni 1915 als U 14 in Dienst gestellt.

Das Boot wies aber von der Konstruktion her erhebliche Mängel auf, die insgesamt ein nicht allzu günstiges Licht auf den technischen Stand französischer U-Boote im Jahr 1914 werfen. Es war aber groß, innen geräumig und zumindest recht solide gebaut, wenn auch nicht immer vom funktionellen Standpunkt her. Der sehr kleine Turm diente nur zum Einstieg, wie auch in der k.u.k. Marine üblich, dahinter ein Stahlgerüst mit einer kleinen Plattform, die als Kommandostand bzw. Brücke fungierte. Drei Tiefenruder geben die Möglichkeit, auch in horizontaler Lage Tiefenänderungen vorzunehmen, was die alten k.u.k Boote nicht konnten. Der später erfolgreich damit operierende Trapp schreibt (a.a.O., S. 97), dass es aber »bei schwerer See direkt eine Kunst ist, mit dem Boot zu tauchen ... Trotz aller Mittel gelingt es oft erst nach einer Viertelstunde, unter Wasser zu kommen! Dann hat dieses Boot Torpedos außenbords. Mit diesen ist aber ein sicherer Schuß nicht möglich, denn die Abfeuerungsvorrichtung funktioniert nur auf zehn Grad genau. Die Mechanismen sind nicht präzise durchgearbeitet. Alles ist genial ausgedacht, aber nicht gründlich durchkonstruiert. Auch die Maschine ist unverläßlich.«

Frankreich war ursprünglich in der zweiten Hälfte des 19. Jahrhunderts die weltweit führende U-Boot-Nation gewesen, hatte es aber nicht geschafft, diese Vorreiterrolle nachhaltig zu besetzen. Es hatte einfach zu viele gute Ideen implementieren wollen und war zu sprunghaft in deren Umsetzungen.

Die »Curie«, ein Zweihüllenboot der »Brumaire«-Klasse der französischen Marine, aufgenommen 1912 (Marius Bar).

Die »Curie« blieb beim kühnen Versuch, in der Nacht vom 20./21.12.1914 in die Bucht von Pola einzudringen, an der Netzsperre hängen, die am Kopf des großen Wellenbrechers, bei der Einfahrt in die Bucht, gelegt war und musste schließlich wegen Sauerstoffmangel auftauchen, wurde beschossen und sank in der Hafeneinfahrt auf 39 m Tiefe. Das Bild von Marinemaler Alex Kircher, das als Propaganda-Postkarte gedruckt wurde, versucht die Szene nach dem erzwungenen Auftauchen festzuhalten.

Der amerikanische, lange in Fiume tätige U-Bootkonstrukteur Marley F. Hay schreibt dazu: »Among the European powers, France was the first to experiment on a serious scale and to develop this branch of her naval service to an impressive extent. At the outbreak of war she had in commission about fifty submarines of various sorts and sizes, ranging from the most modern through all chromatic degrees of the scale down to those bordering on the scrap heap. The French Submarine Service has frequently been rather sarcastically and probably unjustly referred to as a ‚Museum.' This criticism is undoubtedly due to the fact that navally speaking or, more properly, submarine speaking – France has not known her own mind and has most illogically and inconsistently jumped from one extreme point of view to another, at one time considering maximum size as a sine qua non; at another the smallest possible size combined with a staggering armament, again, high surface speed, at the expense of all other qualities, with the inevitable heterogeneous results of no logical settled policy. The French Navy has extensively adopted the Drzwiecki torpedo launching apparatus for the purpose of obtaining the maximum armament for a given displacement. This mechanism, the invention of a Russian engineer, consists of a light framework bracket outside the vessel which supports the torpedo in a longitudinal position alongside the hull. When the torpedo is to be fired, the bracket is swung out by a mechanical device inside the boat and the torpedo is automatically released when the proper

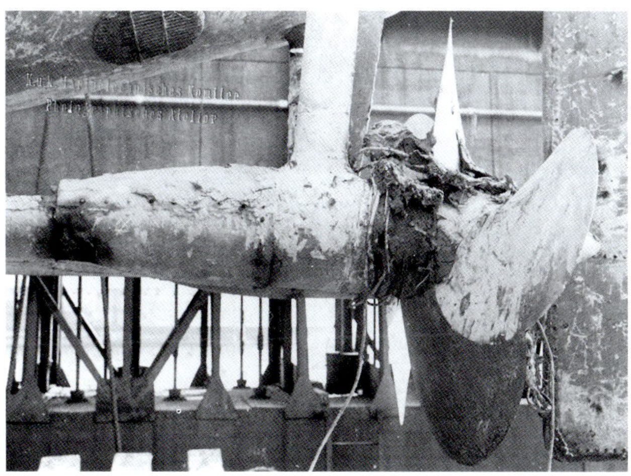

Eine Schraube der »Curie« nach der Bergung. Die vertikal ins Wasser hängenden Stahltrosse hatten sich um die Schrauben verwickelt, das Boot kam trotz aller Anstrengungen des Kommandanten nicht mehr frei und musste schließlich auftauchen.

Der Beschuss des aufgetauchten U-Bootes durch mehrere k.u.k. Kriegsschiffe und Strandbatterien war heftig, da niemand sofort die Absicht der »Curie« einschätzen konnte, fast die gesamte k.u.k. Flotte lag ja im Stützpunkt und schien gefährdet. Glücklicherweise trafen nur Geschosse leichter Waffen, es gab keinen Direkttreffer mit schwereren Geschützen. Hier die Einschüsse im Bereich des oberen Turms bzw. der Sehrohre.

Leerpumpen des eingedockten französischen U-Bootes »Curie« kurz nach der Hebung im Februar 1915.

Trotz der zahlreichen Treffer von leichten Waffen war das 1912 vom Stapel gelaufene Boot in halbwegs gutem Zustand, hier eine weitere Aufnahme im Dock, sehr unmittelbar nach der Bergung. Man beachte das breite, geräumige Deck, die Franzosen setzten von Anfang an Tauchboote statt »reinen« U-Booten (wie Lake und Holland) ein.

Die Aufnahme zeigt die Bergung des 2. Offiziers Pierre Chailley (1886–1914), ein schwer verwundeter Mann war am Tag nach der Versenkung in Gefangenschaft verstorben. Die Berichte über den Beschuss französischer Überlebender im Wasser waren Feindpropaganda, es gibt absolut keinen Hinweis dafür; das einzige direkte Todesopfer der Versenkung wurde im Turm des Bootes gefunden. Die sterblichen Überreste von Pierre Chailley, nach dem später ein französisches U-Boot benannt wurde, wurde am k.u.k. Marinefriedhof Pola begraben. Der Kommandant Gabriel O'Byrne geriet in Gefangenschaft, auch nach ihm wurde später ein U-Boot benannt.

Das nun bereits zur Reparatur aufgebockte Beute-U-Boot »Curie« im Dock F des Seearsenals Pola. Man beachte die Kennbuchstaben CR auf der Heckflosse.

angle has been reached. ... The only other navy to make use of this invention is the Russian, in which case nationalism has probably played a greater role than utility. The construction of submarines in France has been limited to the Government Navy Yards to the exclusion of private participation and competition with the inevitable result of technical and engineering stagnation. Without the spur and stimulation of competition, the highest technical development is impossible.« (Marley F. Hay: »Secrets of the Submarine«, S.242–243). Für die Konstruktion der »Brumaire«-Klasse verantwortlich gewesen war der bekannte und hier bereits mehrfach erwähnte Ingenieur Maxime Labeuf. Die 16 Boote waren eine mit Dieselmotoren ausgestattete Version der sehr ähnlichen »Pluviôse«-Klasse, die aus 18 Booten bestanden hatte. Die Kiellegung war 1907 auf der Werft Arsenal du Mourillon in Toulon erfolgt, Stapellauf am 18.7.1912, benannt war es nach der in Warschau geborenen Radiologin und Nobelpreisträgerin Marie Curie (* 1867 - † 1934); formale Indienststellung für die k.u.k. Marine am 1.6.1915 als U 14. Verdrängung 410 ts (über Wasser), 552 ts (unter Wasser), Länge 52,15 m, Breite 5,2 m, Tiefgang 3,2 m, also viel größer als die bisherigen k.u.k Boote und mit zwei 6-Zylinder-Viertakt-Dieselmotoren ausgestattet, die je ca. 240 PS leisteten, auch mit deutlich größerer Reichweite. Das Boot hatte innen am Bug ein Torpedorohr und war außen noch mit vier schwenkbaren Breit-

Eine weitere Aufnahme der »Curie« im Dock in Pola im Frühjahr 1915. Die von Maxim Laubeuf entworfene »Brumaire«-Klasse umfasste 16 Boote, vier davon gingen im Krieg verloren.

Da man die Zahl 13 nicht für ein U-Boot vergeben wollte, erhielt ex »Curie« nach dem Whitehead »Spekulationsboot« U 12 einfach die Nummer U 14, eine Erklärung zur Nummer 13 ist nicht bekannt. Hier das Boot kurz nach der Wiederherstellung vor Pola, im Vordergrund der Tender »Loris«, der anfangs zur Begleitung abgestellt war. Die Indienststellung erfolgte am 1.6.1915.

Der sehr kleine Turm diente nur zum Einstieg, wie auch in der k.u.k. Marine üblich, dahinter ein Stahlgerüst mit einer kleinen Plattform, die als Kommandostand bzw. Brücke bei Überwasserfahrt fungierte. Georg von Trapp steht hier am Kommandostand von U 14 im Jänner 1916, kurz vor den großen Umbauarbeiten.

seit-Lancierrahmen nach dem Design des russischen Konstrukteurs Stefan Drzewiecki (* 1844 - † 1938) ausgestattet, ein eigentlich längst überholtes System.
Die großen technischen Unzulänglichkeiten der Konstruktion erforderten von der k.u.k. Kriegsmarine erhebliche Umbauten, die 1915 begannen. Die meisten wurden dann großteils

U 14 kurz vor dem Umbau, aufgenommen im Februar 1916, an SMS »Gäa« längsseits liegend.

Auch U 14 erhielt ca. Ende 1914 kurzzeitig diesen von anderen k.u.k. U-Boot-Aufnahmen bereits bekannten und etwas seltsamen Tarnanstrich, der hier auf der Heckflosse und den Aufbauten gut erkennbar ist. Er sollte den felsigen Hintergrund der dalmatinischen Küste abbilden. Das Foto wurde 1915 in Sebenico (Sibenik) aufgenommen.

1916 durchgeführt (Februar bis November), vielfach auf direkten Vorschlag des neuen Kommandanten von U 14, Georg von Trapp.

U 14 war das größte k.u.k. U-Boot, unternahm zahlreiche Feindfahrten, konnte als erstes k.u.k. U-Boot auch weit außerhalb der Adria operieren. Es versenkte (nach dem Umbau 1916 im Seearsenal, basierend auf den Erfahrungen Trapps und dem Einbau neuer Dieselmotoren) zahlreiche Handelsschiffe im Östlichen Mittelmeer mit zusammen fast 50.000 BRT. Das Boot überlebte den Krieg, wurde 1919 an Frankreich retourniert und dort wieder als »Curie« in Dienst, 1929 gestrichen und 1930 abgebrochen.

Das Schwesterschiff »Foucault« (Q 70) hatte übrigens die zweifelhafte Ehre, als weltweit erstes U-Boot auf See aus der Luft versenkt zu werden, am 15.9.1916 vor Cattaro durch die k.u.k. Flugboote L 132 und L 135.

Rechts: Hier ist U 14 in der Bocce neben dem alten Schlachtschiff SMS »Wien« zu sehen, das als Wohnschiff diente. U 14 war innen viel geräumiger als die alten k.u.k. U-Boote, beide Offiziere hatten eine eigene Kabine, die Unteroffiziere wohnten im vorderen Torpedoraum, die einfachen Matrosen achtern (Foto aus 1915).

Das Boot hatte innen am Bug ein Torpedorohr und war außen noch mit vier schwenkbaren Breitseit-Lancierrahmen System Drzewiecky ausgestattet, ein damals eigentlich längst überholtes System. Dazu Kommandant Trapp: »Dann hat dieses Boot Torpedos außenbords. Mit diesen ist aber ein sicherer Schuß nicht möglich, denn die Abfeuerungsvorrichtung funktioniert nur auf zehn Grad genau. Die Mechanismen sind nicht präzise durchgearbeitet. Alles ist genial ausgedacht, aber nicht gründlich durchkonstruiert.« Rechts das 3,7-cm-Geschütz, 1916 kam ein deutsches 8,8-cm-Geschütz an Bord.

Aufgrund der erheblichen technischen und konstruktiven Unzulänglichkeiten wurden von der k.u.k. Kriegsmarine von Februar bis November 1916 größere Umbauten durchgeführt, vielfach auf direkten Vorschlag des ersten Kommandanten von U 14, Georg von Trapp. Hier ist das Boot bereits mit neuem Turm zu sehen, wahrscheinlich 1916 oder 1917 in der Bucht von Cattaro (Kotor). Auch das neue (deutsche) 8,8 cm L/30 U-Bootgeschütz ist bereits vorhanden.

U 14 aufgenommen 1918 im Stützpunkt Gjenovic nach den großen Umbauten von Februar bis November 1916. Die eigentlichen typischen Kennzeichen des Bootes, die langgezogenen, hohen Flutschlitze und die Breitseit-Lancierrahmen, sind aber immer noch vorhanden. Das System Drzewiecky wurde jedoch beim Umbau ebenfalls erheblich umgestaltet und verbessert, es wurden feste Ablaufschienen eingebaut. Das Boot unternahm danach viele erfolgreiche Feindfahrten, konnte auch weit außerhalb der Adria operieren und versenkte zahlreiche Handelsschiffe im Östlichen Mittelmeer, mit zusammen fast 50.000 BRT.

SM U 14 überlebte den Krieg und wurde an Frankreich retourniert, dort wieder als »Curie« in Dienst gestellt, erst 1929 aus der Liste der Kriegsschiffe gestrichen und 1930 abgebrochen. Hier ist die »Curie« in einer Aufnahme vom Februar 1924 zu sehen (Marius Bar).

Auf U 12, dem Spekulationsbau der Whitehead-Werft, war in Österreich-Ungarn also die Laufnummer 14 gefolgt, die Nr. 13 wurde dagegen stillschweigend nie vergeben (wahrscheinlich wären viele Seeleute nicht gerne mit einem Boot mit der Nummer 13 auf Einsatzfahrt gegangen, die in der k.u.k. Marine meist »Kreuzungen« genannt wurden).

Die 1915 errichtete Gedenktafel für die gefallenen Franzosen der »Curie« am k.u.k. Marinefriedhof Pola. (Foto des Autors 2014)

U 14-Klasse – Ex-französisch »Curie« (1 Boot)	
SM U 14	
Kiellegung	1907; Stapellauf: 18.7.1912: Indienststellung: 1.6.1915 für k.u.k. Marine
Bauwerft	Arsenal du Mourillon, Toulon
Verbleib	1918 von Frankreich beschlagnahmt und dort 1919 wieder als »Curie« in Dienst, 1929 gestrichen und 1930 abgebrochen
Anmerkungen	Ex-Name »Curie«, Zweihüllenboot der französischen Marine der »Brumaire«-Klasse. Beim Versuch, am 20/21.12.1914 in die Bucht von Pola einzudringen, an der Netzsperre verfangen, in der Hafeneinfahrt beschossen und gesunken. Nach erfolgreicher Hebung (2.2.2015) als Kriegsbeute übernommen; im Juni 1915 als U 14 für k.u.k. Kriegsmarine in Dienst.
Technische Daten	
Abmessungen	Länge 52,15 m, Breite 5,2 m, Tiefgang 3,2 m
Verdrängung	410 ts (über Wasser), 552 ts (unter Wasser)
Maschinenanlage	Zwei 6-Zylinder-Viertakt-Diesel, je ca. 240 PS; nach Umbau 1916: zwei 6-Zylinder-Viertakt-Diesel, je 420 PS Für Unterwasserfahrt: Zwei Elektromotoren, jeweils 330 PS Höchstgeschwindigkeit 12 Knoten (8 Knoten unter Wasser), 2 Wellen
Bewaffnung	1 × 3,7 cm L/23 (ab 1916: 1 x 8,8 cm L/30 aus Deutschland) 1 x Bugtorpedorohr (innen), 4 × schwenkbare Breitseitlancierrahmen System Drzewiecky, 2 × Torpedorohre im Deckaufbau, Kaliber 45 cm; 8 Torpedos
Besatzung	28 Mann

5. Deutsche Küsten-U-Boote für die Dardanellen

Als sich im Februar 1915 die Situation um die Dardanellen zuspitzte und Berlin unbedingt U-Boote in türkischen Gewässern haben wollte, Wien aber keine bereitstellen konnte bzw. wollte, fragte Anfang März der deutsche Marineattaché in der Marinesektion in Wien in folgender dringenden Sache an: Ob man deutsche Küsten-U-Boote des Typs UB I per Eisenbahn nach Pola bringen könnte, dort im Seearsenal zusammenbauen lassen und weiter in die Türkei entsenden könnte (der Bahnweg direkt nach Konstantinopel war wegen des anhaltenden Krieges am Balkan nicht möglich).
Die k.u.k. Marineführung willigte sehr gerne in den Vorschlag ein, nahm er doch den Druck zur Entsendung eigener U-Boote. Die deutschen Boote sollten operativ formell als k.u.k. U-Boote geführt werden, mit rot-weiß-roter Flagge, aber mit ihren deutschen Besatzungen in die Türkei weitergehen. Nun ging alles sehr schnell und schon am 25.3.1915 traf das erste von drei U-Booten in Pola ein, UB 7. Es folgten UB 8 und UB 3.

Die drei deutschen Boote sollten deshalb auch österreichische Laufnummern erhalten, allerdings wollte die k.u.k. Kriegsmarine partout keine »UB«-Kennungen einführen, sondern blieb bei dem schlichten »U«. Da ja Ende November 1914 die fünf großen k.u.k. Boote U 7 bis 11 in Kiel an die deutsche Regierung verkauft worden waren, waren diese Laufnummern nun (endgültig) wieder frei und die drei deutschen Boote erhielten die Kennungen U 7 (ex deutsch UB 7), U 8 (ex deutsch UB 8) und U 9 (ex deutsch UB 3). Sie wurden im Mai 1915 von schnellen k.u.k. Kreuzern bzw. Zerstörern Richtung Otranto-Straße geschleppt (um Treibstoff zu sparen) und verlegten dann selbstständig nach Konstantinopel; U 9 ging am Marsch dorthin verloren und gilt seither als vermisst. Mit Österreich-Ungarns U-Boot-Waffe hatten diese drei Boote aber wenig zu tun, auch wenn sie k.u.k. Bootsnummern und die rot-weiß-rote Flagge führten.

6. Die Küsten-U-Boote des deutschen Typs UB I: die Weser-Boote U 10, U 11 und U 15 – 17

Die Projektidee für ein Küsten-U-Boot war in Deutschland sehr unmittelbar nach Kriegsbeginn in Angriff genommen worden, da sofort klar absehbar war, dass der Bau von großen modernen U-Booten aufwändig und zeitraubend sein würde. Das Reichsmarineamt ließ bereits am 18.8.1914 prüfen, »ob es möglich wäre, eine größere Zahl kleiner Uboote mit einem Fahrbereich von etwa 500 sm und mit zwei Torpedorohren in so kurzer Zeit fertigzustellen, daß mit der Verwendung ‚noch während des Krieges' gerechnet werden könne« (E. Rössler: »Geschichte des deutschen Ubootbaus«, Bd. 1, S.59). Denn der Krieg sollte ja schon ganz bald zu Ende sein. Besonders der Bau großer und leistungsstarker Dieselmotoren galt als ein zeitaufwändiges Problem, kleine Dieselmotoren waren schnell verfügbar.
Ende September wurden bereits mehrere Entwürfe vorgelegt. Deutschland begann dann den Bau dieser sehr kleinen Einhüllenboote, als sogenannte Küsten-U-Boote des Typs UB I (oder auch schlicht B I), schon ab Oktober 1914. Sie sollten eine Bauzeit von nur maximal vier Monaten haben und laut Konstruktionsanforderung »in großer Stückzahl« zu beschaffen sein. Die geforderte Bauzeit wurde sogar noch unterschritten, das erste Boot wurde nach 75 Tagen fertig und auch später lag die Fertigungsdauer meist bei unter drei Monaten. Für den Entwurf verantwortlich zeichnete wieder der deutsche U-Boot-Chefkonstrukteur von Germania, Hans Techel (vgl. auch Bodo Herzog: »60 Jahre deutsche Uboote 1906–1966«, S. 56).
Techel merkt zur Bauweise an: »Die Boote sollten in kürzester Zeit fertiggestellt und so ausgeführt sein, daß sie in einzelnen Teilen mit der Bahn an ihren Bestimmungsort befördert werden konnten. Die Bearbeitung der Aufgabe, für die zufällig bei der Germaniawerft die Vorarbeiten vorlagen, weil vor dem Krieg eine fremde Regierung ähnliche Boote bei ihr angefragt hatte, ergab sehr bald, daß nur der Einhüllentyp in Frage kam. Um die Bauausführung durch Vermeidung von Feuerplatten zu vereinfachen, wurde der Druckkörper aus Kegelmantelstücken zusammengebaut, sodaß ... die Boote eckige Wasserlinien erhielten, was allerdings eine geringe für den vorliegenden Fall aber bedeutungslose Vermehrung des Schiffswiderstandes zur Folge hatte.« (Techel, a.a.O., S. 92).
Die wichtigsten technischen Daten des Typs UB I sind deshalb auch nicht besonders beeindruckend. Abmessungen: Länge 27,9 m, Breite 3,15 m, Tiefgang 2,7 m. Tauchtiefe 50 m, die Verdrängung lag nur bei 127 ts bzw. 143 ts (unter Wasser), d.h. sie waren nur etwa halb so groß wie die sechs ohnehin recht kleinen U-Boote der ersten Generation der k.u.k. Marine. Sie hatten lediglich 500 Seemeilen Reichweite, zwei 45-cm-Torpedorohre im Bug (ohne Reservetorpedos), einen kleinen Dieselmotor von Körting (mit ganzen 60 PS Leistung; verwendet sonst für Beiboote von Großkampfschiffen), einen

Auf U 14 folgte in der k.u.k. Marine U 10. Inzwischen war nämlich der Verkauf der in Kiel in Bau befindlichen Boote U 7 bis U 11 an die Kaiserliche Marine endgültig abgewickelt worden. Die Nummern U 7 bis U 9 gingen an drei kleine UB II-Boote, die nach dem Bahntransport in Pola für Deutschland zusammengebaut wurden, aber sofort (mit deutschen Besatzungen) Richtung Istanbul ausliefen. Die k.u.k. Kennung bedeutet auch hier keine tatsächliche Übernahme durch Österreich-Ungarn. Erst das nächste UB I-Boot, U 10, wurde von der k.u.k. Kriegsmarine für den Eigenbedarf in Dienst gestellt, insgesamt fünf dieses kleinen Typs (U10, 11 und 15–17). Das Foto zeigt U 10 beim »Stapellauf« bei Germania in Kiel, das U-Boot wird nur ins Wasser gehoben (am 22.1.1915). Es war das einzige bei der Germania-Werft gebaute Boot der fünf UB I-Einheiten der k.u.k. Marine und unterschied sich von den vier bei Weser gebauten Booten sehr deutlich durch kreisrunde Flutöffnungen.

120-PS-Elektromotor, eine Welle. Die Höchstgeschwindigkeit über Wasser betrug 6 Knoten (9 Knoten unter Wasser), Besatzung 15 Mann. Gedacht waren sie nur für den küstennahen Einsatz, vorwiegend in Flandern. Dorthin sollten sie sogar per Bahn verlegt werden können, indem der Bootskörper in drei Sektionen zerlegt, auf Waggons transportierbar sein würde. Es waren die kleinsten deutschen U-Boote im Ersten Weltkrieg.

Am 15.10.1914 bestellte die Kaiserliche Marine die ersten 15 Boote dieses Typs UB I, und zwar die ersten acht Boote (UB 1 bis UB 8) bei der Germania-Werft in Kiel und sieben Stück, UB 9 bis UB 15, bei der Weser-Werft in Bremen. Verschiedene deutsche Küsten-U-Boote wurden später noch in großer Stückzahl gebaut, über 140 Boote insgesamt.

Mindestens ab Februar 1915 hatte sich die k.u.k. Kriegsmarine auch selbst für den kleinen Typ UB I interessiert und über den Marineattaché in Berlin Kontakt mit der Weser-Werft in Bremen aufgenommen, um Pläne zu erwerben. Es kam dort aber schnell zum Angebot, fertige Boote anzukaufen, die per Bahn nach Pola transportiert werden könnten. Wien wollte sogleich zwei Boote kaufen, bestellte am 30.3.1915 dann sogar drei (was natürlich zu einer Beschwerde Ungarns in Wien führte, das ja allen Beschaffungen budgetär zustimmen musste, und nur über den Kauf von zwei Booten informiert war; s. Aichelburg: »Die Unterseeboote Österreich-Ungarns«, Bd. 1, S. 102). Das Problem konnte schließlich beigelegt werden und die drei Weser-Boote erhielten später in der k.u.k. Kriegsmarine die Kennungen U 15 bis U 17. Sie wurden im April 1915 auf Kiel gelegt, liefen im Laufe des Sommers vom Stapel und wurden im August/September 1915, zerlegt per Bahn in drei Sektionen, auf Spezialwaggons nach Pola transportiert und im Seearsenal zusammengebaut. Die Indienststellung erfolgte am 12.9.1915 (U 15) bzw. am 6.10.1915 (U 16, U 17).

Manchem Leser wird natürlich sofort aufgefallen sein, dass die Laufnummern U 10 und U 11 fehlen, die nach den drei deutschen Booten U 7 bis U 9 eigentlich hätten folgen müssen. Es sollte nämlich nicht bei den drei bestellten »Weserbooten« bleiben. Eine neue Bestellung wurde quasi als »Expressbestellung« in Berlin aufgegeben, nachdem die drei Boote des Typs bereits bei der Weser-Werft regulär geordert worden waren.

Der Hintergrund dieser »Expressbestellung« war wie folgt: im Zuge des sich abzeichnenden italienischen Seitenwechsels wuchs die Nervosität in Wien beträchtlich; man hatte bereits Informationen über die Geheimgespräche in London erhalten. Im April 1915 wurde deshalb der österreichisch-ungarische Marineattaché in Berlin erneut beauftragt, im Reichs-

So sieht ein UB I-Boot auf dem Sonderzug mit Spezialwaggons aus, vorne der Turm, dann die drei Rumpfsektionen, auch diverse Ausrüstungsteile kamen in separaten Waggons. Das Foto wurde in Belgien aufgenommen. Der Durchmesser der Einzelteile betrug maximal 3,15 m. Die Boote sollten laut Konzept in kürzester Zeit fertiggestellt und so ausgeführt sein, dass sie in einzelnen Teilen mit der Bahn nach Flandern befördert werden und von dort gegen England eingesetzt werden konnten. Die Möglichkeit des Bahntransports auch ans Mittelmeer war ein für Österreich-Ungarn sehr willkommener Nebeneffekt, der Zusammenbau war relativ schnell möglich. Die Bahntransporte nach Pola liefen logistisch unter dem Decknahmen »Ulan« und dauerten ca. vier Tage, die erlaubte Höchstgeschwindigkeit eines solches Sonderzuges war nur 35 km/h.

marineamt vorzusprechen und nun zu ersuchen, möglichst sofort drei fertige U-Boote des Typs UB I nach Pola zu liefern, im Abtausch gegen die drei in Bremen bestellten und in Bau befindlichen Boote; man würde sie eben jetzt sehr, sehr dringend benötigen.

Das Reichsmarineamt war zwar bereit, sofort zumindest zwei Boote abzugeben, wollte aber dafür im Gegenzug keines der in Bremen für Österreich-Ungarn in Bau befindlichen Boote übernehmen. Wien willigte ein, d.h. die Zahl der in Deutschland von diesem Typ angekauften Boote erhöhte sich nun von drei auf fünf. Ungarn wurde dementsprechend informiert und stimmte dann im Lichte der Dringlichkeit zu.

Am 5.5.1915 erteilte das Reichsmarineamt in Berlin den Befehl, zwei deutsche UB I-Boote sofort Österreich-Ungarn zur Verfügung zu stellen und an die k.u.k. Kriegsmarine zu liefern. So wurde das Typschiff der Klasse, UB 1, in Kiel an Land gehoben, in drei Teile zerlegt und per Eisenbahn an die Adria überstellt, dazu kam noch das Boot UB 15 auf der Weserwerft in Bremen (anders als UB 1 war es aber noch nicht in Dienst gestellt worden, stand aber unmittelbar vor der Fertigstellung). Im Zuge der gleichzeitig laufenden Beschaffung von den drei Weser-Booten als Auftragsbau als Neubauten direkt ab Werft (später U 15–U 17) erhielten sie die nächsten freien Nummern, deshalb U 10 und U 11. Sie wurden ab Juni von deutschen Besatzungen eingefahren und als deutsche

Hier die Ankunft des Sonderzuges mit dem Unterseeboot U 10 (ex UB 1) am Bahnhof in Pola am 16.5.1915, im Hintergrund ist das Grandhotel Riviera zu erkennen. Es wurde dafür der 240-t-Kran des Seearsenals zum Bahnhof verlegt, ebenfalls ein Schwimmdock, in dem dann der Zusammenbau erfolgen sollte.

Die Achtersektion des UB I-Bootes U 10 wird in Pola am Waggon zum Liften durch den großen Pontonkran P 240 vorbereitet. Die Boote vom Typ UB I waren modern, aber sehr klein und praktisch nur in der Adria verwendbar. Sie führten ihre ersten Einsätze noch unter den deutschen Kommandanten mit gemischter Besatzung aus, so auch U 10, das im Juni 1915 dabei das italienische Torpedoboot »5 P.N.« versenkte.

Boote in Dienst genommen (inklusive erster Feindfahrten mit gemischten Besatzungen) und dann kurz darauf, im Juni und Juli 1915, für die k.u.k. Kriegsmarine in Dienst gestellt.

Die Bahntransporte nach Pola liefen logistisch unter dem Decknahmen »Ulan« und dauerten von Bremen bzw. Kiel nach Istrien vier Tage, die erlaubte Höchstgeschwindigkeit eines Zuges war nur 35 km/h (vgl. E. Peinhopf, S. 90). Der Turm wurde vorher abgebaut, auch diverse Ausrüstungsteile kamen auf separaten Waggons. Die Sonderzüge der ersten beiden k.u.k. U-Boote (U 10 und U 11) rollten im Mai 1915 nach Pola.

Auch deutsche Experten und Fachkräfte wurden nach Österreich Ungarn abgestellt. Bereits am 1.4.1915 hatte die Kaiserliche Marine das »U-Boot-Sonderkommando Pola«

Hier ist zu sehen, wie die Hecksektion eines UB I-Bootes (wahrscheinlich U 10) direkt vom Waggon ins neben dem Bahnhof vertäute Schwimmdock gehoben wird, wo die Endmontage erfolgte. Die Endmontage der Teile plus Turm ging relativ schnell, verlangte aber sehr umfangreiches technisches Detailwissen, weshalb die Kaiserliche Marine im April 1915 das »U-Boot-Sonderkommando Pola« schuf, um den Zusammenbau zu beaufsichtigen und technisch zu unterstützen. Der Zusammenbau konnte in ca. zwei Wochen erledigt werden.

SM U 10 im Dock in Pola 1915. Es waren die kleinsten deutschen U-Boote im Ersten Weltkrieg, für den Entwurf der erfolgreichen UB I-Boote verantwortlich war der deutsche U-Boot-Konstrukteur Hans Techel von Germania. Die Boote hatten zwei nebeneinander angeordnete Bugtorpedorohre.

geschaffen, um den Zusammenbau im Seearsenal zu beaufsichtigen und technisch zu unterstützen (anfangs für die drei eigenen Boote UB 7, 8 und 3 mit den k.u.k. Kennungen U 7 bis 9). Nun stand das U-Boot-Sonderkommando Pola auch für die von Österreich-Ungarn bestellten Boote zur Verfügung, denn die Boote waren technisch durchaus fordernd und verlangten Experten für den Zusammenbau und eben auch für die Einschulung zur Verwendung.
Obwohl UB 1 (k.u.k. U 10) bei der Germania-Werft in Kiel gebaut worden war, wurden sie alle in Österreich-Ungarns Marinekreisen stets die »Weser-Boote« genannt. Während die vier in Bremen gebauten U-Boote längliche Flut-Schlitzöffnungen hatten, ist das in Kiel gebaute U 10 sofort an den runden Schlitzöffnungen identifizierbar. Aufgrund ihrer seltsamen Gesamtform, die Techel entsprechend begründete, wurden sie auch »Okarina«-Boote genannt, sowohl in der Kaiserlich-Deutschen als auch in der k.u.k. Kriegsmarine, nach der ähnlich aussehenden Kugelflöte mit diesem Namen (wörtlich »kleine Gans«).
Die Boote vom Typ UB I waren zwar sehr klein, praktisch nur in der Adria verwendbar, aber solide Qualitätsarbeit und erlebten intensive Kriegseinsätze. Der Zusammenbau war (unter fachkundiger Begleitung) relativ leicht machbar, deshalb auch die kurzen Zeitintervalle zwischen Ankunft in Pola und Indienststellung. Georg von Trapp (a.a.O, S. 94) schreibt dazu: »Fünf winzige Boote, jedes in drei Teile zerlegt, waren per Bahn von Deutschland gekommen. Jeder einzelne Teil fix und fertig ausgebaut, mit allem, was hineingehört. In Pola wurden sie nur zusammengenietet, Rohrleitung und Kabel verbunden und sie waren fertig zum Gebrauch. Es sind wohl ganz kleine Dinger mit nur einer Maschine, aber die ist verläßlich. Die Boote haben die modernsten Einrichtungen und einen großen Aktionsradius. In zwanzig Sekunden können sie unter Wasser gehen.«
Sie unternahmen dann auch recht erfolgreiche Feindfahrten, wenn auch nur im meist schiffsleeren Adriaraum. U 11 versenkte im Juni 1915 das italienische U-Boot »Medusa«, U 10 im Juni 1915 das italienische Torpedobot »5 P.N.« (noch mit gemischten Besatzungen unter deutschem Kommando), U 15 im Juni 1916 den französischen Zerstörer »Fourche« und den Hilfskreuzer »Cittá di Messina«, U 17 im Juli 1916 den italienischen Zerstörer »Impetuoso« und U 16 am 17.10.1916 das italienische Torpedoboot »Nembo« vor Valona (Vlorë), an der albanischen Küste; bei diesem Angriff ging

SM U 10 bei Probefahrten nach Umbauarbeiten 1916 vor Pola, übers Heck aufgenommen. Man beachte die runden Flutöffnungen, die es bei dieser Klasse nur bei dem in Kiel gebauten Boot gab.

U 10 bei Tauchmanövern in der Gegend von Pola, die garantierte Werft-Tauchtiefe betrug 50 m, die UB I-Boote konnten zudem sehr schnell unter Wasser gehen.

Das Foto zeigt nochmals U 10, das am 29.1.1915 bereits für die Kaiserliche Marine in Dienst gestellt worden war (als UB 1) und im Mai 1915 zerlegt per Bahn an die Adria transportiert wurde. Es wurde nach dem Zusammenbau in Pola am 4.6.1915 wieder für die Kaiserliche Marine in Dienst genommen und erst am 12.7.1915 formal für die k.u.k. Kriegsmarine in Dienst gestellt. Die Detailaufnahme zeigt den Turm und das 3,7-cm-Geschütz.

Seitenansicht von U 10 mit Besatzung an Deck im Stützpunkt Brioni, der Turm bereits mit neuem Schanzkleid (ab Anfang 1916).

Der winzige Turm von U 10, mit immerhin sechs k.u.k. U-Bootmännern oben drauf. Die geringe Geschwindigkeit war ein Hauptproblem der insgesamt gut konstruierten Boote, die sich im Einsatz sehr bewährten.

SM U 10 in der Bucht von Pola vor einem Schlachtschiff der »Radetzky«-Klasse, bestaunt von an Deck befindlichen Matrosen.

Aufnahme von U 10 in Brioni, man beachte das 3,7-cm-U-Boot-Geschütz.

Die Aufnahme zeigt die drei von Österreich bestellten Boote vom Typ UB I im Bauzustand auf der Weserwerft 1915, U 15 bis U 17. Obwohl von den fünf UB I-Booten, die schließlich von der k.u.k. Kriegsmarine übernommen wurden, U 10 von der Germania-Werft stammte, hießen sie marineintern alle stets die »Weserboote«.

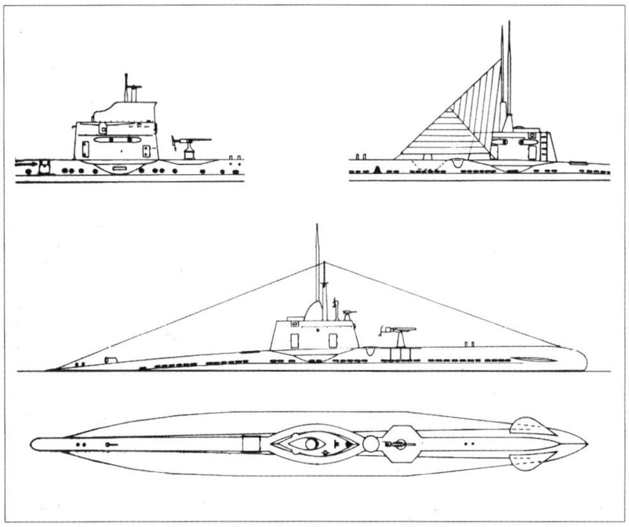

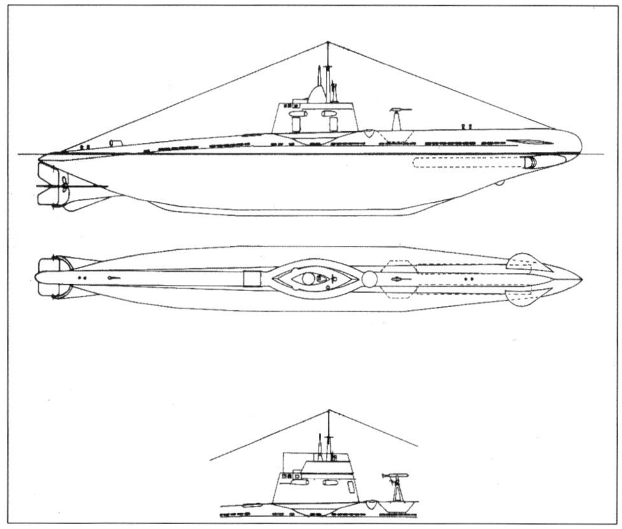

U10-Klasse, deutscher Typ UB I. (Skizzen Prof. Erwin Sieche)

das Boot aber selbst verloren, wahrscheinlich nach Rammung durch den Dampfer »Bormida« (11 Tote). Ein weiterer de facto Kriegsverlust war U 10; es wurde nach einem Minentreffer nahe Caorle im Juli 1918 auf Strand gesetzt, konnte zwar noch eingeschleppt werden, wurde aber bis Kriegsende nicht mehr repariert.

Die österreichisch-ungarischen U-Boot-Laufnummern 18 und 19 wurden schließlich an die beiden deutschen Boote UC 14 und UC 15 vergeben. Der Typ UC stand in der Kaiserlich-Deutschen Marine für Minen-U-Boote. Im Zuge des erwähnten österreichischen Ersuchens um dringende Lieferung von UB I-Booten im April 1915 hatte das Reichs-

Zwei der drei Weserboote der Reihe U 15 bis U 17 in Gjenovic. Deutlich sichtbar die seitlichen Vertiefungen im Turm für die Bullaugen sowie die länglichen Flutschlitze. Der Hintergrund der Idee dieser Bullaugen im Turm war die Absicht, das Boot bei schlechtem Wetter über Wasser vom geschlossenen Turm aus zu steuern, was aber in der Praxis nicht funktionierte.

Das Boot U 16 im Bereich der Bocce während des Ersten Weltkriegs. Die Boote hatten eine Länge von nur knapp 28 m, die Verdrängung lag nur bei 127 ts bzw. 143 ts (unter Wasser), d.h. sie waren nur etwa halb so groß wie die sechs ohnehin recht kleinen U-Boote der ersten Generation der k.u.k. Marine.

marineamt in Berlin auch diese beiden Boote angeboten, Wien zeigte sich aber grundsätzlich nicht am Kauf von Minen-U-Booten interessiert. Sie wurden dann als U 18 und 19 wie üblich nur formell an die k.u.k. Kriegsmarine übertragen, blieben aber im deutschen Besitz und wurden auch operativ von der Kaiserlichen Marine bemannt und eingesetzt.
Die Daten für Kiellegung, Stapellauf und Indienststellung sind z.T. sehr unklar und variieren in den überlieferten Archivangaben leider erheblich, sofern überhaupt vorhanden.

Der Turm von U 16 in der Bocce mit Tarnanstrich, wahrscheinlich 1915 aufgenommen (mit Kommandant Hornyak). Das Boot versenkte am 17.10.1916 das italienische Torpedoboot »Nembo« vor der albanischen Küste, wurde dann gerammt (wahrscheinlich sogar völlig unbeabsichtigt) und ging selbst verloren.

U 16 in der Bocce, von vorne aufgenommen, mit Kommandant Eugen Hornyak am Turm.

Rechts: U 17 eingedockt in der Bocce. Es hatte lediglich 500 Seemeilen Reichweite, zwei 45-cm-Torpedorohre ohne Reservetorpedos im Bug, einen kleinen Dieselmotor mit nur 60 PS (!) Leistung, statt ; wie ihn die Beiboote von Großkampfschiffen verwendeten, sowie einen 120-PS-Elektromotor. Die Höchstgeschwindigkeit über Wasser betrug 6 Knoten (9 Knoten unter Wasser).

Seitenansicht von U 17 in der Adria, wahrscheinlich im Kanal von Fasana, bei Pola. Als Halterung für das Geschütz führten die Boote einen recht markanten Sockel an Deck.

Das deutsche Schwesterboot U 18 vor dem alten Schlachtschiff »Wien«, das u.a. als Wohnschiff für U-Bootbesatzungen diente.

Ein Weserboot vom Typ UB I vor den Hochseetorpedobooten 80T und 74T im Seearsenal von Teodo (Tivat) in der Bocce.

Vorderansicht von U 17 in der Bucht von Cattaro (Kotor).

Unten: Ein kleines UB I-Boot längsseits des U-Boottenders »Gäa« (Torpedo-Depotschiff); der gesamte Turmbereich des Bootes wird vom Bordkran der »Gäa« geliftet, was vor allem die Wartung und Reparatur der Antriebsanlage von außen erleichterte.

U 10-Klasse – Deutscher Typ UB I (5 Boote)	
SM U 10 (ex UB 1)	
Kiellegung	7.10.1914 (offiziell); Stapellauf: 22.1.1915; Indienststellung: 29.1.1915 für die Kaiserliche Marine in Kiel, im Mai 1915 zerlegt per Bahn nach Pola transportiert, dort am 4.6.1915 wieder für die Kaiserliche Marine in Dienst genommen und am 12.7.1915 formal für die k.u.k. Kriegsmarine in Dienst gestellt
Bauwerft	Germaniawerft, Kiel/Zusammenbau Seearsenal Pola
Verbleib	9.7.1918 Minentreffer vor Caorle, gestrandet; nicht mehr repariert; in Italien abgebrochen
SM U 11 (ex UB 15)	
Kiellegung	11.2.1915; Stapellauf 11.4.1915, designiert UB 15 für die Kaiserliche Marine (aber nicht mehr in Dienst gestellt); im Mai 1915 zerlegt per Bahn nach Pola transportiert; dort am 4.6.1915 von der Kaiserlichen Marine in Pola in Dienst genommen und am 18.6.1915 formal für die k.u.k. Kriegsmarine in Dienst gestellt
Bauwerft	Weserwerft, Bremen/Zusammenbau Seearsenal Pola
Verbleib	1920 an Italien; Abbruch
SM U 15	
Kiellegung	April 1915 für Österreich-Ungarn; Stapellauf: Sommer 1915; im August 1915 zerlegt per Bahn nach Pola transportiert; 12.9.1915 für die k.u.k. Kriegsmarine in Dienst gestellt
Bauwerft	Weserwerft Bremen/Zusammenbau Seearsenal Pola
Verbleib	1920 an Italien; Abbruch
SM U 16	
Kiellegung	April 1915 für Österreich-Ungarn; Stapellauf: Sommer 1915; im August 1915 zerlegt per Bahn nach Pola transportiert; 6.10.1915 für k.u.k. Kriegsmarine in Dienst gestellt
Bauwerft	Weserwerft Bremen/ Zusammenbau Seearsenal Pola
Verbleib	am 17.10.1916 südlich Valona/ Vlorë, Albanien vom Dampfer »Bormida« gerammt und dabei versenkt
SM U 17	
Kiellegung	April 1915 für Österreich-Ungarn; Stapellauf: Sommer 1915; im September 1915 zerlegt per Bahn nach Pola transportiert; 6.10.1915 für k.u.k. Kriegsmarine in Dienst gestellt
Bauwerft	Weserwerft Bremen/Zusammenbau Seearsenal Pola
Verbleib	1920 an Italien; Abbruch
Anmerkungen	Einhüllenboote vom Typ UB I für den küstennahen Einsatz. U 10 (Germania in Kiel) und U 11 (Weserwerft in Bremen) für Deutschland gebaut und fertig übernommen, die anderen drei Boote von Anfang bei Weserwerft in Bremen für Österreich-Ungarn in Auftrag gegeben und gebaut. Zwischen Mai und September 1915 zerlegt per Bahn in Pola angekommen (in 3 Sektionen) und im Seearsenal zusammengebaut.
Technische Daten	
Abmessungen	Länge 27,9 m, Breite 3,15 m, Tiefgang 2,7 m
Verdrängung	127 ts (über Wasser), 143 ts (unter Wasser)
Maschinenanlage	Ein Vierzylinder-Viertakt-Dieselmotor mit 60 PS Für Unterwasserfahrt: Ein Elektromotor mit 120 PS Höchstgeschwindigkeit 6 Knoten (9 Knoten unter Wasser), 1 Welle
Bewaffnung	1 × 3,7 L/23 cm (bzw. 4,7 cm L/33 U 11) 2 × Torpedorohre 45 cm (Bug): 2 Torpedos
Besatzung	15 Mann

7. Projekte um das kleine Forschungs-U-Boot »Loligo«

Am Rande sei hier noch bemerkt, dass mit dem Ankauf der kleinen Boote vom deutschen Typ UB I auch die Idee Thierrys zur kriegsmäßigen Adaptierung eines kleinen Forschungs-U-Bootes namens »Loligo« ein Ende fand, das bei Whitehead in Fiume weitgehend betriebsbereit lag (Loligo bezeichnet eine Tintenfischart, die der Form des kleinen Bootes sehr ähnlich sieht).

Das Boot war ab 1912 im Auftrag eines reichen Privatgelehrten, Rittergutsbesitzers und Mäzens namens Dr. Paul Schottländer (* 14. 2.1870 in Breslau - † 18. März 1938 in Wessig) gebaut worden, zur Verwendung an der deutschen zoologischen Station in Rovigno. Der Bau erfolgte bei der Danubius-Werft in Fiume, innen ausgebaut wurde das 1914 auf »Loligo« getaufte Boot von der Whitehead-Werft. Es bot Platz für sechs Mann, drei Mann Besatzung und drei Forscher, und sollte ab 1914 die Tier- und Pflanzenwelt sowie antike Schiffswracks im Mittelmeer studieren, der Kriegsausbruch im Sommer 1914 verhinderte das.

Die technischen Daten des kleinen Fahrzeugs waren: Länge 12,24 m, Durchmesser des Druckkörpers 2,70 m, Tiefgang mit Kiel 2,23 m, Deplacement 44,1 t über und 50 t unter Wasser; der Antrieb bestand nur aus einem Elektromotor mit 30 PS für vier Knoten Höchstgeschwindigkeit, die Druckfestigkeit war auf immerhin 50 m ausgelegt (vgl. Aichelburg, Bd. 1, 124f).

Thierry, der Leiter der Unterseebootstation, wollte Anfang 1915 das Boot mit zwei 35-cm-Torpedorohren und einem Periskop ausstatten und küstennah einsetzen. »Das Flottenkommando war anfangs sehr einverstanden mit dieser meiner Idee und ich rechnete damit, innerhalb von drei Wochen ‚Loligo' unter Kommando des Freglt. Gaston Vio mit 7 Mann Besatzung an der istrianischen Küste zu sehen.

Der Umstand, dass das deutsche Reichsmarineamt die Abtretung von U 10 u. U 11 antrug, dass die bei der Weserwerft bestellten U 15, 16 u. 17 in Bälde geliefert werden sollten, sowie der Widerspruchsgeist des Grossadmiral Haus hatten zur Folge, dass die Übernahme des ‚Loligo' fallen gelassen wurde.« (Thierry, Tagebuch, S. 23/18–19.)

Im Sommer 1915 kam dann nochmals die Idee auf, das Boot »Loligo« am Gardasee kriegsmäßig zu verwenden, wo Italien einen regen Schiffsverkehr unterhielt. Das Armeekommando lehnte schließlich Anfang September ab, allein schon wegen der dafür nötigen Infrastruktur, wie die Errichtung einer Ladestation für die Batterie des Bootes etc..

Das Forschungs-U-Boot »Loligo«, hier im Frühjahr 1914, wurde im privaten Auftrag auf der Whitehead-Werft gebaut und sollte die Tier- und Pflanzenwelt untersuchen, dazu antike Schiffswracks erkunden etc.; der Krieg stoppte das Projekt. Eine geplante Kriegsverwendung kam schließlich auch nicht zustande.

8. Der mühevolle Eigenbau der vier Boote vom Typ »Havmanden«: U 20 bis U 23

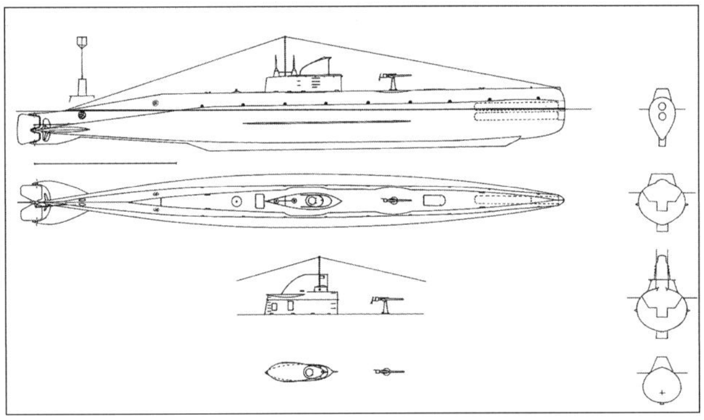

U 20-Klasse, Typ »Havmanden«. (Skizze: Prof. Erwin Sieche)

Der Bau dieser Boote ist eigentlich ein recht trauriges Kapitel österreichisch-ungarischer Marinegeschichte, denn er zeigt deutlich, wie sehr es der Doppelmonarchie, trotz der insgesamt sehr herzeigbaren Werft-Infrastruktur, inzwischen an Know-how im Bereich eines eigenständigen U-Boot-Baus mangelte.

Der Anfang dieses Projektes liegt in den ersten Monaten des Jahres 1915, etwa zeitgleich mit der sehr raschen und erstaunlich gut funktionierenden Abwicklung der Anlieferung und des Zusammenbaus der kleinen deutschen UB I-Boote. Kein einziges Neubauprojekt von U-Booten war in Österreich-Ungarn seit Kriegsbeginn in Angriff genommen worden.

Es ist insgesamt erstaunlich, dass nicht früher der Bau neuer Boote zumindest ernsthaft studiert und analysiert wurde. Nur Korvettenkapitän Franz von Thierry, der eigentlich in der Marinehierarchie sehr rangniedrige Leiter der Unterseebootstation Pola, der erst 1915 zum Fregattenkapitän befördert wurde, hatte nach Kriegsbeginn den Neubau von eigenen Unterseebooten amtlich vorgeschlagen, irgendwann spät 1914 (ein genaues Datum nennt er nicht): »Ich trat mit diesem Ansinnen an den Flottenkommandanten heran und schlug vor entweder deutsche U-Pläne zu verwenden – durch Vermittlung der M.S. (*Anmerkung: Marinesektion*) hätte man solche von der deutschen Marineleitung erhalten können – oder nach fertigen Whiteheadplänen zu bauen, was allerdings ein Probekaninchen gewesen wäre.« (Thierry, Tagebuch, S.22/40).

Trotz ausdrücklichem Verweis auf die vorhandene Bauerfahrung von Whitehead mit diesem nun einzig sofort verfügba-

Die Nummerierung der k.u.k. U-Boote wurde nach U 17 des Typs UB I mit U 20 fortgesetzt, nachdem die Nummern U 18 und U 19 (wieder nur pro forma) an zwei kleine deutsche Minen-U-Boote (UC 14 und UC 15) vergeben worden waren, die operativ in deutschem Besitz blieben. Die Nummern U 20 bis U 23 gingen an die vier Eigenbauten des Typs »Havmanden«, das Foto zeigt U 20 kurz vor dem Stapellauf im September 1916 in Pola.

U 20 beim Stapellauf im Seearsenal Pola am 18.9.1916. Der Typ »Havmanden« von Whitehead war 1915 der einzig sofort verfügbare Entwurf für Neubauten in Österreich-Ungarn. Man war sich zwar der Risiken von Nachbauten unter Kriegsbedingungen bewusst, der Bau ging aber noch deutlich zäher voran, als gedacht. Die in der österreichischen Reichshälfte gebauten U 20 und U 23 unterschieden sich in der Ausstattung deutlich von den ungarischen U 21, U 22, auch die Turmform war deutlich unterschiedlich.

Silhouette von U 20 in Pola. Die Boote waren in ihrer Gesamtform für seichte Gewässer konstruiert worden. Es handelte sich um recht kleine und vor allem um inzwischen bereits technisch deutlich überholte Boote, die damals angelehnt an den Typ Holland (U 5-Klasse) und der darauf basierenden »Havmanden«-Klasse entwickelt worden waren, verantwortlicher Konstrukteur war Marley F. Hay. Vom sogenannten Typ »Havmanden« waren drei Boote von 1911 bis 1914 für die Königlich Dänische Marine in Fiume gebaut worden, drei weitere in Kopenhagen. U 20 bis U 23 waren eine nur marginal weiterentwickelte Klasse dieser Vorkriegs-Boote, die ab 1915 gebaut wurden. Ursprünglich war der Bau von zehn Booten angedacht, Haus beschränkte die Zahl auf vier.

Der Bau verzögerte sich mehrfach, zudem waren viele nachträgliche Verbesserungen notwendig. Am 15.3.1917 während der Probefahrten im Kanal von Fasana, wurde U 20 durch den Rapidkreuzer »Admiral Spaun« gerammt und erheblich beschädigt. Wie im Foto zu erkennen, wurde auch der Turm und dessen Verkleidung eingedrückt und die Sehrohre verbogen, die Indienststellung verzögerte sich bis Oktober 1917.

ren Entwurf war sich Thierry der Risiken von Nachbauten unter Kriegsbedingungen sehr bewusst. Von den auf diesem Typ basierenden »Havmanden«-Booten waren drei Stück von 1911 bis 1914 für die Königlich Dänische Marine z.T. in Fiume gebaut worden, drei weitere in Kopenhagen. In ähnlicher Form waren auch mehrere, ebenfalls von Marley F. Hay in Fiume konstruierte Boote bei De Schelde in Vlissingen in den Niederlanden gebaut worden (eine kleinere Klasse als O 2 bis O 5 und ein größerer Typ als K I-Klasse zur Verwendung in Niederländisch-Indien; das »O« stand in Hollands Marine für »Onderzeeboot«, das »K« für »Koloniaal«).

Die Gretchenfrage war nun, ab wann solche Neubauten zur Verfügung stehen würden: »Haus frug mich, wie lange der Bau eines solchen U-Bootes dauere. Ich meldete, dass ein Uboot, im Falle dass das Armeeoberkommando die nötige Anzahl von Arbeitern freigibt, in 10 Monaten fertiggestellt sein kann. Haus gab mir die Antwort: ‚Da kämen sie zu spät, der Krieg wird in 4 Monaten beendet sein.« Der erste Versuch zur Einleitung eines Neubauprogramms war damit gescheitert.

Die Soldaten waren zu Weihnachten 1914 nicht heimgekehrt und es begann nun vielerorts zu dämmern, dass der Krieg noch sehr lange nicht zu Ende gehen würde. Konstruktionspläne wäre das verbündete Deutschland schon bereit gewesen, zur Verfügung zu stellen. Die Pläne für die Boote vom Typ UB I hätte man von der Weser-Werft in Bremen zum Nachbau in Lizenz kaufen können, die Boote waren aber

U 20 war kein Glück beschieden, es lief am 3.7.1918 unter dem Kommando von Ludwig Müller von Triest aus und wurde am nächsten Tag vor der Mündung des Tagliamento vom italienischen U-Boot F 12 torpediert; es gab keine Überlebenden. Das Wrack blieb ein Hindernis für die Fischer im seichten Wasser der nördlichen Adria, es wurde deshalb 1962 gehoben und verschrottet.

Das Boot U 20 nach der Bergung 1962, hier der 450-PS-Dieselmotor von MAN. Die Aufnahmen des geborgenen Bootes stammen aus Grado.

Dieses Foto des geborgenen U 20 zeigt deutlich die Unterwasserform des Typs der »Havmanden«-Boote.

Heckform des Bootes U 20; der Typ »Havmanden« hatte nur eine Welle.

Das Boot nach Bergung an Land, mit fehlender Bugsektion, dort hat der Torpedo getroffen. Die Gebeine der Gefallenen von SM U 20 wurden feierlich in einem Ehrengrab am Friedhof der Maria-Theresianischen Militärakademie in Wiener Neustadt am 10.8.1962 mit militärischen Ehren bestattet.

Ein Arbeiter bestaunt das Innere des Bootes. Das Turmluk war beim fatalen Treffer am 4.7.1918 offen, das Boot zum Laden aufgetaucht, als Verlustursache ist Nachlassigkeit beim Auslug (Ausguck) anzunehmen, wie auch das italienische Kriegstagebuch vom Angriff bestätigt; F 12 griff über Wasser an.

derart klein, dass man für mehr als fünf vorerst keinen Bedarf sah, auch weil sie ja nur in der (praktisch schiffsleeren) Adria verwendet werden konnten. Die Germania-Werft in Kiel wollte immerhin 200.000 Reichsmark für die Pläne der ehemaligen k.u.k. U 7-Klasse und stellte die Bedingung, dass der Lizenzbau auf keiner Privatwerft erfolgen dürfe. Diese Summe hätte man schon auftreiben oder bilateral auf Regierungsebene eine billigere Lösung finden können; man war sich aber bewusst, dass der Nachbau so komplexer und großer Boote mindestens zwei Jahre dauern und sehr viele Ressourcen verschlingen würde.
Wirklich sofort verfügbar waren also wirklich nur die Pläne für die dänischen »Havmanden«-Boote der Whitehead-Werft aus 1911, die leicht adaptierbar und zur schnellen Umsetzung geeignet schienen. Es handelte sich aber auch um kleine und vor allem um inzwischen bereits technisch deutlich überholte Boote, die angelehnt an den Typ Holland (siehe U 5-Klasse) entwickelt worden waren, wenn auch bereits mit viel eigenem Input Hays vom Konstruktionsbüro in Fiume (der inzwischen in den Niederlanden arbeitete). Nolens, volens ging die Entscheidung immer mehr in diese Richtung. Es war im Frühjahr 1915 insgesamt eine klare Notlösung, mit der eigentlich von Anfang an niemand wirklich glücklich war. Nun tauchten aber zudem erhebliche rechtliche Bedenken mittel- und langfristiger Natur auf, denn offiziell hatte ja die mehrheitlich im Besitz englischer Konzerne stehende Whitehead-Werft die Lizenzen und Patentrechte zum Bau der Holland-Boote großteils bei der Electric Boat Company im noch immer neutralen Amerika erworben. Eine formelle Zustimmung aus den USA zur Verwendung dieser Rechte war aber kriegsbedingt nicht realistisch. Whitehead als Firma musste zudem an die Nachkriegszeit denken. Wladimir Aichelburg (Band I, S. 95) fasst die dann gefundene Lösung folgendermaßen zusammen:
»Als Ausweg schlug Whitehead im Februar 1915 vor, eine neue Bau- und Betriebsgesellschaft zu gründen, die wohl unter dem direkten Einfluß der k.u.k. Kriegsmarine stehen, jedoch alle Arbeiten mehr oder minder selbstständig ausführen sollte. ... Nach einigen vertraulichen Gesprächen wurden die Baupläne am 15.3.1915 namens der Kriegsmarine bei Whitehead auf Grund des Kriegsleistungsgesetzes beschlagnahmt. Thierry brachte sie am nächsten Tag persönlich mit dem Auto nach Pola, wo sie beim Marinetechnischen Komitee deponiert wurden.
Im April konstituierte sich die neue Gesellschaft, die unter dem Namen ‚Ungarische Unterseebootsbau AG' in das Handelsregister eingetragen wurde. Ihr Sitz war in Fiume mit einer Filiale in Linz. Das für die Gesellschaft notwendige Personal wurde von Whitehead zusammengestellt, so daß die neue Firma unter Aufsicht und Garantie von Whitehead stand. Nach außen hin arbeitete sie jedoch ganz selbstständig.«
Sie wurde kurz UBAG genannt, die offiziellen Schriftstücke wurden von Edgar Graf Hoyos signiert, dem Generaldirek-

Stapellauf von U 21 bei Whitehead in Fiume am 15.8.1916. Vorne am Boot links (mit dunklem Anzug) Edgar Graf Hoyos. Für den Bau wurde aus juristischen Überlegungen eine neue Gesellschaft namens »Ungarische Unterseebootsbau AG« (UBAG) gegründet, vor allem um rechtliche Patentprobleme mit den USA für Privatfirmen zu vermeiden. Die UBAG stand unter der direkten Aufsicht und Verantwortung der k.u.k. Kriegsmarine, alle Pläne trugen auch ihren Stempel, die Originalpläne wurden bei Whitehead 1915 »beschlagnahmt«. Nach außen hin arbeitete die UBAG ganz selbstständig, die offiziellen Schriftstücke wurden aber von Whitehead-Generaldirektor Edgar Graf Hoyos signiert.

Links: Der Turm und Teile des Druckkörpers von U 20 sind heute als besondere maritime Attraktion im Heeresgeschichtlichen Museum ausgestellt. Das sehr sinnvolle Motto des HGM in Wien lautet: »Kriege gehören ins Museum«. (Fotosammlung KMA)

Stapellauf von U 21 in Fiume im August 1916.

U 21 im Schlepp eines Torpedobootes vor Durazzo, Vorderansicht.

tor der Whitehead-Werft, alle Pläne trugen aber den Stempel der k.u.k. Kriegsmarine. Geplant war der möglichst rasche Bau von zehn Booten, als Bauzeit erwartete man zuerst zehn Monate, dann realistisch 15 Monate je Einheit (es wurden z.T. über zwei Jahre!).

Am 27.3.1915 entschied Admiral Haus, dass er nur den Bau von vier Booten dieses Vorkriegs-Entwurfs bewilligen werde. Ein weiser Entschluss, er wusste, dass die Boote zu klein, technisch überholt und nur für küstennahe Einsätze geeignet waren. Den Umfang der Schwierigkeiten beim Bau erahnte er aber sicherlich nicht, sonst hätte er auch diese nicht genehmigt.

Denn die Bauabwicklung für die vier Boote gestaltete sich viel komplizierter als erwartet, führte zu massiven Reibereien mit Ungarn, das sich wieder einmal bei der Vergabe der Zulieferungen benachteiligt fühlte, obwohl im zweiten Kriegsjahr eher die Frage drängend war, wer überhaupt noch etwas liefern konnte, wo sich doch bereits überall Ressourcenknappheit einstellte. Ungarn forderte dabei vehement die Erfüllung der leidigen »Quote« von 1911, wonach als Budgetvorgabe für maritime Aufträge stets 36,4% der Bestellungen bei ungarischen Firmen getätigt werden mussten. Mehrere Firmen und Standorte, vielleicht zu viele, waren insgesamt in den Bau eingebunden, was zu zusätzlichem Reibungsverlust führte. Erschwerend kamen heftige persönliche Animositäten der handelnden Akteure dazu. Vor allem das Verhältnis zwischen den Vertretern der UBAG und der ungarischen Werft Ganz Danubius & Co, in deren Docks die Endausrüstung der Whitehead-Boote erfolgen sollte, war so zerrüttet, dass eine gedeihliche Kooperation kaum noch möglich war. In Summe fühlte sich die Danubius-Werft bzw. Ungarn nicht ausreichend ernst genommen und sah sich auf den Status von reinen Hilfs- und Zuarbeiten beschränkt, was als Beleidigung interpretiert wurde (man wollte keine »leeren

U 23 in Brioni im Jänner 1917, dahinter U 10 und weitere k.u.k. Unterseeboote.

Silhouette von U 23 vor einem Schlachtschiff der »Tegetthoff«-Klasse im Zentralkriegshafen Pola.

Hüllen« oder »nackte Schalen« bauen, wie Danubius mehrfach betonte).

Ursprünglich sollte nur ein Boot in Pola gebaut werden, drei in Fiume, wie schließlich nach den vielen Gesprächen von Edgar Graf Hoyos vorgeschlagen. Letztendlich wurden aber wegen Schwierigkeiten vor Ort nur zwei Boote in Fiume von der UBAG, der Ungarischen Unterseebootsbau AG, gebaut bzw. endausgeführt, die Rumpfkonstruktionen (für U 21 und 22) waren in Linz an der Donau gefertigt worden (die Schiffswerft Linz war 1909 von STT mehrheitlich übernommen worden). Zwei Boote wurden schließlich im Auftrag der UBAG im Seearsenal in Pola in der österreichischen Reichshälfte gefertigt, wo im Juni 1915 wieder die »Unterseebootsbauabteilung« etabliert wurde, die dort in der Werft des Seearsenals schon die Lake-Boote U 1 und U 2 in Lizenz gebaut hatte. Die Leitung übernahm Schiffbau-Oberingenieur Franz Sokol (*4.9.1879 Pilsen - † 21.12.1962 ebenda). Die Bauausführung zeigte die täglichen Qualen und Mühen der überall um sich greifenden Mangelwirtschaft im Materialbereich schon in drastischer Weise; auch das Fehlen vieler qualifizierter Arbeiter, die an die Front abgezogen oder längst gefallen waren, wurde spürbar zum Problem. Die Qualität der Arbeiten war auch nicht besonders zufriedenstellend.

Die vier Boote erhielten die Kennungen U 20 bis U 23. Die beiden Boote in Fume, U 21 und 22, wurden offiziell bereits

Blick in den Bugraum der U 20-Klasse. Die beiden Torpedorohre waren übereinander angeordnet; das Innenfoto stammt von U 21.

am 29.3.1915 bei der UBAG auf Kiel gelegt, die beiden im Seearsenal Pola am 29.9.1915 und 8.12.1915. Die Stapelläufe erfolgten 1916/17, fertiggestellt wurden die zwei Boote in Fiume erst im August und November 1917, jene in Pola ebenfalls erst im Oktober und November 1917. Beide Hersteller überschritten damit die geplanten Fertigstellungstermine erheblich.

Und noch ein leidiges Problem der k.u.k. Kriegsmarine trat wieder in Erscheinung, da erstmals Unterseeboote ein und derselben Klasse nicht alle in einer Reichshälfte gebaut worden waren: unterschiedliche technische Standards im Detail, wie Fabrikate von Hilfsmaschinen, diversen Kleinteilen und

sogar Schrauben; es wurden auch nicht völlig idente Konstruktionspläne verwendet. (Vergleichbare Probleme gab es bei vielen Bauten für k.u.k. Schiffsklassen in den beiden Reichshälften, wo die Baureihen dann oft in eigene Klassen geteilt werden mussten und auch der Unterhalt verschiedener Ersatzteillager im Arsenal notwendig war.)
Die vier technisch überholten, nicht besonders großen und ohne jede Überzeugung gebauten U-Boote bewährten sich im Kriegseinsatz nicht, es gab viele technische Probleme. Mehrere Feindfahrten wurden durchgeführt, es gab aber überhaupt keine Versenkungserfolge, dafür jedoch zwei Kriegsverluste, beide 1918: U 23 wurde vor Valona (Vlorë), Albanien durch das italienische Torpedoboot »Airone« versenkt. U 20 wurde in der nördlichen Adria vom italienischen U-Boot F 12 versenkt, es gab in beiden Fällen keine Überlebenden. (Das Wrack von U 20 blieb im seichten Wasser ein Hindernis für lokale Fischer und wurde 1962 geborgen. Der Turm des Bootes ist heute im HGM, dem Heeresgeschichtlichen Museum in Wien, ausgestellt.)

U 20-Klasse – Typ Havmanden (4 Boote)	
SM U 20	
Kiellegung	20.9.1915; Stapellauf: 18.9.1916; Indienststellung: 20.10.1917
Bauwerft	Seearsenal Pola/Schiffswerft Linz – als UBAG-Auftrag für k.u.k. Marine gebaut
Verbleib	am 04.07.1918 vor der Mündung des Tagliamento durch Torpedo italienisches U-Boot F 12 versenkt
SM U 21	
Kiellegung	29.3.1915; Stapellauf: 15.8.1916; Indienststellung: 15.8.1917
Bauwerft	UBAG (Whitehead) Fiume
Verbleib	1920 an Italien; Abbruch
SM U 22	
Kiellegung	29.3.1905; Stapellauf: 27.1.1917; Indienststellung: 23.11.1917
Bauwerft	UBAG (Whitehead) Fiume
Verbleib	1920 an Frankreich; Abbruch
SM U 23	
Kiellegung	8.12.1915; Stapellauf: 5.1.1917; Indienststellung: 25.11.1917
Bauwerft	Seearsenal Pola/Schiffswerft Linz – als UBAG-Auftrag für k.u.k. Marine gebaut
Verbleib	am 21.2.1918 vor Valona, Albanien durch italienisches Torpedoboot »Airone« versenkt
Anmerkungen	Einhüllenboote, basierend auf der »Havmanden«-Klasse, die ab 1911 von Whitehead für die Königlich-Dänische Marine gebaut worden war. Bei Kriegsbeginn 1914 bereits technisch überholt; mangels brauchbarer Alternativen an sofort verfügbaren Konstruktionsplänen wurden dennoch 1915 bei der neu gegründeten Ungarischen U-Boot-Bau Aktiengesellschaft (UBAG) die vier Boote in Auftrag gegeben.
Technische Daten	
Abmessungen	Länge 38,8 m, Breite 3,6 m, Tiefgang 2,75 m
Verdrängung	240 ts (über Wasser), 273 ts (unter Wasser)
Maschinenanlage	Ein 6-Zylinder-Viertakt-MAN-Diesel mit 450 PS Für Unterwasserfahrt: Ein Elektromotor mit 160 PS Höchstgeschwindigkeit 12 Knoten (9 Knoten unter Wasser), 1 Welle
Bewaffnung	1× 7 cm L/26 Škoda 2 × Torpedorohre 45 cm (Bug); 4 Torpedos
Besatzung	15 Mann

9. Acht deutlich größere Küsten-U-Boote des deutschen Typs UB II als Lizenzbauten: die U 27-Klasse (U 27–U 32, U 40, U 41)

Ursprünglich wollte man, wie zuvor kurz erwähnt, vom Typ »Havmanden« gleich zehn Boote bauen, bis Admiral Haus im März 1915 ein Machtwort sprach und die Gesamtzahl (vernünftigerweise) auf wenigstens nur vier begrenzte. Er genehmigte den Bau dieser vier wie gesagt auch nur deshalb, weil keine anderen Alternativen sofort greifbar waren. Aber Österreich-Ungarn war noch immer eine Großmacht und deshalb waren nur diese vier Neubauten allein auch seines Erachtens für die k.u.k. Marine im Kriegsjahr 1915 nicht genug. Nun wurde weiterhin nach möglichen Typen gesucht, die zum schnellen Bau in Österreich-Ungarn in Frage kamen. Es geisterten zahlreiche Ideen herum, sogar die des Nachbaus der niederländischen »Kolonialboote« der Firma Whitehead wurde ernsthaft vorgeschlagen. Ende Juli 1915 sprach Admiral Haus erneut ein Machtwort und legte fest, dass nur bereits bewährte und erprobte Typen des deutschen Verbündeten in Frage kämen, konkret die deutlich größeren Küsten-U-Boote des Typs UB II.

Der Typ UB II war eine Weiterentwicklung der UB I-Boote. »Die kleinen UB-Boote hatten zwar die an sie geknüpften Erwartungen übertroffen; ihr Anwendungsbereich, ihre Seeausdauer und ihre Bewaffnung waren jedoch den gestiegenen Anforderungen des Ubootkrieges bei weitem nicht gewachsen«, so der führende deutsche U-Bootexperte Eberhard

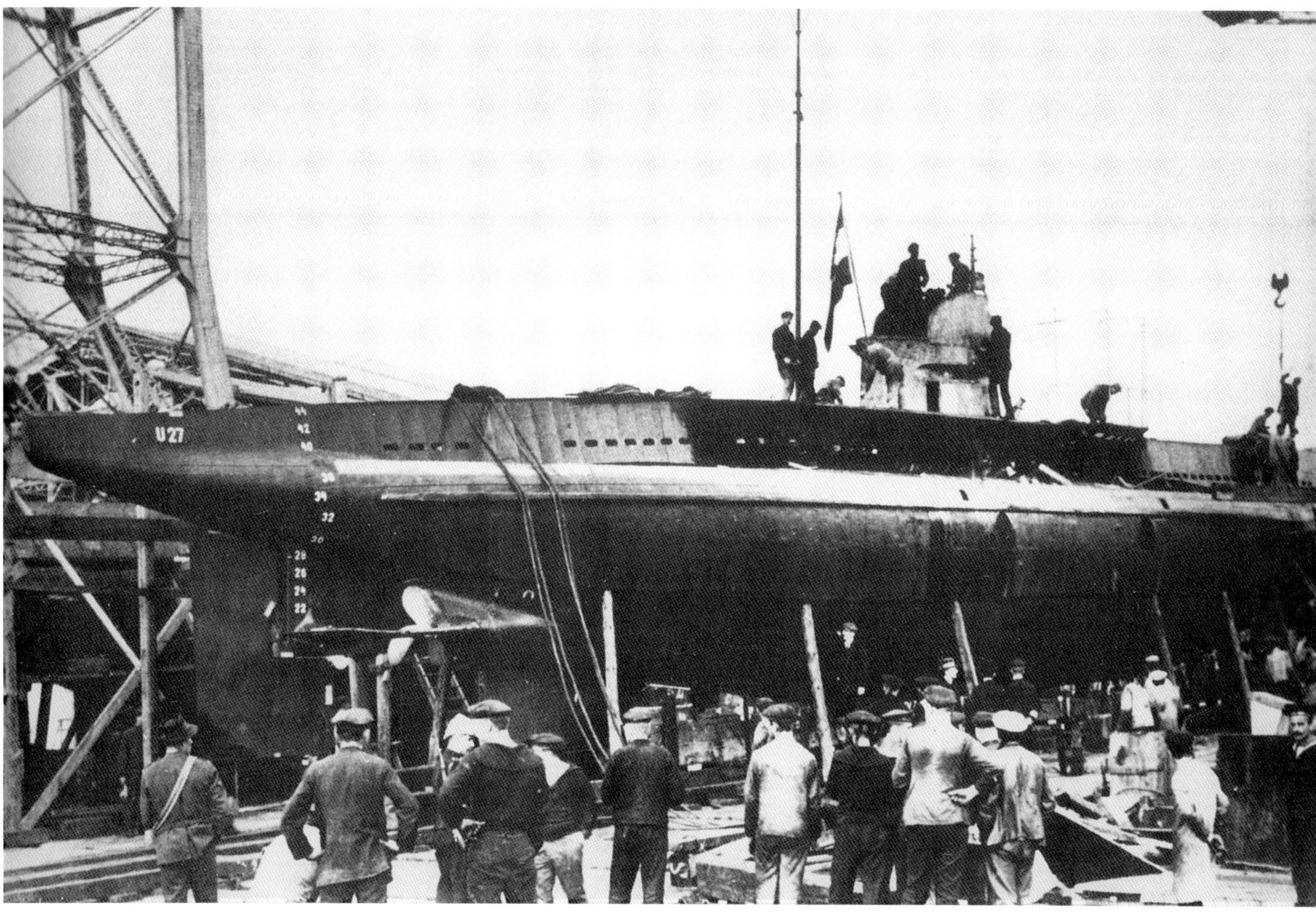

Auf U 23 (Typ »Havmanden«) folgte U 27 als Typschiff einer neuen Klasse von UB II-Booten als Lizenzbauten. Die k.u.k. Nummern U 24 und 25 waren an die kleinen deutschen Minenleger-Boote UC 12 und UC 13 (Typ UC I) vergeben worden, U 26 an das kleine deutsche Boot UB 14, alle waren per Eisenbahntransport nach Pola gekommen, verblieben aber operativ bei der Kaiserlichen Marine. Das Foto zeigt U 27 beim Bau durch CNT im Seearsenal Pola, kurz vor dem Stapellauf am 19.10.1916. Der Bau dieses bewährten deutschen Typs verlief jedenfalls viel problemloser als der Bau des eigenen »Havmanden«-Entwurfs.

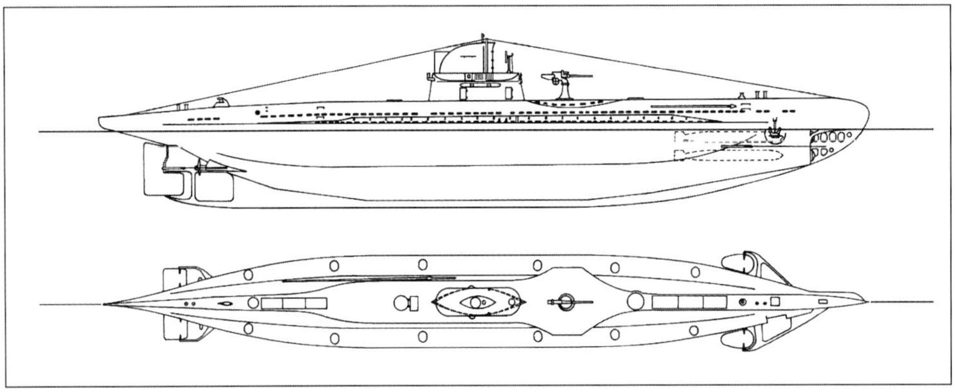

U 27-Klasse, deutscher Typ UB II. (Skizzen Prof. Erwin Sieche)

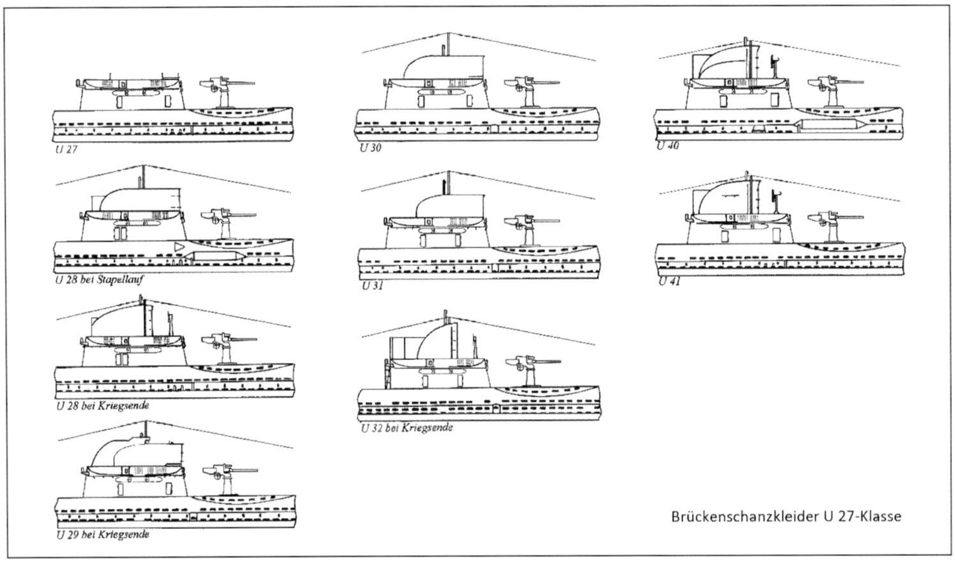

Brückenschanzkleider U 27-Klasse

Der Typ UB II war eine sehr substantielle Weiterentwicklung der UB I-Boote aus dem Frühjahr 1915, zwar ebenfalls grundsätzlich für den küstennahen Einsatz gedacht, jedoch im Vergleich zum Typ UB I sehr vergrößert, sodass auch viel weitreichendere Operationen möglich waren (sie hatten etwa die doppelte Größe). Damit waren bezüglich Seetauglichkeit und Reichweite völlig andere Dimensionen vorgegeben. Die deutsche Konzeptidee war nicht länger der Einsatz von Flanderns Küste aus gegen England, sondern »Küsten-U-Boote« meinte hier eigentlich »Nicht-Atlantik-U-Boote«. Auf Österreich umgerechnet, waren die Boote nicht nur für den Einsatz in der Adria, sondern im ganzen Mittelmeer geeignet. Das Foto zeigt das k.u.k. Typschiff U 27.

SM U 27 vertäut vor den großen Docks der Oliveninsel in Pola am Ausrüstungskai, aufgenommen am 8.1.1917.

Rössler (»Geschichte des deutschen Ubootbaus«, Bd. 1, S. 76ff). Als »Projekt 39« legte deshalb die Ubootinspektion (UI) des Reichsmarineamtes im April 1915 einen vergrößerten Entwurf für ein Küsten-U-Boot vor, der später die Bezeichnung UB II erhielt. Diese UB II-Konstruktion war ebenfalls grundsätzlich für den küstennahen Einsatz gedacht, jedoch im Vergleich zum Typ UB I stark modifiziert und vor allem sehr vergrößert, sodass auch viel weitreichendere Operationen möglich waren. Sie hatten etwa um ca. 130 ts mehr Verdrängung (also etwa die doppelte Größe) und damit eröffneten sich natürlich ganz andere Möglichkeiten, auch Seetauglichkeit und Reichweite wiesen eine völlig andere Dimension auf. Die Konzeptidee war nicht länger der Einsatz von Flanderns Küste aus gegen England, sondern »Küsten-U-Boote« meinte hier eigentlich »Nicht-Atlantik-U-Boote«.

Für Österreich-Ungarn umgerechnet bedeutete dies, dass der Typ zu Operationen weit außerhalb der Adria, im gesamten Östlichen Mittelmeer in der Lage sein würde. Besonders problematisch war bei den UB I-Booten das Vorhandensein nur eines schwachen Dieselmotors gewesen, er erlaubte erstens nur eine sehr geringe Geschwindigkeit und zweitens war das Boot bei einem Motordefekt sofort bewegungsunfähig. Die wichtigsten Verbesserungen von UB I auf UB II waren schon allein die zwei (auf zwei Wellen wirkenden) Diesel-Motoren, zwei leistungsfähigere E-Maschinen, dazu die sehr substantielle Vergrößerung der Reichweite über und unter Wasser. Die Zahl der Torpedorohre blieb zwar die gleiche, aber nun gab es auch die Möglichkeit zur Mitführung von mindestens zwei Reserve-Torpedos.

Für Österreich-Ungarn wichtige Nachteile ergaben sich aber aus der aufgrund der Größe nur mehr sehr beschränkten Transportmöglichkeit per Eisenbahn. Eigentlich wurde eine solche überhaupt erst nachträglich vorgesehen, da die Kaiserliche Marine selbst die UB II-Boote auch im Mittelmeer verwenden wollte, sie aber für eine Eigenfahrt Nordsee-Adria doch deutlich zu klein waren. Da der Durchmesser des Bootskörpers für den Eisenbahntransport zu groß war, wurde nun auch die Möglichkeit einer Längsteilung in der Konstruktion berücksichtigt. Die klassischen deutschen U-Bootwerften waren aber so sehr ausgelastet, dass sie sich nach Genehmigung der Pläne durch die Ubootinspektion kurzfristig nicht in der Lage sahen, Aufträge der Kaiserlichen Marine für diesen neuen Typ zu übernehmen. Die Weserwerft sagte

Das Boot U 27 einlaufend in der Bocce di Cattaro. Die k.u.k. Boote dieses Typs operierten vorwiegend im Östlichen Mittelmeer, wobei sie, neben mehreren Kriegsschiffen, etwa 105.000 BRT an feindlicher Handelsschiffs-Tonnage versenkten.

Für ein schönes Foto: Geschützmanöver auf U 27. Am Geschütz der Kommandant selbst, Teufel von Fernland.

Hier posiert der Großteil der Mannschaft von U 27 für ein schönes Souvenirfoto für daheim.

schließlich doch den Bau von sechs UB II-Booten zu. Die ersten deutschen Boote des Typs (beginnend mit UB 183) wurden aber am 30.4.1915 bei Blohm & Voss in Hamburg in Auftrag gegeben, d.h. an eine Werft, die bisher noch keine Erfahrung mit U-Booten hatte; nur die Boote UB 42 bis UB 47 wurden von der Bremer AG Weser gebaut.

Seitens Österreich-Ungarns wurde bei diesem Projekt aber eigentlich ohnehin von Anfang an eher der Lizenzbau angestrebt (und schließlich auch vereinbart), wenngleich auch hier einzelne Spezialteile vormontiert aus Deutschland geliefert wurden, was sehr zum Erfolg des Projektes beitrug.

So schnell schießen die Preußen aber nicht, wie man traditionell in Österreich sagt. Deutschland zeigte sich anfangs nämlich sehr zurückhaltend mit der Herausgabe von Konstruktionsplänen. Dem k.u.k. Marineattaché in Berlin, Korvettenkapitän Hieronimus Graf Colloredo-Mannsfeld, wurde mitgeteilt, dass die Sache »sehr kompliziert« sei, man hielt ihn hin. Da ergriff die österreichische Werft CNT (Cantiere Navale Triestino) aus Monfalcone die Initiative und verhandelte erfolgreich direkt mit der Bremer AG Weser um Überlassung von Plänen, gegen eine Lizenzgebühr. (vgl. Aichelburg: »Die Unterseeboote Österreich-Ungarns«, Bd. 1, S. 110ff)

Die sehr grenznahe Stadt Monfalcone war seit 1915 von italienischen Truppen besetzt (bis 1917), die Werft fertigte aber nun in Pola und Budapest. Es stellte sich vor allem politisch die Frage, ob die Werften solche Verhandlungen im Krieg so einfach durchziehen dürften, weshalb noch diplomatische Nachverhandlungen auf offizieller Ebene geführt werden mussten. Ende August 1915 fand man eine Lösung, wonach die Weser Werft der CNT die Generalvertretung für Österreich-Ungarn übertragen würde, gemeinsam mit der Lizenz zum Nachbau von sechs Booten gegen (mäßige) Gebühren, »abgesegnet« von oben, d.h. von der Regierungsebene, da das Projekt im gemeinsamen Interesse war. Im September 1915 konnten die ersten Pläne in Bremen abgeholt werden.

Cantiere Navale Triestino als Generalvertreter durfte die Pläne auch an andere Werften in Österreich-Ungarn weitergeben. Die Werft baute vorerst überhaupt nur zwei Boote selber (U 27 und U 28), während vier Boote (U 29–U 32) an Ganz Danubius & Co. gingen. CNT baute kriegsbedingt am Standort Pola (im Seearsenal), später wurde teilweise auch in Budapest auf der dortigen DDSG-Werft vorgebaut, mit der CNT vertraglich zusammenarbeitete. Ganz Danubius baute z.T. in seinen Werken in Budapest vor, die Teile wurden 1916/17 zerlegt per Bahn nach Fiume zum Fertigbau transportiert, die Boote dann zur Endausrüstung und Indienststellung (aus eigener Kraft) von Fiume nach Pola überstellt.

Deutschland legte dann auch keine Hindernisse in den Weg, als später beschlossen wurde, acht statt sechs Boote bauen zu wollen, nämlich zwei weitere durch CNT, welche die Nummern U 40 und U 41 erhielten.

Auch der Bau dieser Boote und die Erhöhung der Stückzahl von 6 auf 8 mussten von den Gremien des »Ministerrats für gemeinsame Angelegenheiten« abgesegnet werden, was im Oktober 1915 erfolgreich geschah. Die königlich-ungarische Regierung bestand natürlich wieder vehement auf ihrer »Quote«, was einige Probleme verursachte und schließlich zur o.a. Vergabe von gleich vier Booten an Ganz Danubius geführt hatte, obwohl der »rechtmäßige Anteil« an den Auf-

In der Bildmitte U 27 (nach Umgestaltung des Turms) im Stützpunkt in Genovic, im Vordergrund das große und besonders erfolgreiche deutsche U 35, dahinter das große deutsche U 63. Das Boot U 27 war eines der erfolgreichsten k.u.k. U-Boote, es versenkte zahlreiche Handelsschiffe und torpedierte im Juni 1917 vor Kreta den japanischen Zerstörer »Sakaki«, dessen Vorschiff sank (59 Tote), und versenkte dann im Mai 1918 den britischen Zerstörer HMS »Phoenix«.

U 28, das zweite Boot der k.u.k. Lizenzbaureihe, in Pola kurz vor dem Stapellauf am 8.1.1917. Es war ebenfalls sehr erfolgreich im Handelskrieg im Östlichen Mittelmeer.

Detailaufnahme der Bugpartie von U 28. Die messerförmige Konstruktion sollte dem Durchtrennen von Netzsperren dienen.

Der Blick in die Turmverkleidung von U 28, von SMS »Gäa« aus fotografiert, zeigt die vier kleinen Sitzgelegenheiten für die Brückenbesatzung.

U 28 mit einer Besonderheit an Deck, dem weißen Blechring als österreichisches Fliegererkennungszeichen. Der Blechring war in der Mitte zusammenklappbar, mit Flügelschrauben an Deck befestigt und auf der Rückseite dunkelblau gestrichen.

U 28 eingedockt in der Bocce, Heckansicht.

U 28 im Dock in der Bocce, Schrauben und Ruderblatt sind hier gut zu erkennen.

Ein inszeniertes Foto mit einem Geschützmanöver mit der 7,5 cm von Škoda auf U 28, die halbe Mannschaft nimmt daran teil und hat offensichtlich auch Spaß dabei.

Das bei Danubius gebaute UB II-Boot U 29 bei einem Anlegemanöver auf Brioni.

Das Boot U 31 in Bau bei Danubius in Bergudi in Fiume. Die Aufnahme stammt vom Februar 1917, der Stapellauf erfolgte am 20.3.1917.

U 30 am Ausrüstungskai bei Danubius in Fiume im Jänner 1917. Der Stapellauf war am 27.12.1916 erfolgt. Das Boot ist seit Anfang April 1917 in der südlichen Adria vermisst, es gibt auch aus den Feindakten keinen Hinweis auf den Verbleib. Angenommen werden kann am ehesten ein Minentreffer (Otranto-Sperre?) oder ein Unfall.

trägen und Lieferungen oft in der Praxis kaum noch erbracht werden konnte. In typischer k.u.k. Manier wurden aber immer wieder »diplomatische« Kompromisslösungen gefunden (Österreich ist aufgrund seiner historischen Erfahrungen mit Ost- und Südosteuropa bekannt für Kompromisse, den österreichischen Diplomaten wirft man ja heute noch vor, schon einen Kompromiss zu suchen, bevor sie das Problem ganz verstanden haben.) Im Vergleich zu den »Havmanden«-Booten der UBAG funktionierten die Abläufe beim Bau zumindest viel reibungsloser und besser.

Konstruktiv wurde in Österreich-Ungarn eine ganze Reihe von Änderungen an den Booten vorgenommen, da erstens neue Erfahrungen vom Einsatz seitens der Kaiserlichen Marine vorlagen und zweitens auch eigene Erfahrungen aus dem Mittelmeer-Bereich berücksichtigt wurden.

Die Kiellegungen der vier Boote bei CNT erfolgten Mai/Juni und September bzw. November 1916, die bei Danubius im März und Juni 1916, die Stapelläufe von Oktober 1916 bis November 1917. Die Indienststellungen der CNT-Boote fanden von Februar 1917 bis Februar 1918 statt (U 41 war dabei

Ein k.u.k Boot vom Typ UB II, sehr wahrscheinlich U 31, nach anderer Beschriftung soll es sich um U 47 handeln, offensichtlich bei Rückkehr von einer Feindfahrt fotografiert, mit z.T. angetretener Besatzung. Im Hintergrund SM Panzerkreuzer »Sankt Georg«.

U 32 in der Bocce im Sommer 1918. Das Boot sieht recht mitgenommen aus und liegt hoch aus dem Wasser, offenbar bei Rückkehr von einer längeren Feindfahrt aufgenommen.

Ein UB II-Boot mit Einblick in den Aufbau des Rumpfes. Es zeigt wahrscheinlich U 40 (nach anderer Beschriftung U 31 oder U 41) in Bau.

Auf U 32 folgte in der k.u.k. Marine U 40, ebenfalls Typ UB II bzw. U 27-Klasse. Die k.u.k. Nummern U 33 bis U 39 wurden an deutsche Hochseeboote vergeben, die in der Kaiserlichen Marine auch genau diese Nummern geführt hatten. Das Foto zeigt das k.u.k. Boot U 40 in Ausrüstung in Pola 1917, der Stapellauf war am 21.4.1917 erfolgt.

Ein Mann von SM U 40 vor dem Geschütz, wohl in einem Portraitfoto für die Angehörigen daheim. Man beachte das Mützenband und das k.u.k. U-Boot-Abzeichen, das alle Seeleute der U-Boote auf der Brust trugen.

U 40 vom Typ UB II in Gjenovic mit fünf Männern für das Foto an der 7,5 cm L/30 Škoda-Kanone; daneben das halb so große U 17 vom Typ UB I und ganz im Hintergrund der Panzerkreuzer »Sankt Georg«. Der Bau von U 40 war von Spendengeldern des Flottenvereins mitfinanziert worden.

Ein Blick durch das Sehrohr von U 40 auf die eigenen Schiffe in der Bocce (hier der marineeigene Kohlenversorger »Pola«.

ein deutlicher Nachzügler), die von Danubius zwischen Januar und Juni 1917. Mehrere Boote hatten im Einsatz immer wieder erhebliche technische Probleme (Material und Antriebsanlagen), die auch zum Abbruch einiger Operationen führten. Im Großen und Ganzen waren es aber moderne und leistungsfähige U-Boote.

Die acht Boote führten im Ersten Weltkrieg zahlreiche und z.T. sehr erfolgreiche Feindfahrten (im k.u.k. Marinedeutsch »Kreuzungen« genannt) im Mittelmeer durch, fast ausnahmslos im Östlichen Mittelmeer, wobei sie etwa 105.000 BRT an feindlicher Handelsschiffs-Tonnage versenkten, dazu wurden mehrere Kriegsschiffe versenkt oder beschädigt, auch und vor allem außerhalb der Adria: U 27 torpedierte im Juni 1917 vor Kreta den japanischen Zerstörer »Sakaki«, dessen Vorschiff sank, und versenkte im Mai 1918 den britischen Zerstörer HMS »Phoenix«. U 29 torpedierte im April 1918 vor

Mit zunehmender Luftbedrohung erhielten einige U-Boote ein Gestell, auf das ein Maschinengewehr zur Luftabwehr installiert werden konnte (hier U 27). Es ging aber kein k.u.k. U-Boot durch Luftangriffe verloren.

Innenaufnahme von U 40 mit den beiden 45-cm-Torpedorohren im Bug, fünf Torpedos wurden bei diesem Typ mitgeführt. Der »Wohnraum« für die Besatzung war dort, wo dazwischen etwas Platz war.

Malta den englischen Kreuzer HMS »Edgar« und U 31 im Oktober 1918 vor Albanien den Kreuzer HMS »Weymouth«. Es gab einen Kriegsverlust: U 30 lief am 31.03.1917 aus der Bocce zu einer Feindfahrt aus und gilt seit April 1917 als vermisst; es sind keine Feindberichte über diese Versenkung überliefert, wahrscheinlich gab es einen Minentreffer (Otranto-Sperre?) oder einen Unfall.

U 27-Klasse – Deutscher Typ UB II (8 Boote)	
SM U 27	
Kiellegung	25.5.1916; Stapellauf: 19.10.1916; Indienststellung: 24.2.1917
Bauwerft	CNT Pola
Verbleib	1920 an Italien; Abbruch
SM U 28	
Kiellegung	28.6.1916; Stapellauf: 8.1.1917; Indienststellung: 26.5.1917
Bauwerft	CNT Pola
Verbleib	1920 an Italien; Abbruch
SM U 29	
Kiellegung	3.3.1916; Stapellauf: 21.10.1916; Indienststellung: 23.1.1917
Bauwerft	Danubius, Budapest/Fiume
Verbleib	1920 an Italien; Abbruch
SM U 30	
Kiellegung	9.3.1916; Stapellauf: 27.12.1916; Indienststellung: 17.2.1917
Bauwerft	Danubius, Budapest/Fiume
Verbleib	seit April 1917 vermisst (Mine Otranto-Sperre?)
SM U 31	
Kiellegung	4.7.1916; Stapellauf: 20.3.1917; Indienststellung: 24.4.1917
Bauwerft	Danubius, Budapest/Fiume
Verbleib	1920 an Frankreich; Abbruch
SM U 32	
Kiellegung	18.7.1916; Stapellauf: 11.5.1917; Indienststellung: 29.6.1917
Bauwerft	Danubius, Budapest/Fiume
Verbleib	1920 an Italien; Abbruch
SM U 40	
Kiellegung	8.9.1916; Stapellauf: 21.4.1917; Indienststellung: 4.8,1917
Bauwerft	CNT Budapest/Pola
Verbleib	1920 an Italien; Abbruch
SM U 41	
Kiellegung	20.11.1916; Stapellauf: 11.11.1917; Indienststellung: 19.2.1918
Bauwerft	CNT Budapest/Pola
Verbleib	1920 an Frankreich; Abbruch
Anmerkungen	Zweihüllenboote, Lizenzbauten auf Basis des deutschen Typs UB II. CNT baute kriegsbedingt z.T. am Standort Pola und auch Budapest (U 27, 28, 40, 41). Ganz Danubius & Co. baute teilweise auch in Budapest, die Boote wurden 1916/17 zerlegt per Bahn nach Fiume zum Fertigbau transportiert und in Pola endausgerüstet.

Technische Daten	
Abmessungen	Länge 36,9 m, Breite 4,35 m, Tiefgang 3,7 m
Verdrängung	272 t (über Wasser), 307 t (unter Wasser)
Maschinenanlage	Zwei Dieselmotoren, jeweils 150 PS Für Unterwasserfahrt: Zwei Elektromotoren, jeweils 140 PS Höchstgeschwindigkeit 9 Knoten (7,5 Knoten unter Wasser), 2 Wellen
Bewaffnung	1× 7,5 cm L/30 Škoda 2 × Torpedorohre 45 cm (Bug): 5 Torpedos
Besatzung	19 Mann

10. Zwei angekaufte Boote des deutschen Typs UB II: U 43 und U 47

1917 wurde die k.u.k. U-Boot-Waffe noch um zwei Einheiten des Typs UB II erweitert, die Kaiserlich-Deutschen Boote UB 43 und UB 47 wurden 1917 angekauft. Die Initiative dazu ging offensichtlich von Deutschland aus, da in der Kaiserlichen Marine ein Mangel an ausgebildetem Personal für U-Boote bestand und deshalb in Wien angefragt wurde, ob man nicht zwei gebrauchte Boote günstig kaufen möchte. Die beiden Boote waren in Deutschland bei der Weser-Werft in Bremen gebaut worden, UB 43 wurde im September 1915 auf Kiel gelegt, lief im April 1916 vom Stapel und stellte am

Vorne U 43 oder U 47 in Gjenovic nach Kriegsende am 3.4.1919, dahinter U 41.

24.4.1916 in Dienst. UB 47 wurde im September 1915 auf Kiel gelegt, lief im Juni 1916 vom Stapel und stellte 4.7.1916 für die Kaiserliche Marine in Dienst. Sie waren beide 1916 zerlegt per Bahn nach Pola transportiert worden.

Nach Frontverwendung im Mittelmeer wurden sie in stark gebrauchtem und erheblich abgenutztem Zustand von Österreich-Ungarn angekauft und am 30.7.1917 in Pola übernommen.

U 43 hatte als deutsches UB 43 bereits zehn erfolgreiche Feindfahrten im Mittelmeer absolviert und dabei 22 Handelsschiffe versenkt sowie den Kreuzer HMS »Grafton« durch Torpedierung beschädigt.

U 47 hatte als deutsches UB 47 auf sieben Feindfahrten insgesamt 18 Handelsschiffe versenkt, sowie an Kriegsschiffen am 27.12.1916 in der Ägäis das französische Vor-Dreadnought Schlachtschiff »Gaulois« (Stapellauf 1896; 11.300 ts) und den französischen (ex griechischen) Zerstörer »Doxa«.

Beide unternahmen noch mehrere Kreuzungen als k.u.k U-Boote im Mittelmeer, hatten aber häufige Liegezeiten wegen Reparaturen. U 43 konnte unter österreichischer Flagge

nur einen Frachter versenken, U 47 zwei Frachter und am 20.09.1918 das französische U-Boot »Circé«: Beide überlebten den Krieg.

Die deutschen Boote UB 42 bis UB 47 vom Typ UB II kamen 1916 per Eisenbahntransport nach Pola und wurden für die Kaiserliche Marine eingesetzt, allerdings als U 42 bis U 47 für die k.u.k. Kriegsmarine registriert, die sich weiterhin beharrlich weigerte, die Kennungen UB und UC in namensgebender Form zu übernehmen. Von diesen sechs Booten wurden später U 43 und U 47 von Österreich-Ungarn angekauft. Hier U 43 (ex UB 43) in Pola, während einer Inspektion von Kaiser Karl I. an Bord (bei dessen Besuch in Pola am 27.7.1917), kurz vor der der offiziellen Übernahme durch die k.u.k Marine am 30.7.1917. Die deutsche Flagge ist bereits eingeholt, die österreichisch-ungarische noch nicht gehisst.

Die beiden angekauften deutschen UB II-Boote U 42 und U 47 wurden am 30.7.1917 von der k. u. k. Kriegsmarine übernommen und am gleichen Tag in Dienst gestellt, sie befanden sich aufgrund starker Abnutzung und intensivem Gebrauch in recht schlechtem Zustand. Hier U 43 eingedockt bei Danubius für Reparaturen im April 1918. Aufgrund der vergleichsweisen kurzen Dienstzeit für Österreich-Ungarn existieren wenige Fotos.

U 47 in einer Aufnahme auf Brioni.

Die Mannschaft von U 47 versucht sich, in einer etwas inszenierten Aufnahme, an Deck im Kochen mit der Lötlampe.

U 43-Klasse – Deutscher Typ UB II (2 Boote)	
SM U 43 (ex-Kaiserlich-Deutsche Marine UB 43)	
Kiellegung	3.9.1915; Stapellauf: 8.4.1916; Indienststellung: 24.4.1916 für Deutschland (a.D. 21.7.1917) und 30.7.1917 i.D. für Österreich-Ungarn
Bauwerft	Weserwerft Bremen/Zusammenbau im Seearsenal Pola
Verbleib	1920 an Frankreich; Abbruch
SM U 47 (ex-Kaiserlich-Deutsche Marine UB 47)	
Kiellegung	4.9.1915; Stapellauf: 17.6.1916; Indienststellung: 4.7.1916 für Deutschland (a.D. 21.7.1917) und 30.7.1917 i.D. für Österreich-Ungarn
Bauwerft	Weserwerft Bremen/Zusammenbau im Seearsenal Pola
Verbleib	1920 an Frankreich; Abbruch
Anmerkungen	Zweihüllenboote des deutschen Typs UB II. Im deutschen Marinejargon wurde der Typ auch „UB-Quadrat-Boote“ oder „UB-zwo-Boote“ genannt. Am 24.4.1916 (UB 43) und 4.7.1916 (UB 47) für die Kaiserliche Marine im Mittelmeer in Dienst gestellt. Nach Frontverwendung in stark gebrauchtem Zustand von Österreich-Ungarn angekauft und am 30.7.1917 übernommen.
Technische Daten	
Abmessungen	Länge 36,9 m, Breite 4,35 m, Tiefgang 3,7 m
Verdrängung	272 t (über Wasser), 307 t (unter Wasser)
Maschinenanlage	Zwei Dieselmotoren, jeweils 150 PS Für Unterwasserfahrt: Zwei Elektromotoren, jeweils 140 PS Höchstgeschwindigkeit 9 Knoten (7,5 Knoten unter Wasser), 2 Wellen
Bewaffnung	1 × 8,8 cm L/30 (deutsche Originalausstattung) 2 × Torpedorohre 50 cm (Bug), 4–5 Torpedos
Besatzung	19 Mann

11. Die Front entfernt sich von den Werften

Seit 1915 tobte unweit der Werftstandorte Fiume und Triest, im Bereich des Isonzo-Flusses, ein blutiger Krieg, vorwiegend ein Gebirgskrieg, den es historisch so noch nie über einen längeren Zeitraum gegeben hatte. Nicht weniger als elf verlustreiche »Isonzo-Schlachten« wurden von Österreich-Ungarn bis 1917 gegen einen zahlenmäßig weit überlegenen Gegner geschlagen, die kaum Bewegung in die Front brachten. Im Hauptquartier der k.u.k Armee in Baden bei Wien war man danach aber zur Erkenntnis gelangt, dass ein nochmaliger Angriff der Italiener nicht mehr würde abgewehrt werden können. Man sah als einzige Möglichkeit, mit den schwachen Kräften, die zur Verfügung standen und zusammen mit deutscher Verstärkung, selbst zum Angriff überzugehen.

Für diesen Zweck wurde die 14. Armee als ein gemischter deutsch-/österreich-ungarischer Verband neu aufgestellt, das Kommando führte der deutsche, aus Danzig stammende General Otto von Below (* 1857 - † 1944). Diese 12. Isonzo-Schlacht begann am 24.10.1917 mit einem gut vorbereiteten Angriff der 14. Armee und zahlreicher k.u.k. Verbände gegen numerisch deutlich überlegene italienische Kräfte. Sie endete mit dem »Wunder von Karfreit« (italienisch Caporetto, slowenisch Kobarid), einem vollen Frontdurchbruch bzw. einer katastrophalen Niederlage der Italiener, die mehr als 300.000 Mann (davon 270.000 als Kriegsgefangene) und die Hälfte ihrer schweren Artillerie sowie Unmengen an Ausrüstung verloren. Weitere 300.000 Soldaten waren versprengt und mussten wieder gesammelt werden. Erst am Fluss Piave, kurz vor Venedig, konnte die italienische Front wieder stabilisiert werden. Das hatten die Operationsziele so nie vorgesehen. Für Triest, ganz Istrien und natürlich auch Fiume bedeute das, dass die Front für den Rest des Krieges nun sehr weit weg war.

Dieser gewaltige Sieg hat sicherlich den Krieg nochmals deutlich verlängert und den Mittelmächten natürlich neue, vergebliche Hoffnung gegeben. Monfalcone wurde zurückerobert, die dortige Werft Cantiere Navale Triestino war aber schwer in Mitleidenschaft gezogen worden (sie war nach der Sprengung teilweise auch von österreichischer Artillerie schwer beschossen worden). Obwohl alle wichtigen Werf-

ten nun vom Druck der Frontnähe befreit waren, herrschte bereits so dramatischer Mangel an Material und Facharbeitern, dass der U-Boot-Bau keinen echten Aufschwung mehr erleben konnte.
Seltsamerweise war gerade in der zweiten Hälfte des Krieges ein heftiger Kampf der großen Werften um Aufträge im U-Boot-Bau entbrannt, obwohl es kriegsbedingt kaum noch möglich war, solche Projekte ordnungsgemäß abzuwickeln, da überall chronischer Mangel in der Versorgung bestand.

12. Weitere Neubauprojekte im Krieg

Bei allen weiteren Klassen und Typen handelt es sich nachfolgend durchwegs um Projekte, die nicht mehr vor Kriegsende fertig wurden (vgl. u.a. W. Aichelburg: »Die Unterseeboote Österreich-Ungarns«, Bd. 1, S. 172ff und Z. Freivogel »Österreichisch-ungarische Unterseeboote«; S.185ff). Diese Klassen bzw. Projekte für insgesamt 32 Boote lassen sich in drei Gruppen einteilen, mit Bezug auf die Jahre 1915, 1916 und 1918:

1. Im gemeinsamen Entscheidungsgremium der Doppelmonarchie, dem Ministerrat für gemeinsame Angelegenheiten, wurde im Oktober 1915 der Bau von sechs großen Hochsee-U-Booten grundsätzlich genehmigt und 1916 in Form von drei Bauaufträgen zu je zwei Einheiten vergeben (U 48-Klasse, U 50-Klasse und U 52-Klasse); die Aufträge gingen an drei verschiedene Werften.
2. Im November 1916 wurde der Bau von zehn U-Booten des modernen deutschen Hochsee-Typs UB III beschlossen, natürlich unter Einhaltung der »geheiligten« Bauquoten der beiden Reichshälften (Auftragsvergabe für sechs Boote von österreichischen Werften, vier von ungarischen). Die Nummerierung der österreichisch-ungarischen U-Boote begann nun, nach einem Zahlensprung, mit 101. Die Bauaufträge gingen an zwei Werften (als U 101-Klasse für Österreich und U 107-Klasse für Ungarn).
3. Im Frühjahr 1918 wurde über den Bau zusätzlicher Boote beraten und Ende September 1918 »großzügig« 16 Bauaufträge vergeben, deren Vollendung in absehbarer Zeit aufgrund Material- und Facharbeitermangels illusorisch sein musste: je zwei weitere Boote der U 48-, U 50- und U 53-Klasse an die jeweiligen Bauwerften dieser Klasse, dazu sieben Boote des deutschen Typs UB III an zwei Werften und drei 500-Tonnen-Boote an die Austria-Werft (ex STT). Der Bau wurde jeweils nur mehr organisatorisch vorbereitet, aber nirgendwo mehr substantiell begonnen.

13. Das Projekt der U 48-Klasse

Im Oktober 1915 wurde vom Ministerrat für gemeinsame Angelegenheiten dem Bau von großen U-Booten grundsätzlich zugestimmt, aber keine konkreten Typenentscheidung getroffen. Die Cantiere Navale Triestino (CNT) erhielt im Frühjahr 1916 von der Weser-Werft in Bremen die Konstruktionspläne zum Lizenzbau von großen deutschen 800-t-U-Booten, basierend auf Germania-Entwürfen, die dann konstruktiv noch deutlich abgeändert wurden und als eigentliche Konstruktionsvorlage die 1913 so unglücklich in Kiel bestellte U 7-Klasse hatten (siehe auch U 50-Klasse). Man kann sie zusammenfassend als verbesserte U 7-Klasse bezeichnen. Der Bau von diesen zwei großen U-Booten wurde im Mai 1916 vom Kriegsministerium freigegeben (mit Bezug auf die Grundsatzentscheidung vom Oktober 1915) und von der k.u.k. Kriegsmarine im Oktober 1916 bei CNT (Werk Budapest) formal in Auftrag gegeben, mit vorgesehener Endmontage in Pola.
Noch im Bau mussten erneut mehrere Änderungswünsche berücksichtigt werden. Konstruktiv sehr schnelle Boote mit leistungsstarken Motoren. Das erste Boot war bei Kriegsende knapp über 70% fertig, das zweite über 50%. Die MAN-Dieselmotoren waren in beiden Booten bereits fertig eingebaut.
Im Zuge der schon erwähnten und etwas skurrilen Kämpfe der Werften um zusätzliche Aufträge wurden dann im Frühjahr 1918 noch zwei weitere Boote auf Basis dieses Entwurfs grundsätzlich vom Kriegsministerium genehmigt. Im September 1918 erfolgten die Bauaufträge für diese beiden Boote (als U 58, U 59) an Cantiere Navale Triestino in Monfalcone. Die Boote wurden aber nur mehr ansatzweise begonnen bzw. überhaupt nur Material dafür bestellt oder Bestellungen vorbereitet.

U 48-Klasse (4 Boote in Lizenz Weser-Werft; nicht fertiggestellt)	
SM U 48	
Kiellegung	29.11.1916
Bauwerft	Cantiere Navale, Budapest/Pola, bei Kriegsende zu ca. 71% fertiggestellt
SM U 49	
Kiellegung	12.12.1916
Bauwerft	Cantiere Navale, Budapest/Pola, bei Kriegsende zu ca. 54% fertiggestellt
SM U 58	
Bauwerft	Cantiere Navale, Monfalcone, nur ansatzweise begonnen bzw. Material bestellt
SM U 59	
Bauwerft	Cantiere Navale, Monfalcone, nur ansatzweise begonnen bzw. Material bestellt
Anmerkungen	Bau von zwei großen U-Booten im Oktober 1916 bei Danubius in Budapest in Auftrag gegeben, mit Endmontage in Pola (basierend auf U 7-Klasse aus 1913 bzw. Lizenzvereinbarungen mit der Weser Werft; keinem der bekannten deutschen U-Boot-Typen direkt zuordenbar). Nachträglich im September 1918 zwei Bauaufträge auch an CNT in Monfalcone, diese aber nur mehr ansatzweise begonnen.
Technische Daten	
Abmessungen	Länge 73,25 m, Breite 6,7 m, Tiefgang 3,3 m
Verdrängung	818 t (über Wasser), 1183 t (unter Wasser)
Maschinenanlage	Zwei Dieselmotoren, jeweils 1200 PS Für Unterwasserfahrt: Zwei Elektromotoren, jeweils 600 PS Höchstgeschwindigkeit 16,5 Knoten (8,5 Knoten unter Wasser), 2 Wellen
Bewaffnung	1 × 9 cm L/35 (später abgeändert auf 12 cm L/35) 6 × Torpedorohre 45 cm (ursprünglich 53 cm vorgesehen)
Besatzung	32 Mann

14. Das Projekt der U 50-Klasse

Ebenfalls auf Basis der grundsätzlichen Zustimmung des Ministerrats für gemeinsame Angelegenheiten vom Oktober 1915 (s. U 48-Klasse) zum Bau von insgesamt sechs großen, schnellen U-Booten wurden im Februar 1916 diese beiden Boote bei Danubius in Auftrag gegeben (U 50 und U 51), basierend auf deutschen Plänen und Lizenzen der Germania Werft. Der Entwurf ist ähnlich der U 48-Klasse, als die quasi ungarische Variante, wobei die U 7-Klasse von 1913 (Typ 506d) die Entwurfsgrundlage bildete. Man kann auch sie zusammenfassend als verbesserte U 7-Klasse bezeichnen.
Der führende deutsche U-Boot-Konstrukteur Hans Techel erläutert in seiner Darstellung über den Bau der U 7-Klasse, die er schlicht die »Baunummern 203 bis 207«, nennt, den Hintergrund der Nachbestellung: »Zwei Boote desselben Typs bestellte im Dezember 1915 die österreichisch-ungarische Marine bei der Lizenznehmerin der Germaniawerft, der Firma Ganz & Co. Danubius. Die gegenüber 203 bis 207 wesentlich geänderten Pläne für diese Boote wurden in den Büros der Germaniawerft unter deren Leitung, jedoch zum größten Teil durch Personal der Firma Ganz ausgearbeitet. Gebaut wurden die Boote in Fiume, sie waren am Schluß des Krieges, zum Ablauf mit eingesetzten Maschinen fertig.« (Techel, a.a.O., S.92)
Der Vorbau sollte in Budapest erfolgen, mit Fertigstellung geplant in Fiume. Kiellegungen 1917, ein Boot war bei Kriegsende zu ca. 90% fertig, ein weiteres zu 60%.
Nachträglich wurden auch hier Ende September 1918 noch zwei weitere Bauaufträge Danubius vergeben (als U 56, U 57), die Fertigung dafür aber nur mehr ansatzweise begonnen bzw. nur Materialbestellungen vorbereitet. »Ueber ein anderes, gegenüber diesen Booten noch weiter verbessertes Projekt für die österreichisch-ungarische Marine waren die Verhandlungen am Ende des Krieges fast zum Abschluß gekommen.« (Techel, a.a.O., S.92).

U 50-Klasse (4 Boote in Lizenz Germania Werft; nicht fertiggestellt)	
SM U 50	
Kiellegung	26.3.1917
Bauwerft	Danubius, Budapest/Fiume, bei Kriegsende zu ca. 60% fertiggestellt
SM U 51	
Kiellegung	26.3.1917
Bauwerft	Danubius, Budapest/Fiume, bei Kriegsende zu ca. 90% fertiggestellt
SM U 56	
Bauwerft	Danubius, Budapest/Fiume, nur ansatzweise begonnen bzw. Material bestellt
SM U 57	
Bauwerft	Danubius, Budapest/Fiume, nur ansatzweise begonnen bzw. Material bestellt
Anmerkungen	Bau von zwei Booten 1915 in Auftrag gegeben, basierend auf U 7-Klasse aus 1913 und auf Lizenzen der Germania Werft, aber keinem der bekannten deutschen U-Boot-Typen direkt zuordenbar; ein Boot bei Kriegsende zu ca. 90% fertig, ein weiteres 60%. Nachträglich 1918 noch zwei weitere Bauaufträge vergeben, Fertigung dafür aber nur mehr ansatzweise begonnen.
Technische Daten	
Abmessungen	Länge 71,6 m, Breite 6,3 m, Tiefgang 3,8 m
Verdrängung	840 t (über Wasser), 1100 t (unter Wasser)
Maschinenanlage	Zwei Dieselmotoren, jeweils 1150 PS Für Unterwasserfahrt: Zwei Elektromotoren, jeweils 600 PS Höchstgeschwindigkeit 16,5 Knoten (9 Knoten unter Wasser), 2 Wellen
Bewaffnung	2 × 10 cm Geschütze L/35 6 × Torpedorohre (4 Bug, 2 Heck) 45 cm
Besatzung	33 Mann

15. Das Projekt der U 52-Klasse

Während im Oktober 1915 der Ministerrat für gemeinsame Angelegenheiten den Bau von großen, schnellen U-Booten grundsätzlich genehmigte und je zwei schließlich von CNT und Danubius auf Basis deutscher Konstruktionspläne in Auftrag gegeben wurden (s. Projekte der U 48- und U 50-Klasse), versuchten gleichzeitig Stabilimento Tecnico Triestino (STT) und Whitehead (als UBAG) ebenfalls eigene Entwürfe zum Bau solcher Boote vorzulegen. Der Ministerrat hatte sich dafür offen gezeigt.

Für STT war es der erste größere bzw. ernstzunehmende Versuch, in den U-Boot-Bau einzusteigen. Der Aufforderung der k.u.k. Kriegsmarine an beide Anbieter, einen gemeinsamen Entwurf vorzulegen, wurde nicht sehr ambitioniert nachgekommen. Nach der Prüfung mehrerer Entwürfe zog sich die UBAG von der Angebotslegung ganz zurück, ein Entwurf von STT wurde im August 1916 von der k.u.k. Kriegsmarine genehmigt und zwei Bauaufträge (als U 53, U 53) vergeben. Der Bau dieser beiden Hochsee-Boote auf der größten Werft der Monarchie ging aber sehr schleppend voran und die Fortschritte im Bau waren bis Kriegsende nur gering: U 52 wurde zu etwa einem Viertel fertiggestellt, U 53 gar nur zu ca.10 %. Die Traditionswerft hatte nach dem Kriegseintritt Italiens langsam ihren italienischen Namen abgelegt und nannte sich ab 7.10.1916 patriotisch die »Austria-Werft« (siehe dazu u.a. Baumgartner, Lothar/Sieche, Erwin: »Die Schiffe der k.(u.)k. Kriegsmarine im Bild«, Bd. 2, S.323–339, mit einer übersichtlichen Darstellung der Geschichte der wichtigsten Werften der Doppelmonarchie).

Auch die Austria-Werft kämpfte 1918 trotzdem um weitere Bauaufträge und erhielt nachträglich, bei der »großzügigen« Runde von Bauvergaben im September 1918, zwei weitere Bauaufträge für diese Klasse, die nummernmäßig direkt an U 53 angehängt wurden. Die Fertigung dafür wurde aber nur mehr ansatzweise begonnen bzw. nur auf dem Papier etwas Material dafür geordert.

U 52-Klasse (4 Boote; nicht fertiggestellt)	
SM U 52	
Bauwerft	Austria Werft (= STT), bei Kriegsende zu ca. 25 % fertiggestellt
SM U 53	
Bauwerft	Austria Werft (= STT), bei Kriegsende zu ca. 10 % fertiggestellt
SM U 54	
Bauwerft	Austria Werft (= STT), nur ansatzweise begonnen bzw. Material bestellt
SM U 55	
Bauwerft	Austria Werft (= STT), nur ansatzweise begonnen bzw. Material bestellt
Anmerkungen	Bau von zwei Booten 1916 bei STT in Auftrag gegeben (als Projekt A6; der Entwurf ist keinem der bekannten deutschen U-Boot-Typen der Kaiserlichen Marine direkte zuordenbar). Nachträglich im September 1918 zwei weitere Bauaufträge, Fertigung dafür aber nur mehr ansatzweise begonnen, bzw. nur Vorbereitungen auf dem Papier.
Technische Daten	
Abmessungen	Länge 76 m, Breite 6,8 m, Tiefgang 3,5 m
Verdrängung	848 t (über Wasser), 1137 t (unter Wasser)
Maschinenanlage	Zwei Dieselmotoren, jeweils 1200 PS Für Unterwasserfahrt: Zwei Elektromotoren, jeweils 740 PS Höchstgeschwindigkeit 16 Knoten (9 Knoten unter Wasser), 2 Wellen
Bewaffnung	2 × 10 cm Geschütze L/35 6 × Torpedorohre 45 cm (4 Bug, 2 Heck) 45 cm
Besatzung	40 Mann

16. Das Projekt der U 101-Klasse: Typ UB III

Dieses Bauprojekt basierte auf dem deutschen Typ UB III, der nun mit einem Küsten-U-Boot wirklich nichts mehr gemein hatte, obwohl er noch immer die dafür ursprünglich entwickelte UB-Bezeichnung führte. Es waren Zweihüllen-Hochseeboote, die für Operationen im Atlantik, um die Britischen Inseln herum und im gesamten Mittelmeer entwickelt wurden. Der Entwurf dieses Typs leitete sich vom Minenboot Typ UC II ab (Projekt 41), bei dem jedoch das Vorschiff neu gestaltet werden musste, d.h. es mussten dort im Wesentlichen die Minenschächte durch vier Torpedorohre ersetzt werden. »Im Übrigen sollte an der geglückten UC II-Konstruktion nur wenig geändert werden« (vgl. E. Rössler: Geschichte des deutschen UBootbaus, Bd. 1, S. 85).

Die österreichischen U-Boote begannen nun nach einem Zahlensprung in der Nummerierung mit 101 und waren zur Fertigung im CNT-Werk in Budapest vorgesehen, mit Endfertigung in Pola.

Überlegungen zum Nachbau des Typs UB III wurden bereits konkret im Frühjahr 1916 angestellt. Die Lizenz dazu war wieder über Cantiere Navale Triestino von der Weserwerft erworben worden, der Bau von zehn Booten Typ UB III wurde dann im November 1916 beschlossen (sechs von österreichischen Werften, vier von ungarischen, s. auch U 107-Klasse), die Nummern für die sechs österreichischen Boote vergeben als U 101 bis 106. Drei dieser Boote wurden noch auf Kiel gelegt, aber nur eines davon bis etwa zur Hälfte fertiggebaut, die anderen beiden blieben deutlich darunter. Diese drei restlichen Boote hatten bei Kriegsende einen Fertigstellungsgrad von nur ca. 15%.

Im September 1918 wurde der Bau drei weiterer Boote an CNT im inzwischen von Italien zurückeroberten Monfalcone vergeben (U 118–U 120), deren tatsächliche Fertigung aber nicht mehr ernsthaft begonnen.

U 101-Klasse (deutscher Typ UB III, 9 Boote; nicht fertiggestellt)	
SM U 101	
Kiellegung	26.12.1917
Bauwerft	Cantiere Navale, Budapest/Pola, bei Kriegsende zu ca. 47% fertiggestellt
SM U 102	
Kiellegung	26.1.1918
Bauwerft	Cantiere Navale, Budapest/Pola, bei Kriegsende zu ca. 30% fertiggestellt
SM U 103	
Kiellegung	12.5.1918
Bauwerft	Cantiere Navale, Budapest/Pola, bei Kriegsende zu ca. 15% fertiggestellt
SM U 104	
Bauwerft	Cantiere Navale, Budapest/Pola, bei Kriegsende zu ca. 15% fertiggestellt
SM U 105	
Bauwerft	Cantiere Navale, Budapest/Pola, bei Kriegsende zu ca. 15% fertiggestellt
SM U 106	
Bauwerft	Cantiere Navale, Budapest/Pola, bei Kriegsende zu ca. 15% fertiggestellt
SM U 118	
Bauwerft	Cantiere Navale Monfalcone, nur Bauauftrag vergeben
SM U 119	
Bauwerft	Cantiere Navale Monfalcone, nur Bauauftrag vergeben
SM U 120	
Bauwerft	Cantiere Navale Monfalcone, nur Bauauftrag vergeben
Anmerkungen	Basierend auf deutschem Typ UB III, Lizenzbau (von der Weser Werft). Diese sechs österreichischen Boote begannen nach einem Zahlensprung nun in der Nummerierung mit 101 (U 101–U 106) und gingen an CNT, aber mit Fertigung im CNT-Werk in Budapest und Endfertigung in Pola (Monfalcone war bis 1917 von italienischen Truppen besetzt). Im September 1918 wurde der Bau drei weiterer Boote an CNT in Monfalcone vergeben (U 118–U 120), deren Fertigung aber nicht mehr begonnen.
Technische Daten	
Abmessungen	Länge 55,1 m, Breite 5,8 m, Tiefgang 3,6 m
Verdrängung	498 t (über Wasser), 620 t (unter Wasser)
Maschinenanlage	Zwei Dieselmotoren, jeweils 530 PS Für Unterwasserfahrt: Zwei Elektromotoren, jeweils 394 PS Höchstgeschwindigkeit 13 Knoten (8 Knoten unter Wasser), 2 Wellen
Bewaffnung	1 × 10 cm Geschütze L/35 5 × Torpedorohre 45 cm (4 Bug, 1 Heck) 45 cm
Besatzung	26 Mann

17. Das Projekt der U 107-Klasse: Typ UB III

Das Projekt könnte auch gemeinsam mit der U 101-Klasse behandelt werden bzw. ist ganz in diesem Lichte zu sehen. Es handelt sich hier ebenfalls um Bauten basierend auf dem deutschen Typ UB III, nun aber als Lizenzbau von der Germania Werft, d.h. als quasi ungarische Variante. Sie waren minimal größer als die nach Plänen der Weser Werft. Der Bau von zehn Booten wurde im November 1916 beschlossen (vier in österreichischer, sechs in ungarischer Reichshälfte, s. auch U 101-Klasse), die Nummern für die vier ungarischen Boote vergeben als U 107 bis 110, die bis Kriegsende nur zwischen 20% und 35% fertiggestellt wurden, nur von zwei Booten ist dabei noch die Kiellegung dokumentiert. Sie wurden von Danubius auf der DDSG-Werft in Budapest gebaut, mit Endfertigung geplant in Fiume.

Im September 1918 wurde der Bau vier weiterer Boote an diese Werft vergeben (U 118–U 120), die Fertigung aber nicht mehr ernsthaft begonnen.

Hans Techel schreibt in seinem Buch »Der Bau von Unterseebooten auf der Germaniawerft« (S.80) zu den Booten des Typs UB III: »Für die österreichisch-ungarische Marine hat die Firma Ganz und Co. Danubius als Lizenznehmerin der Germaniawerft 4 Boote dieses Typs in Bau genommen. Für zwei dieser Boote lieferte die Germaniawerft auch die Dieselmotoren.« Die vier im September 1918 in Auftrag gegebenen Boote hat Techel offenbar gar nicht mehr registriert, sie existierten nur auf geduldigem Papier.

U 107-Klasse (deutscher Typ UB III, 8 Boote; nicht fertiggestellt)	
SM U 107	
Kiellegung	6.3.1918
Bauwerft	Danubius, Budapest/Fiume, bei Kriegsende zu ca. 35% fertiggestellt
SM U 108	
Kiellegung	22.4.1918
Bauwerft	Danubius, Budapest/Fiume, bei Kriegsende zu ca. 30% fertiggestellt
SM U 109	
Bauwerft	Danubius, Budapest/Fiume, bei Kriegsende zu ca. 25% fertiggestellt
SM U 110	
Bauwerft	Danubius, Budapest/Fiume, bei Kriegsende zu ca. 20% fertiggestellt
SM U 111	
Bauwerft	Danubius, Budapest/Fiume, nur Bauauftrag vergeben
SM U 112	
Bauwerft	Danubius, Budapest/Fiume, nur Bauauftrag vergeben
SM U 113	
Bauwerft	Danubius, Budapest/Fiume, nur Bauauftrag vergeben
SM U 114	
Bauwerft	Danubius, Budapest/Fiume, nur Bauauftrag vergeben
Anmerkungen	Basierend auf deutschem Typ UB III, Lizenzbau (von Germania Werft). Diese vier ungarischen Boote trugen die Nummern U 107–U 110 und wurden von Danubius in der DDSG-Werft in Budapest gebaut, mit Endfertigung in Fiume. Im September 1918 wurde der Bau vier weiterer Boote an diese Werft vergeben (U 118–U 120), deren Fertigung aber nicht mehr begonnen.

Technische Daten	
Abmessungen	Länge 55,8 m, Breite 5,8 m, Tiefgang 3,9 m
Verdrängung	513 t (über Wasser), 647 t (unter Wasser)
Maschinenanlage	Zwei Dieselmotoren, jeweils 530 PS Für Unterwasserfahrt: Zwei Elektromotoren, jeweils 394 PS Höchstgeschwindigkeit 13 Knoten (8 Knoten unter Wasser), 2 Wellen
Bewaffnung	1 × 10 cm Geschütze L/35 5 × Torpedorohre 45 cm (4 Bug, 1 Heck) 45 cm
Besatzung	26 Mann

18. U 115-Klasse (ähnlich UB III)

Es ist dies der letzte der nur mehr als »Phantasie-Projekte« zu bezeichnenden k.u.k. U-Boot-Typen, die längst in einer Welt gebaut wurden, die sich von der Realität gelöst hatte. Basierend auf Vergabe von insgesamt 17 Booten des modernen deutschen Typs UB III (siehe U 101- und U 107-Klasse) an CNT und Danubius drängte nun auch die Austria Werft (ex Stabilimento Tecnico Triestino) auf Aufträge für einen solchen oder ähnlichen Typ. Die Bauaufträge für drei Boote eines auf dem Typ UB III beruhenden Entwurfs wurden im Zuge einer skurrilen Welle von umfangreichen Auftragsvergaben am 24.9.1918 an die Austria-Werft vergeben, der Bau nicht mehr begonnen, sondern nur noch Materialbestellungen auf dem Papier vorbereitet. Die genauen technischen Daten sind nicht bekannt.

U 115-Klasse (ähnlich Typ UB III, 3 Boote; nur Bauaufträge vergeben)	
SM U 115	
Bauwerft	Austria Werft (= STT), nur Bauauftrag vergeben
SM U 116	
Bauwerft	Austria Werft (= STT), nur Bauauftrag vergeben
SM U 117	
Bauwerft	Austria Werft (= STT), nur Bauauftrag vergeben
Anmerkungen	Basierend auf deutschem Typ UB III. Nach Vergabe von insgesamt 17 Booten dieses Typs an Danubius und an CNT drängte auch STT (inzwischen Austria Werft) auf Aufträge für diesen modernen deutschen Typ. Bauaufträge und Bootsnummern am 24.9.1918 vergeben, Bau nicht mehr ernsthaft begonnen.
Technische Daten	
Abmessungen	ca. 55,8 x 5,8 x 3,9 m
Verdrängung	ca. 500 ts
Bewaffnung	5 Torpedorohre

V. Deutsche U-Boote unter rot-weiß-roter Flagge im Mittelmeer 1915 – 1918

1. U-Boote der Kaiserlich-Deutschen Marine kommen ins Mittelmeer

Die ersten (kleinen) Boote vom Typ UB I und UC I kamen im Frühjahr 1915 zerlegt mit der Eisenbahn nach Pola, aber für den Einsatz in den Gewässern des verbündeten Osmanischen Reiches. Am 1.4.1915 schuf die Kaiserliche Marine das »U-Boot-Sonderkommando Pola«, um den Zusammenbau der per Bahn nach Pola überführten U-Boote zu beaufsichtigen und zu unterstützen. Die kleinen U-Boote wurden nach dem Zusammenbau in Pola in die südliche Adria geschleppt und gingen von dort in türkische Gewässer, wo sie auch in die türkische Marine übernommen wurden.

Wie mehrfach erwähnt, schuf dann im Mai 1915 das große Hochsee-Boot U 21 unter Kapitänleutnant Otto Hersing völ-

Als erste deutsche U-Boote im Mittelmeer waren Anfang 1915 kleine Boote vom Typ UB I zerlegt per Bahn von der Nordsee nach Pola transportiert und dort im Seearsenal wieder zusammengebaut worden. Hier zu sehen das deutsche UB 14 als k.u.k. Boot U 26, das aber weiterhin mit deutscher Besatzung unterwegs war. Im Hintergrund ein Schlachtschiff der Monarch-Klasse.

lig neue Tatsachen und fuhr direkt von der Nordsee, über die Britischen Inseln herum, in die Adria; das Boot operierte zuerst sehr erfolgreich bei den Dardanellen, wo die Entente auf der türkischen Halbinsel Gallipoli umfangreiche Landungen begonnen hatte (die Kämpfe dauerten von Februar 1915 bis Januar 1916). Nachfolgend wurden zahlreiche große U-Boote direkt von Deutschland ins Mittelmeer verlegt, weiterhin parallel auch kleinere Boote zerlegt per Bahn.
Schon beginnend vom ersten Einsatz deutscher U-Boote im Mittelmeer überlegte man natürlich in Wien und Berlin den genauen kriegsvölkerrechtlichen Status dieser, im Hinblick auf eine möglichst effiziente Kriegsführung. Italien erklärte Österreich-Ungarn im Mai 1915 den Krieg, dem Deutschen Reich aber erst im August 1916 (die diplomatischen Beziehungen zu Rom brach Deutschland aber bereits nach der italienischen Kriegserklärung an Wien ab). Insgesamt mehrere Dutzend deutscher U-Boote im Mittelmeer wurden deshalb ab 1915 pro forma an die k.u.k. Marine überstellt und mit ihren deutschen Besatzungen für Österreich-Ungarn in Dienst genommen, um Schwierigkeiten mit dem Kriegsvölkerrecht zu vermeiden, d.h. in erster Linie, um auch italienische Schiffe angreifen zu können.

Das Kriegsministerium in Wien erklärte sich gegenüber Berlin auch ausdrücklich bereit, Handlungen deutscher U-Boote unter österreichischer Flagge zu akzeptieren und notfalls nach außen zu vertreten, wenn nötig auch deutsche Offiziere als österreichische vor einem Prisengericht auftreten zu lassen.
Das k.u.k. Ministerium des Äußeren hatte dagegen mehrfach Bedenken angemeldet und wollte in Berlin sogar ersuchen, vom Einsatz Kaiserlich-Deutscher U-Boote unter der Flagge von Österreich-Ungarn grundsätzlich Abstand zu nehmen, wobei auch Bedenken im Hinblick auf die Haltung der USA geäußert wurden. Das Kriegsministerium setzte sich aber schließlich durch und argumentierte vor allem mit der Wichtigkeit der Angelegenheit für den deutschen Bundesgenossen, auch im Sinne des gemeinsamen Interesses am Kriegsausgang, d.h. um die Boote »für die gemeinsame Sache voll verwenden zu können«. Kaiser Franz Joseph I., der ja sein Reich vorwiegend über Akten verwaltete, stimmte schließlich im Oktober 1915, im Sinne eines entsprechend aktenmäßig vorbereiteten Antrags der Marinesektion des Kriegsministeriums, ausdrücklich zu, dass die bisher in der Adria angekommenen deutschen U-Boote, beginnend mit U 21,

Ein großes deutsches U-Boot läuft mit österreichischer Flagge in den Stützpunkt Gjenovic ein.

formal in die k.u.k. Kriegsmarine übernommen werden. Das galt nachträglich ab ihrem Eintritt ins Mittelmeer, also mit der Durchfahrt durch die Straße von Gibraltar. Auch nach dem Kriegszustand zwischen Italien und Deutschland blieben einige U-Boote noch lange formal als österreichisch-ungarische Kriegsschiffe in Dienst.

Die formale Übernahme der Boote führte auch dazu, dass sie Kennungen als k.u.k. Unterseeboote erhielten. Zumindest ein Besatzungsmitglied war dabei in der Regel tatsächlich ein Angehöriger der k.u.k. Marine, die restliche Besatzung trug aber weiterhin deutsche Uniformen. Offiziere und Mannschaften wurden jedoch pro forma in den Offiziers- und Mannschaftslisten als k.u.k. Marineangehörige registriert, die aktentechnisch als Nachträge zu den eigenen k.u.k Listen tituliert wurden.

Im offiziellen und äußerst umfangreichen deutschen Geschichtswerk »Der Krieg zur See 1914–1918«, hgg. vom Marine-Archiv, heißt es (im dritten Band von Teil 3, »Der Handelskrieg mit U-Booten«, S.22) über die Befehlslage an die Kaiserlich-Deutschen U-Boote im Mittelmeer im Okto-

Der aus dem Elsass stammende U-Boot-Kommandant Otto Hersing (1885–1960) brachte U 21, als erstes Unterseeboot, direkt von der Nordseeküste ins Mittelmeer und erreichte am 13.5.1915 den k.u.k. Stützpunkt in der Bocce di Cattaro. Schon bald darauf lief er mit dem großen Boot zu seinem ersten Einsatz vor den Dardanellen aus und versenkte die Schlachtschiffe HMS »Triumph« und »Majestic«, was für die dortigen Landeoperationen der Entente einen Wendepunkt bedeutete. Mit dieser Aktion war auch bewiesen, dass moderne Diesel-U-Boote sehr wohl direkt von Deutschland in die Adria verlegt werden konnten, und das geschah auch bald in erheblichem Ausmaß.

Das Boot U 35 der Kaiserlichen Marine kann bis heute als das erfolgreichste U-Boot der Welt gelten, es versenkte 224 Handelsschiffe mit insgesamt 535.900 BRT (207 davon im Mittelmeer) sowie zwei Kanonenboote. Im August 1915 wurde das Boot zusammen mit U 34 in die Adria verlegt. U 35 ist hier als k.u.k. U-Boot U 35 mit österreichischer Flagge zu sehen, offenbar von einer erfolgreichen Feindfahrt zurückkehrend. Zumindest ein Besatzungsmitglied war tatsächlich ein Angehöriger der k.u.k. Marine, die restliche Besatzung trug aber weiterhin deutsche Uniformen. Alle deutschen Offiziere und Mannschaften wurden pro forma in den Offiziers- und Mannschaftslisten als k.u.k. Marineangehörige registriert, die aktentechnisch als Nachträge zu den eigenen k.u.k Listen tituliert wurden.

Ein deutsches U-Boot in der Bocce mit der deutschen Kriegsflagge. Nachdem sich auch Deutschland und Italien ab August 1916 im Kriegszustand befanden, operierten die deutschen Boote wieder meist unter ihrer eigenen Flagge, einige blieben aber noch lange formal als österreichisch-ungarische Kriegsschiffe in Fahrt.

ber 1915: »Bezüglich des Verhältnisses gegen die italienische Flagge behielten die früheren, im Einvernehmen mit der Flottenleitung und der Regierung in Wien für die deutschen Mittelmeer-U-Boote gegebenen Befehle Geltung, solange der Kriegszustand Italien Deutschland noch nicht ausgebrochen war. Angriffsgelegenheiten gegen italienische Kriegs- und Handelsschiffe sollten von den deutschen Booten ausgenutzt werden. Diese hatten bei entsprechenden Kriegshandlungen im aufgetauchten Zustande die österreichisch-ungarische Flagge zu setzen und sich als im Dienst der verbündeten Marine befindlich zu betrachten.«
Die Versenkung des italienischen 8188-BRT-Passagierdampfers »Ancona« am 8.11.1915 vor Sardinien durch das deutsche Boot U 38 (Kommandant Max Valentiner) unter österreichisch-ungarischer Flagge führte zu einem schweren bilateralen Problem zwischen Washington und Wien, das den Fall gegenüber den USA gemäß den geltenden Abmachungen mit Berlin diplomatisch vertrat. Es kamen bei der Versenkung etwa 200 Passagiere und Besatzungsmitglieder ums Leben, darunter mindestens ein amerikanischer Staatsbürger (nach verschiedenen Quellen waren bis zu 11 an Bord). Washington warf dem Kommandanten von U 38 vor, die »Grundzüge des Völkerrechts und der Menschlichkeit« verletzt zu haben, forderte dessen Bestrafung und Schadensersatz. Die österreichisch-ungarische Vertretung in Washington versuchte es eine Zeitlang mit inhaltlichen Argumenten, bot aufgrund von offensichtlichen Ungereimtheiten der Anschuldigungen einen »Gedankenaustausch« an, musste aber bald einsehen, dass dies völlig sinnlos war. »Als jedoch Präsident Wilson in seiner zweiten Note vom 21. Dezember auf seinem Standpunkt beharrte, als er die österreichisch-ungarische Regierung in kaum gemilderter Form für die Tat des U-Bootes verantwortlich machte und die Forderung vom 6. Dezember wiederholte, entschloß sich das Wiener Kabinett, im Einvernehmen mit dem Auswärtigen Amt in Berlin, einzulenken, um den drohenden Abbruch der diplomatischen Beziehungen zu vermeiden. Mit der Antwort der österreichisch-ungarischen Regierung vom 29. Dezember wurde der Rückzug angetreten.« (»Der Krieg zur See 1914–1918«, a.a.O., S. 29). Die Erfüllung der amerikanischen Schadensersatzforderung wurde den Amerikanern in einer Verbalnote grundsätzlich zugesagt, ebenso die Bestrafung des Kommandanten. Den Amerikanern wurde schließlich kommuniziert, dieser sei »gemäß den hierfür geltenden Normen bestraft« worden. Wie diese Bestrafung genau aussah, wurde in der Note offengelassen, aber wahrscheinlich wurde ein entsprechender Verweis von einer k.u.k. Marinebehörde ausgestellt.
Die deutschen U-Boote fanden im Mittelmeerbereich optimale Operationsbedingungen, ganz abgesehen von Italien. Sie operierten im gesamten Mittelmeer, mit Schwerpunkt auf der Schifffahrtsroute Gibraltar-Suez (österreichische U-Boote operierten nur in der Adria und erst später auch im Östlichen Mittelmeer). Die deutschen Versenkungszahlen, gemessen an der Anzahl der eingesetzten Boote, waren größer als in allen anderen Seegebieten. Insgesamt versenkten sie an Tonnage rund 3,6 Millionen BRT, d.h. etwa ein Drittel des gesamten im Krieg von deutschen U-Booten versenkten Schiffsraums (zum Vergleich: Österreich-Ungarns Unterseeboote versenkten nur gut 200.000 BRT an Handelsschiffstonnage).
In Gjenovic, in der Bocche di Cattaro (Bucht von Kotor), wurde ab Anfang 1915 ein Stützpunkt für k.u.k. U-Boote eingerichtet, der sehr bald auch von den deutschen U-Booten genutzt wurde; größere Reparaturen wurden meist im Seearsenal in Pola durchgeführt. Ein Dreh- und Angelpunkt zur Versorgung und Ausrüstung der deutschen U-Boote, bereits beginnend mit der Ankunft von U 21 im Mai 1915, war das Torpedoschiff SMS »Gäa«, das im weiteren Kriegsverlauf fast ausschließlich als U-Boottender in der Bocce verwendet wurde. Das alte Schlachtschiff SMS »Wien« (»Monarch«-Klasse) diente als Wohnschiff für die Besatzungen, auch einige weitere Schiffe wurden für die U-Boote abgestellt. Ein Schwimmdock war im Stützpunkt in Gjenovic vorhanden, der eigentliche Kriegshafen in der Bocce di Cattaro war aber in Teodo, kroatisch Tivat; dort war auch das Arsenal (und dorthin wurde auch das Schwimmdock Ende 1917 verbracht). Unmittelbar neben Gjenovic lag die k.u.k. Seefliegerstation Kumbor.
Der ehemalige Schnelldampfer »Gäa«, der noch eine besondere Erwähnung verdient, war das größte Torpedode-

U 63, ein weiteres erfolgreiches Boot der Kaiserlichen Marine im Mittelmeer, das von der Bocce aus operierte, von wo auch diese Aufnahme stammt. Es führte zwölf Feindfahrten (im Nordatlantik und Mittelmeer) durch und versenkte insgesamt 70 Handelsschiffe mit einer Gesamttonnage von 194.208 BRT sowie den leichten englischen Kreuzer HMS »Falmouth«. (Sammlung Peter Schenk/Gröner-Kreis).

Kaiser Karl I. bei der Besichtigung eines großen deutschen U-Bootes in Pola im Jahr 1917, vorne ein deutscher Marineoffizier im Kapitänsrang, hinter ihm gehend Marinekommandant Admiral Maximilian Njegovan (1858–1930). Der im November 1916 verstorbene Kaiser Franz Joseph I., dem Schiffe nie sehr geheuer waren, hatte Pola zuletzt im September 1902 besucht, Karl I. stattete in seiner kurzen Amtszeit als Kaiser Pola vier Besuche ab, einen 1916 (zusammen mit Kaiser Wilhelm II.) und drei weitere 1917. (Sammlung J. Forstner)

potschiff der k.u.k. Marine, heute würde man dazu Tender sagen. Das Schiff wurde zur Drehscheibe für Ausrüstung und Wartung der deutschen (und der k.u.k.) Unterseeboote im Mittelmeer im Ersten Weltkrieg. Gebaut worden war das Schiff auf der Vulcan-Werft in Stettin als Schnelldampfer »Fürst Bismarck« für die Hamburg-Amerikanische Packetfahrt-Actien-Gesellschaft (HAPAG) und war beim Stapellauf am 29.11.1890 das größte deutsche Passagierschiff gewesen. Mit 8874 BRT vermessen, hatte es eine Wasserverdrängung von 12.130 t, Länge 153,16 m (159,9 m ü.a.), Breite 17,56 m und 7,54 m Tiefgang. Das im gehobenen Segment einst sehr nobel ausgestattete Schiff war für 420 Passagiere der 1. Klasse und 172 der 2. Klasse ausgelegt, dazu 700 Passagiere im Zwischendeck.

1904, nach Beginn des Russisch-Japanischen Kriegs, kaufte Russland das Schiff, um es als Hilfskreuzer im Atlantik zu verwenden, 1909 kauften es Österreich-Ungarn den Russen ab, als ein großes und geräumiges »Torpedoschiff für spezielle Zwecke«, mit der Aufgabe als Depot- und Wohnschiff für kleinere Torpedofahrzeuge, gesucht wurde. Zwei große 20-t-Krane wurden installiert, diverse Reparatureinrichtungen, Werkstätten, eine militärische Funkstation, Wohnräume

Der U-Bootstützpunkt Gjenovic aus der Luft, rechts im Bild SMS »Gäa«.

für die Besatzungen kleiner Torpedofahrzeuge und Lagerräume für 81-Torpedos und 100 Minen, dazu vier 12 cm L/35 Geschütze als Bewaffnung.
Am 15.5.1910 erfolgte die Indienststellung für die k.u.k. Kriegsmarine als SMS »Gäa«. Am 31.7.1914 verlegte sie von Pola nach Teodo (Tivat) in die Bocce und verbrachte dort den Krieg; sie wurde als Wohnschiff für deutsche U-Boot-Besatzungen adaptiert, Unterkunftsräume für zuerst 80 Mann wurden eingerichtet und später mehrfach erweitert, Dynamos zum Laden der Akkumulatoren installiert und im Jahr 1916 eine Elektro-Reparaturwerkstatt eingebaut. Der U-Boot-Tender »Gäa« wurde zu einem Fixpunkt aller deutschen U-Boote für ihre Einsatzfahrten im Mittelmeerraum.
Das Verhältnis zwischen deutschen und österreichisch-ungarischen U-Boot-Männern wird in zahlreichen Biografien und Tagebüchern als sehr gut und freundschaftlich beschrieben, es scheint keine größeren Probleme oder Ressentiments gegeben zu haben. Auf k.u.k. Seite kommt immer wieder zum Ausdruck, wie gut die deutschen Kameraden im Vergleich ausgerüstet waren, verbunden mit etwas Eifersucht und Neid auf die großen Versenkungserfolge, die sie einfuhren. Es zeigte sich aber fast durchwegs, dass auch die k.u.k. Boote sehr erfolgreich sein konnten, wenn sie nur halbwegs modern und funktionstüchtig waren, an den Besatzungen lagen die im Vergleich mangelnden Erfolge definitiv nicht. Das wurde aber auch von deutscher Seite so gesehen und anerkannt, die fachliche Beurteilung von Offizieren und Mannschaften war weitgehend gut. Massive deutsche Beschwerden gab es dagegen in Bezug auf teilweise veraltete und mangelhafte Infrastruktur zur Reparatur, Wartung und Ausrüstung ihrer Boote.
Am 1.7.1915 wurde die deutsche »U-Halbflottille Pola« gegründet, die am 18.11.1915 in »U-Flottille Pola« und im Juni 1917 in »U-Flottille Mittelmeer« umbenannt wurde. Im Januar 1918 wurde die neue Dienststelle »Führer der Unterseeboote im Mittelmeer« geschaffen, dieser unterstanden auch die in Konstantinopel stationierten U-Boote der »U-Halbflottille Konstantinopel« sowie jene in Österreich-Ungarn, nun geteilt in die »I. U-Flottille Mittelmeer« in Pola und die »II. U-Flottille Mittelmeer« in Cattaro.
Während in der Kaiserlichen Marine die Nummernserien beginnend mit »UB« für Küsten-U-Boote und »UC« für Minen-U-Boote standen, verwendete die k.u.k. Marine ausschließlich den Buchstaben »U« für alle U-Bootstypen. Das galt auch für die formell übernommenen deutschen Boote. Nicht immer wurden aber bei der formellen Übernahme in den Bestand der k.u.k. Marine die Zahlen direkt übernommen, auch weil diese oft seitens der k.u.k. Marine bereits für eigene Boote vergeben waren.

2. Auflistung der Kaiserlich-Deutschen U-Boote im Mittelmeer mit k.u.k. U-Bootsnummern

Nachstehend eine Auflistung der deutschen U-Boote im Mittelmeer mit k.u.k. U-Bootsnummern. Diese Boote wurden aber weder von der Kaiserlich-Deutschen noch von der k.u.k. Marineführung wirklich als österreichisch-ungarische U-Boote betrachtet, die Kennung war ausschließlich den kriegsvölkerrechtlichen Umständen geschuldet, auch der operative Einsatz verblieb in deutschen Händen:

Das kaiserlich deutsche Boot U 35 übernimmt Torpedos in der Bocce di Cattaro.

Deutsche U-Boote im Mittelmeer trugen folgende k.u.k. U-Bootsnummern:

Deutsche Nr.	K.u.k. Nr.	Typ:.	Ankunft in der Adria:	Anmerkungen:
U 21	U 51, U 36	Hochseeboot	Cattaro ein am 13.5.1915	---
U 32	U 37	Hochseeboot	Cattaro ein am 8.11.1915	---
U 33	U 33	Hochseeboot	Cattaro ein am 16.9.1915	---
U 34	U 34	Hochseeboot	Cattaro ein am 23.8.1915	---
U 35	U 35	Hochseeboot	Cattaro ein am 23.8.1915	---
U 38	U 38	Hochseeboot	Cattaro ein am 11.11.1915	---
U 39	U 39	Hochseeboot	Cattaro ein am 15.9.1915	---
U 47	U 47	Hochseeboot	Cattaro ein am 4.6.1916	---
U 63	U 83	Hochseeboot	Cattaro ein am 5.11.1916	---
U 64	U 64	Hochseeboot	Cattaro ein am 19.11.1916	---
U 65	U 65	Hochseeboot	Cattaro ein am 17.11.1916	---
U 72	U 72	Hochseeboot	Cattaro ein am 17.9.1916	---
U 73	U 73	Hochseeboot	Cattaro ein am 30.4.1916	---
U 121	U 84	Hochseeboot	1918 vorgesehen für Mittelmeer	Nr. nur reserviert
UB 1	U 10	UB I	Eisenbahntransport nach Pola 1915	Kauf; i.D. 1915; s. U 10
UB 3	U 9	UB I	Eisenbahntransport nach Pola 1915	---
UB 7	U 7	UB I	Eisenbahntransport nach Pola 1915	---
UB 8	U 8	UB I	Eisenbahntransport nach Pola 1915	---
UB 3	U 9	UB I	Eisenbahntransport nach Pola 1915	---
UB 7	U 7	UB I	Eisenbahntransport nach Pola 1915	---
UB 8	U 8	UB I	Eisenbahntransport nach Pola 1915	---
UB 14	U 26	UB I	Eisenbahntransport nach Pola 1915	---
UB 15	U 11	UB I	Eisenbahntransport nach Pola 1915	Kauf; i.D. 1915; s. U 11
UB 42	U 42	UB II	Eisenbahntransport nach Pola 1916	---
UB 43	U 43	UB II	Eisenbahntransport nach Pola 1916	Kauf; i.D. 1917; s. U 43
UB 44	U 44	UB II	Eisenbahntransport nach Pola 1916	---
UB 45	U 45	UB II	Eisenbahntransport nach Pola 1916	---
UB 46	U 46	UB II	Eisenbahntransport nach Pola 1916	---

Deutsche Nr.	K.u.k. Nr.	Typ:.	Ankunft in der Adria:	Anmerkungen:
UB 47	U 47	UB II	Eisenbahntransport nach Pola 1916	Kauf; i.D. 1917; s. U 47
UB 48	U 79	UB III	Cattaro ein am 2.9.1917	---
UB 49	U 80	UB III	Cattaro ein am 15.10.1917	---
UB 50	U 81	UB III	Cattaro ein am 30.9.1917	---
UB 51	U 82	UB III	Cattaro ein am 19.10.1917	---
UB 52	U 83	UB III	Cattaro ein am 13.10.1917	---
UB 53	U 84	UB III	Cattaro ein am 1.11.1917	---
UB 66	U 66	UB III	Cattaro ein am 9.12.1917	---
UB 68	U 68	UB III	Cattaro ein am 8.1.1918	---
UB 69	U 69	UB III	Verlust 9.1.1918 vor Tunesien bei Überstellungsfahrt	---
UB 70	U 70	UB III	Verlust 8.5.1918 vor Algier bei Überstellungsfahrt	---
UB 71	U 71	UB III	Verlust 21.4.1918 vor Menorca bei Überstellungsfahrt	---
UB 105	U 97	UB III	Cattaro ein am 8.5.1918	---
UB 128	U 54	UB III	Cattaro ein am 4.9.1918	---
UB 129	U 55	UB III	Cattaro ein am 2.10.1918	---
UB 130	U 56	UB III	1918 vorgesehen für Mittelmeer	Nummer nur reserviert
UB 131	U 57	UB III	1918 vorgesehen für Mittelmeer	Nummer nur reserviert
UB 132	U 58	UB III	1918 vorgesehen für Mittelmeer	Nummer nur reserviert
UB 133	U 133	UB III	1918 vorgesehen für Mittelmeer	Nummer nur reserviert
UB 134	U 134	UB III	1918 vorgesehen für Mittelmeer	Nummer nur reserviert
UB 135	U 135	UB III	1918 vorgesehen für Mittelmeer	Nummer nur reserviert
UB 146	U 146	UB III	1918 vorgesehen für Mittelmeer	Nummer nur reserviert
UB 147	U 147	UB III	1918 vorgesehen für Mittelmeer	Nummer nur reserviert
U 34	U 34	Hochseeboot	Cattaro ein am 23.8.1915	---
U 35	U 35	Hochseeboot	Cattaro ein am 23.8.1915	---
U 38	U 38	Hochseeboot	Cattaro ein am 11.11.1915	---
U 39	U 39	Hochseeboot	Cattaro ein am 15.9.1915	---
UC 12	U 24	UC I	Eisenbahntransport nach Pola 1915	---
UC 13	U 25	UC I	Eisenbahntransport nach Pola 1915	---
UC 14	U 18	UC I	Eisenbahntransport nach Pola 1915	---
UC 15	U 19	UC I	Eisenbahntransport nach Pola 1915	---
UC 20	U 60	UC II/III	Cattaro ein am 11.12.1916	---
UC 22	U 62	UC II/III	Cattaro ein am 12.10.1916	---

Deutsche Nr.	K.u.k. Nr.	Typ:.	Ankunft in der Adria:	Anmerkungen:
UC 23	U 63, U 83	UC II/III	Cattaro ein am 13.10.1916	---
UC 24	U 88	UC II/III	Cattaro ein am 21.2.1917	---
UC 25	U 89	UC II/III	Cattaro ein am 15.4.1917	---
UC 27	U 90	UC II/III	Cattaro ein am 30.4.1917	---
UC 34	U 74	UC II/III	Cattaro ein am 8.1.1917	---
UC 35	U 75	UC II/III	Cattaro ein am 25.12.1916	---
UC 37	U 77	UC II/III	Cattaro ein am 12.1.1917	---
UC 38	U 78	UC II/III	Cattaro ein am 23.1.1917	---
UC 52	U 94	UC II/III	Cattaro ein am 8.7.1917	---
UC 53	U 95	UC II/III	Cattaro ein am 24.6.1917	---
UC 54	U 96	UC II/III	Cattaro ein am 28.7.1917	---
UC 66	U 66	UC II/III	Cattaro ein am 10.12.1917	---
UC 67	U 91	UC II/III	Cattaro ein am 29.3.1917	---
UC 69	U 69	UC II/III	1918 vorgesehen für Mittelmeer	Nummer nur reserviert
UC 73	U 92	UC II/III	Cattaro ein am 6.6.1917	---
UC 74	U 93	UC II/III	Cattaro ein am 17.6.1917	---
UC 103	U 99	UC II/III	1918 vorgesehen für Mittelmeer	Nummer nur reserviert
UC 108	U 100	UC II/III	1918 vorgesehen für Mittelmeer	Nummer nur reserviert
UC 116	U 78	UC II/III	1918 vorgesehen für Mittelmeer	Nummer nur reserviert
UC 120	U 83	UC II/III	1918 vorgesehen für Mittelmeer	Nummer nur reserviert

U 24 (ex deutsch UC 12) im k.u.k Stützpunkt Gjenovic; zur Wartung und Reinigung des Bugbereichs (Torpedorohre bzw. Minenschächte) wurde der Heckbereich für die Arbeiten geflutet.

VI. Einsätze, Erfolge, Verluste der k.u.k. U-Boote

Auflistung aller U-Boote der k.u.k. Kriegsmarine

S.M.	Klasse/ Typ	Werft	Stapell.	Schicksal	Verwendung/Erfolge/Anmerkungen
U 1	Lake	Pola/Seearsenal	1909	Abbruch	15.4.1911 in Pola in Dienst gestellt. Test-und Erprobungsfahrten. Bei Umbau 1914/15 Benzin- durch Dieselmotoren ersetzt, Geschütz 3,7 cm eingebaut und geänderter Bug. Nach erster Kreuzung ab Mai 1915 in der nördlichen Adria fast nur mehr als Schulboot in Verwendung. Keine Versenkungserfolge. 11.1.1918 aus der operativen Flottenliste gestrichen, aber weiter als Schulboot in Brioni verwendet. 1920 Italien zugesprochen, in Pola abgebrochen.
U 2	Lake	Pola/Seearsenal	1909	Abbruch	22.6.1911 in Pola in Dienst gestellt. Test-und Erprobungsfahrten. Bei Umbau 1914/15 Benzin- durch Dieselmotoren ersetzt, Geschütz 3,7 cm eingebaut und geänderter Bug. Nach Kreuzung ab Juni 1915 in der nördlichen Adria fast nur mehr als Schulboot in Verwendung. Keine Versenkungserfolge. 11.1.1918 aus der operativen Flottenliste gestrichen, aber weiter als Schulboot in Brioni verwendet. 1920 Italien zugesprochen, in Pola abgebrochen.
U 3	Germania	Germania Kiel	1907	†1915	24.1.1909 Pola im Schlepp in Pola eingetroffen und dort am 12.9.1909 in Dienst gestellt. Test- und Erprobungsfahrten. Ab August 1914 in Brioni stationiert. Im Oktober 1914 von Bocce di Cattaro aus erfolgloser Angriff gegen französische Flotte; das Boot wurde nach Sichtung beschossen (= erste Kampfhandlung für k.u.k. U-Boot-Waffe). 1915 Umbau in Pola (u.a. Turmänderung und 3,7-cm-Geschütz). Mehrere Kreuzungen in der südlichen Adria, aber keine Versenkungserfolge. Am 13.8.1915 bei Angriff auf Hilfskreuzer »Citta di Catania« von diesem durch Rammen schwer beschädigt, zum Auftauchen gezwungen und vom französischen Zerstörer »Bisson« durch Wasserbomben und Artilleriebeschuss versenkt (7 Tote).
U 4	Germania	Germania Kiel	1907	Abbruch	19.4.1909 im Schlepp in Pola eingetroffen und dort als erstes k.u.k. U-Boot am 29.8.1909 in Dienst gestellt. Test- und Erprobungsfahrten. 1914 dunkelblauer Versuchsanstrich. Ab August 1914 in Brioni stationiert. Kleinen Küstensegler aufgebracht. 1915 Umbau in Pola (u.a. Turmänderung und 3,7-cm-Geschütz). Mehrere erfolglose Angriffe gegen Kriegsschiffe. Am 9.6.1915 in Süd-Adria englischen Kreuzer HMS »Dublin« mit einem Torpedo getroffen, der konnte aber mit eigener Kraft noch Brindisi erreichen (13 Tote); am 18.7.1915 italienischen Panzerkreuzer »Giuseppe Garibaldi« südlich Ragusa (Dubrovnik) durch zwei Torpedos versenkt (53 Tote); viele weitere Kreuzungen, einige Küstensegler und mehrere Dampfer versenkt und beschädigt, dazu diverse, aber erfolglose Angriffe gegen Kriegsschiffe. 1916 ein 7-cm-Geschütz installiert. Bei Kriegsende in Fiume eingelaufen. 1920 Frankreich zugesprochen; Abwrackung.

S.M.	Klasse/ Typ	Werft	Stapell.	Schicksal	Verwendung/Erfolge/Anmerkungen
U 5	Holland	Whitehead Fiume	1909	Abbruch	1.4.1910 Indienststellung in Pola. Test- und Erprobungsfahrten. Ab August 1914 in Brioni stationiert. Mehrere Kreuzungen in der Adria. Ende 1914 ein 3,7-cm-Geschütz erhalten (1915: 4,7 cm). Am 27.4.1915 französischer Panzerkreuzer »Léon Gambetta« vor Süditalien versenkt (684 Tote). Am 5.8.1915 italienisches U-Boot »Nereide« vor Insel Pelagosa in der Adria versenkt (keine Überlebenden, einige Mann offenbar an Land). Am 8.6.1916 italienischen Hilfskreuzer »Principe Umberto« versenkt (1750 Tote). August 1916 einen Dampfer in die Bocce eingebracht. 1916/17 neue Dieselmotoren eingebaut und 7,5-cm-Geschütz installiert. Am 16.5.1917 bei Übungen im Kanal von Fasana durch Mine gesunken (6 Tote). Am 23.6.1917 gehoben (mit 240-t-Kran); nach Wiederherstellung in Pola am 22.2.1918 erneut vom Stapel gelaufen; nur mehr als Schulboot verwendet (ab August 1918). 1920 Italien zugesprochen und Abwrackung.
U 6	Holland	Whitehead Fiume	1909	†1916	Beim Bau in Fiume am Molo durch Unachtsamkeit gesunken, repariert. 1.7.1910 in Pola in Dienst gestellt. Test- und Erprobungsfahrten. Ab August 1914 in Brioni stationiert. Diverse Kreuzungen. 1915 ein 3,7-cm-Geschütz installiert. Am 18.3.1916 französischen Zerstörer »Renaudin« vor albanischer Küste versenkt (47 Tote). 13.5.1916 in der Straße von Otranto in Treibnetzsperre hängen geblieben; selbstversenkt (keine Mannschaftsverluste).
U 7	506d	Germania Kiel	(1915)	Kaiserl. M.	Im Bauzustand im November 1914 an Deutschland verkauft; dt. U 66; führte im Krieg sieben Feindfahrten für die Kaiserliche Marine durch, dabei wurden insg. 24 Handelsschiffe mit einer Gesamttonnage von 69.016 BRT versenkt plus drei mit 11.964 BRT beschädigt und eine Prise mit 1.005 BRT eingebracht; der leichte Kreuzer HMS »Falmouth« wurde torpediert, sank aber nicht. Seit 3.9.1917 mit der gesamten Besatzung vermisst.
U 7	---	---	---	---	(Nummer kurzzeitig für U 12 vorgesehen, ex S.S. 3)
U 8	506d	Germania Kiel	(1915)	Kaiserl. M.	Im Bauzustand im November 1914 an Deutschland verkauft; dt. U 67; führte im Krieg 13 Feindfahrten für die Kaiserliche Marine durch, dabei wurden insgesamt 17 Handelsschiffe mit einer Gesamttonnage von ca. 39.693 BRT versenkt plus drei mit 14.766 BRT beschädigt.1918 an England und 1921 abgebrochen.
U 9	506d	Germania Kiel	(1915)	Kaiserl. M.	Im Bauzustand im November 1914 an Deutschland verkauft; dt. U 68; führte im Krieg nur eine Feindfahrt für die Kaiserliche Marine durch und konnte kein Schiff versenken. Es wurde am 22.3.1916 durch das britische Q-Schiff (U-Boot-Falle) »Farnborough« versenkt, keine Überlebenden.
U 10	506d	Germania Kiel	(1915)	Kaiserl. M.	Im Bauzustand im November 1914 an Deutschland verkauft; dt. U 69; führte im Krieg sechs Feindfahrten für die Kaiserliche Marine durch. Dabei wurden insgesamt 30 Handelsschiffe mit einer Gesamttonnage von 104.471 BRT versenkt (plus ein Trawler der Royal Navy), ein Schiff mit 1.648 BRT beschädigt. Seit 9.7.1917 mit gesamter Besatzung vermisst.
U 10	UB I	Germania/ Pola	1915	(†)1918	Indienststellung am 29.1.1915 als UB 1 für Kaiserliche Marine. Nach Verkauf an Österreich-Ungarn in Kiel aus dem Wasser gehoben, ab 16.5.1915, in drei Sektionen zerlegt, per Eisenbahn in Pola eingetroffen und im Seearsenal wieder zusammengebaut. Am 4.6.1915 provisorisch in Dienst, mit gemischter kaiserlich-deutscher und k.u.k. Besatzung. Dabei bereits am 26.6.1915 italienisches Torpedoboot »5 PN« in der nördlichen Adria versenkt. 12.7.1915 mit k.u.k Besatzung formal in Dienst. Schulboot in Brioni für Besatzungen von UB I-Booten. Mehrere Kreuzungen, inklusive erfolglose Angriffe auf gegnerische U-Boote. Am 9.7.1918 bei Caorle nach Minentreffer auf Strand gesetzt; am 25.7.1918 nach Triest eingebracht, aber bis Kriegsende nicht mehr fertig repariert. 1920 Italien zugesprochen und abgewrackt.

S.M.	Klasse/ Typ	Werft	Stapell.	Schicksal	Verwendung/Erfolge/Anmerkungen
U 11	506d	Germania Kiel	(1915)	Kaiserl. M.	Im Bauzustand im November 1914 an Deutschland verkauft; dt. U 70; führte im Krieg 16 Feindfahrten für die Kaiserliche Marine durch, dabei wurden insgesamt 53 Handelsschiffe mit einer Gesamttonnage von ca. 137.717 BRT versenkt (dazu ein Sloop der Royal Navy) plus vier Schiffe mit 20.369 BRT beschädigt. 1918 an England und ca. 1920 abgebrochen.
U 11	UB I	W. Bremen/ Pola	1915	Abbruch	Ursprünglich für Kaiserliche Marine als UB 15 gebaut, im fertigem Bauzustand angekauft und im Mai 1915, in drei Sektionen zerlegt, per Eisenbahn aus Deutschland in Pola eingetroffen; dort im Seearsenal zusammengebaut. Am 4.6.1915 provisorisch in Dienst, mit gemischter kaiserlich-deutscher und k.u.k. Besatzung. Bereits am 10.6.1915 italienisches Unterseeboot »Medusa« durch Torpedo in der nördlichen Adria versenkt. 18.6.1915 mit k.u.k Besatzung formal in Dienst. Zahlreiche Kreuzungen ohne weitere Versenkungserfolge. 1920 Italien zugesprochen und abgewrackt.
U 12	Holland	Whitehead Fiume	1911	†1915	Nach Stapellauf von Firma Whitehead in Fiume weltweit zum Verkauf angeboten (S.S.3), Spekulationsbau. Bei Kriegsausbruch im Juli 1914 von k.u.k. Marine angekauft und nach Pola gebracht, dort 21.8.1914 in Dienst gestellt. Zuerst in Brioni stationiert, dann in Bocce. Am 21.12.1914 im Bereich Otrantostraße französisches Schlachtschiff »Jean Bart« mit einem Torpedo am Bug getroffen; dieses konnte nach Malta eingebracht werden. Im März 1915 Küstensegler aufgebracht, im Mai abgeblendeten (noch neutralen) griechischen Dampfer versenkt. Am 8.8.1915 vor Venedig Minentreffer bei Versuch, in den Hafen einzudringen, mit gesamter Besatzung gesunken (es gibt mehrere Versionen der genauen Umstände). Im seichten Wasser 13.2.1916 bis 3.1.1917 von Italien gehoben und untersucht; in das Arsenal von Venedig gebracht; dort abgewrackt.
(13)	---	---	---	---	(Kennummer nie vergeben)
U 14	Brumaire	Arsenal Toulon	1915	Abbruch	18.7.1912 Stapellauf und 1913 für französische Marine in Dienst. 20.12.1914 beim Versuch, in den Stützpunkt Pola einzudringen, in Netz hängen geblieben und anschließend versenkt (2 Tote). 21.12.1915 Hebung begonnen und am 2.2.1915 erfolgreich abgeschlossen. Reparatur im Seearsenal Pola. Als U 14 am 1.6.1915 in Dienst gestellt, ab Juli erste Kreuzungen. Boot technisch sehr eigenartig und unzuverlässig. Von Februar bis April 1916 in Pola neue Diesel-Motoren installiert. Ab September 1916 Umbau, u.a. neuer Turm, deutsches 8,8-cm-Geschütz eingebaut (davor 4,7 cm, davor 3,7 cm); abgeschlossen November 1916, dann Probefahrten bis März 1917. Danach Operationen von Bocce aus im Östlichen Mittelmeer. Im April 1917 englischen Dampfer versenkt, einen Dampfer beschädigt. Insgesamt bis Kriegsende bei mehreren Kreuzungen 11 Handelsschiffe mit ca. 47.800 BRT versenkt. Bei Kriegsende in der Bocce. Dort am 18.11.1918 wieder von Frankreich übernommen. Am 17.7.1919 unter dem alten Namen »Curie« erneut für französische Flotte in Dienst, 1928 aus Flottenliste gestrichen und nachfolgend abgewrackt.
U 15	UB I	W. Bremen/ Pola	1915	Abbruch	30.3.1915 bei der Weserwerft bestellt. Ab 21.8.1915, in drei Sektionen zerlegt, aus Bremen mit der Bahn in Pola eingetroffen. Nach Zusammenbau Probe- und Übungsfahrten (ab September) und am 12.9.1915 in Dienst gestellt. Im Dezember ein 3,7-cm-Geschütz installiert; im gleichen Monat zwei kleine Küstensegler versenkt, dann im Mai 1916 einen italienischen Dampfer vor Brindisi. Am 23.6.1916 italienischen Hilfskreuzer »Citta di Messina« und den französischen Zerstörer »Fourche« in der Otrantostraße versenkt, im Oktober einen italienischen Dampfer. 19.8.1918 vor Durazzo von Flugzeugen durch Beschuss leicht beschädigt. Bei Kriegsende in Pola zur Überholung. 1920 Italien zum Abbruch zugesprochen.

S.M.	Klasse/ Typ	Werft	Stapell.	Schicksal	Verwendung/Erfolge/Anmerkungen
U 16	UB I	W. Bremen/ Pola	1915	† 1916	30.3.1915 bei der Weserwerft bestellt. Ab 28.8.1915, in drei Sektionen zerlegt, aus Bremen mit der Bahn in Pola eingetroffen. Nach Zusammenbau Probe- und Übungsfahrten (ab September) und am 6.10.1915 in Dienst gestellt. Im November 1915 vor Albanien einen Motorsegler versenkt. Im Dezember ein 3,7-cm-Geschütz installiert; im gleichen Monat einen großen Segler in die Bocce eingebracht. Am 17.10.1916 vor albanischer Küste italienischen Zerstörer »Nembo« versenkt; das Boot wurde anschließend vom italienischen Dampfer »Bormida« durch Rammen versenkt (2 Tote).
U 17	UB I	W. Bremen/ Pola	1915	Abbruch	30.3.1915 bei der Weserwerft bestellt. Ab 3.9.1915, in drei Sektionen zerlegt, per Bahn in Pola eigetroffen. Am 6.10.1915 formal in Dienst gestellt, Kreuzungen ab Ende des Monats. Im Dezember 1915 ein 3,7-cm-Geschütz installiert und kurz darauf einen Küstensegler damit versenkt. Am 10.7.1916 vor Albanien italienischen Zerstörer »Impetuso« versenkt. 16.8.1917 einen Dampfer torpediert (nicht gesunken). Bei Kriegsende in Pola zur Überholung. 1920 Italien zugesprochen und abgewrackt.
U 20	Havmanden	Pola/ UBAG	1917	† 1918	Noch nach dem Stapellauf in Pola im Seearsenal 18.9.1916 zahlreiche nachträgliche Umbauten veranlasst. Am 15.3.1917 während Probefahrt im Kanal von Fasana durch Kreuzer »Admiral Spaun« gerammt. Nach Reparaturen am 20.10.1917 in Dienst gestellt, erst ab Februar 1918 Adria-Kreuzungen. Keine Versenkungserfolge. Am 4.7.1918 in der nördlichen Adria von italienischem U-Boot »F 12« durch Torpedo versenkt (keine Überlebenden). Wrack war im seichten Wasser später ein Hindernis für die italienischen Fischer, deshalb 1962 gehoben, der Turm ist im HGM in Wien ausgestellt.
U 21	Havmanden	UBAG/ Wh.	1917	Abbruch	Im Sommer 1915 Baubeginn in Linz a.d. Donau und zugleich Fiume, dort am 15.8.1916 Stapellauf. Im November 1916 nach Pola verlegt. Am 15.8.1917 in Dienst gestellt. Ab Oktober erste Kreuzung vor Albanien, technische Probleme, nach Pola zurück und diverse Verbesserungen durchgeführt. Auch bei weiteren Kreuzungen Materialprobleme. Keine Versenkungserfolge. Bei Kriegsende zur Maschinenreparatur in Pola. 1920 Italien zugesprochen und abgewrackt.
U 22	Havmanden	UBAG/ Wh.	1917	Abbruch	Im Sommer 1915 Baubeginn in Linz a.d. Donau und zugleich Fiume, dort Stapellauf am 27.1.1917. Durch ein nicht geschlossenes Ventil am 10.6.1917 am Molo in neun Meter Tiefe gesunken, nächsten Tag gehoben. Da UBAG/Whitehhead nicht in der Lage war, die Arbeiten in absehbarer Zeit durchzuführen, in die Danubiuswerft (ebenfalls in Fiume) überstellt. Erneuter Stapellauf am 6.10.1917. Im November nach Pola überstellt. Im Dezember 1917 zu erster Kreuzung ausgelaufen. Ein Torpedoboot angegriffen, Fehlschuss, auch sonst keine Versenkungserfolge. Bei Kriegsende in der Bocche. 1920 Frankreich zugesprochen und abgewrackt.
U 23	Havmanden	Pola/ UBAG	1916	†1918	Am 5.1.1917 Stapellauf ohne Turm im Seearsenal Pola, der erst nachträglich aufgesetzt wurde. Ab August Tauchversuche, am 1.9.1917 in Dienst gestellt. Adria-Kreuzungen ab November 1917, keine Versenkungserfolge. Am 21.2.11918 beim Angriff auf einen italienischen Truppentransporter vor albanischer Küste durch das italienische Torpedoboot »Airone« versenkt (keine Überlebenden).
U 27	UB II	CNT Pola	1916	Abbruch	24.2.1917 in Pola in Dienst gestellt, im April 1917 erste Mittelmeer-Kreuzung. U 27 wurde zu einem der erfolgreichsten Boote der k.u.k. Kriegsmarine: im weiteren Kriegsverlauf torpedierte das Boot am 11.6.1917 den japanischen Zerstörer »Sakakai«, dessen Vorschiff abbrach und sank (59 Tote), versenkte am 14.8.1918 vor Albanien den britischen Zerstörer HMS »Phoenix« (2 Tote) und versenkte während mehrerer Mittelmeer-Kreuzungen 34 weitere, zum Teil sehr kleine Handelsschiffe mit insgesamt 14.400 BRT (z.T. als Prise eingebracht). Bei Kriegsende 1918 in Pola zur Überholung. 1920 Italien zugesprochen und abgewrackt.

S.M.	Klasse/ Typ	Werft	Stapell.	Schicksal	Verwendung/Erfolge/Anmerkungen
U 28	UB II	CNT Pola	1917	Abbruch	26.5.1917 in Pola in Dienst gestellt. Ende Mai zur ersten Kreuzung ins Mittelmeer ausgelaufen. U 28 wurde bezüglich versenkter Tonnage zum erfolgreichsten U-Boot der k.u.k. Kriegsmarine: im weiteren Kriegsverlauf versenkte es zehn Schiffe und 44.800 BRT und beschädigte weitere 6000 BRT. Bei Kriegsende in Pola. 1920 Italien zugesprochen und abgewrackt.
U 29	UB II	G. Danubius	1916	Abbruch	November 1916 von Fiume nach Pola überstellt und dort am 21.1.1917 in Dienst gestellt. Noch im Januar zur ersten Mittelmeerkreuzung ausgelaufen. Das Boot versenkte in mehreren Kreuzungen drei englische Dampfer mit 14.800 BRT und torpedierte am 4.4.1918 südlich von Malta den geschützten Kreuzer HMS »Edgar« der Royal Navy, der aber nach Malta einlaufen konnte. 1920 Italien zugesprochen und abgewrackt.
U 30	UB II	G. Danubius	1916	†1917	Im Januar 1917 Beginn der Probefahrten, Anfang Februar von Fiume nach Pola verlegt und am 17.2.1917 in Dienst gestellt. Im Februar erste Mittelmeer-Kreuzung (ohne Versenkungserfolge) und am 31.3.1917 erneut zu Mittelmeer-Kreuzung ausgelaufen, Operationsgebiet Malta-Kreta. Boot nicht zurückgekehrt, verschollen seit Anfang April 1917 (Mine Otrantostraße?) Es waren jedenfalls laut den heute bekannten Nachkriegsarchiven keine Feindtätigkeiten eindeutig mit U 30 in Verbindung zu bringen.
U 31	UB II	G. Danubius	1917	Abbruch	Nach Probefahrten im April 1917 von Fiume nach Pola überstellt und dort am 24.4. in Dienst. Im Juni 1917 zur ersten Mittelmeer-Kreuzung ausgelaufen. Am 10.8.1917 östlich Malta einen italienischen Dampfer versenkt (4000 BRT); Boot durch Rammen etwas beschädigt, Heimfahrt und Instandsetzung. Am 26.10.1917 aufgrund eines Missverständnisses im Hafen von Bergudi in Fiume in acht Meter Tiefe gesunken (1 Toter), Instandsetzung durch Danubiuswerft (Wechsel aller elektrischen Geräte erforderlich); weitere Reparaturen in Pola. Im Mai 1918 wieder zu Mittelmeer-Kreuzung ausgelaufen, wegen technischer Probleme retour, ebenso nach neuerlichem Auslaufen im Juni. Im Juli 1918 einen italienischen Segler versenkt. Am 2.10.1918, in der 2. Schlacht von Durazzo vor Albanien, englischen Kreuzer HMS »Weymouth« torpediert (4 Tote), Heck abgerissen; es waren die letzten im Kampf abgefeuerten Torpedos der k.u.k. Kriegsmarine und der letzte Kampfeinsatz der k.u.k. U-Boot-Waffe. HMS »Weymouth« konnte zwar nach Brindisi eingeschleppt werden, aber die Torpedierung trug wesentlich zum Abbruch des groß angelegten Küstenbeschusses und zum Rückzug der feindlichen Flotte bei. Erstmals war auch die U.S. Navy als Gegner im Kampf dabei, mit 14 U-Bootjägern; von der U.S. Navy mit Wasserbomben beworfen und als versenkt gemeldet, das Boot blieb aber unbeschädigt. Bei Kriegsende in der Bocche. 1920 Frankreich zugesprochen und abgewrackt.
U 32	UB II	G. Danubius	1917	Abbruch	Nach Probefahrten Ende Mai 1917 von Fiume nach Pola überstellt, dort am 29.6.1917 in Dienst. Im Juli zur ersten Mittelmeer-Kreuzung ausgelaufen, bei Malta einen italienischen Dampfer versenkt. Bei weiteren Kreuzungen im Mittelmeer insgesamt fünf Dampfer mit 7000 BRT versenkt, einen davon möglicherweise nur beschädigt; dazu auch einige Segler. Bei Kriegsende in Pola. 1920 Italien zugesprochen und abgewrackt.
U 40	UB II	CNT Bud./ Pola	1917	Abbruch	Für den Bau wurden Spendengelder des Österreichischen Flottenvereins verwendet. Ab Juli 1917 Probefahrten, am 4.8.1917 in Dienst gestellt. Zu erster Mittelmeer-Kreuzung ausgelaufen, bei Malta einen englischen Dampfer versenkt, einen weiteren torpediert. Im Oktober erneut zu Kreuzung ausgelaufen, kein Versenkungserfolg. Am 1.1.1918 bei Malta wieder einen englischen Dampfer versenkt, einen torpediert. Im März 1918 aus Geleitzügen zwei Dampfer torpediert, einen versenkt; dem Boot werden insgesamt 15.000 BRT versenkter Tonnage zugeschrieben. Bei Kriegsende in Fiume. 1920 Italien zugesprochen und abgewrackt.

S.M.	Klasse/ Typ	Werft	Stapell.	Schicksal	Verwendung/Erfolge/Anmerkungen
U 41	UB II	CNT Bud../ Pola	1917	Abbruch	Nach Probefahrten 19.2.1918 in Pola in Dienst gestellt. Im März 1918 zur ersten Mittelmeer-Kreuzung ausgelaufen, kein Versenkungserfolg, Maschinenprobleme, zur Instandsetzung nach Pola. Im August erneut zu Mittelmeer-Kreuzung aus, am 13.9. bei Sizilien einen französischen Dampfer versenkt (4000 BRT). Am 26.9. einen Passagierdampfer aus Konvoi torpediert (nicht gesunken). Bei Kriegsende in der Bocce. 1920 Frankreich zugesprochen und abgewrackt.
U 43	UB II	W. Bremen/ Pola	1917	Abbruch	1916 im Seearsenal in Pola aus angelieferten Teilen der Weserwerft zusammengebaut und am 24.4.1916 für Kaiserliche Marine in Dienst gestellt. Nach intensivem und erfolgreichem Einsatz (zehn Feindfahrten) am 21.6.1917 außer Dienst gestellt. 30.7.1917 von der k. u. k. Kriegsmarine übernommen und am gleichen Tag in Dienst gestellt. Das Boot befand sich in sehr schlechtem Zustand. Gedockt und instandgesetzt. Ab November zu erster Kreuzung ausgelaufen. In der südlichen Adria einen italienischen Dampfer versenkt. Technische Probleme, nach Pola zur Reparatur. Im Februar 1918 erneut ausgelaufen, wieder technische Probleme. Im März westlich Kreta operiert, aber keine Angriffsmöglichkeiten. Am 17.3.1918 vor Einfahrt in die Bocche vom k.u.k. Torpedoboot »Dinara« gerammt. Zur Reparatur nach Fiume. Im Juni wieder in Bocche; lokale Kreuzungen. Bei Kriegsende in der Bocce. 1920 Italien zugesprochen und abgewrackt.
U 47	UB II	W. Bremen/ Pola	1917	Abbruch	1916 im Seearsenal in Pola aus angelieferten Teilen der Weserwerft zusammengebaut und am 4.7.1916 für Kaiserliche Marine in Dienst gestellt. Nach intensivem und erfolgreichem Einsatz (sieben Feindfahrten) am 21.6.1917 außer Dienst gestellt. 30.7.1917 von der k. u. k. Kriegsmarine übernommen und am gleichen Tag in Dienst gestellt. Das Boot befand sich in sehr schlechtem Zustand. Gedockt und Instandsetzungsarbeiten in Pola. Im September 1917 zu erster Mittelmeer-Kreuzung ausgelaufen, mehrere Fehlschüsse, keine Versenkungserfolge. Ende Dezember erneute Kreuzung begonnen, vor Kreta einen französischen Dampfer versenkt. Bei neuerlicher Kreuzung vor Malta im Mai 1918 aus Konvoi einen britischen Dampfer versenkt. Am 26.7.1918 vor Albanien das französische Unterseeboot »Le Verrier« erfolglos mit Torpedo angegriffen und schließlich gerammt, beide Boote konnten beschädigt zu ihren Basen zurückkehren. Instandsetzung in Pola. Im September wieder einsatzbereit und am 20.9.1918 vor Albanien das französische Unterseeboot »Circé« durch einen Torpedo versenkt (nur ein Überlebender). Bei Kriegsende in der Bocce. 1920 Frankreich zugesprochen und abgewrackt.

U 10 erhielt am 9.7.1918 einen Minentreffer bei Caorle in der nördlichen Adria und strandete im flachen Wasser, wie auf diesem Bild zu sehen ist. Das Bergungsschiff »Herkules« konnte wegen der zu geringen Wassertiefe nicht herankommen, Abschleppversuche mit Torpedobooten misslangen. Das Boot wurde nicht mehr repariert und nach Kriegsende in Italien abgebrochen.

S.M.	Klasse/ Typ	Werft	Stapell.	Schicksal	Verwendung/Erfolge/Anmerkungen
U 48	Lizenz Weser	CNT Bud./Pola	-	Abbruch	nur zu 71% fertig
U 49	Lizenz Weser	CNT Bud./Pola	-	Abbruch	nur zu 55% fertig
U 50	Lizenz Germ.	Danubius	-	Abbruch	nur zu 60% fertig
U 51	Lizenz Germ.	Danubius	-	Abbruch	nur zu 90% fertig
U 52	Entwurf STT	Austria-Werft	-	Abbruch	nur zu 25% fertig
U 53	Entwurf STT	Austria-Werft	-	Abbruch	nur zu 10% fertig
U 54	Entwurf STT	Austria-Werft	-	Abbruch	erst Sept. 1918 bestellt, kaum begonnen
U 55	Entwurf STT	Austria-Werft	-	Abbruch	erst Sept. 1918 bestellt, kaum begonnen
U 56	Lizenz Germ.	Danubius	-	Abbruch	erst Sept. 1918 bestellt, kaum begonnen
U 57	Lizenz Germ.	Danubius	-	Abbruch	erst Sept. 1918 bestellt, kaum begonnen
U 58	Lizenz Weser	CNT Bud./Pola	-	Abbruch	erst Sept. 1918 bestellt, kaum begonnen
U 59	Lizenz Weser	CNT Bud./Pola	-	Abbruch	erst Sept. 1918 bestellt, kaum begonnen
U 101	UB III	CNT Bud./Pola	-	Abbruch	nur zu 45% fertig
U 102	UB III	CNT Bud./Pola	-	Abbruch	nur zu 30% fertig
U 103	UB III	CNT Bud./Pola	-	Abbruch	nur zu 15% fertig
U 104	UB III	CNT Bud./Pola	-	Abbruch	nur zu 15% fertig
U 105	UB III	CNT Bud./Pola	-	Abbruch	nur zu 15% fertig
U 106	UB III	CNT Bud./Pola	-	Abbruch	nur zu 15% fertig
U 107	UB III	Danubius	-	Abbruch	nur zu 35% fertig
U 108	UB III	Danubius	-	Abbruch	nur zu 30% fertig
U 109	UB III	Danubius	-	Abbruch	nur zu 25% fertig
U 110	UB III	Danubius	-	Abbruch	nur zu 20% fertig
U 111	UB III	Danubius	-	Abbruch	erst Sept. 1918 bestellt, kaum begonnen
U 112	UB III	Danubius	-	Abbruch	erst Sept. 1918 bestellt, kaum begonnen
U 113	UB III	Danubius	-	Abbruch	erst Sept. 1918 bestellt, kaum begonnen
U 114	UB III	Danubius	-	Abbruch	erst Sept. 1918 bestellt, kaum begonnen
U 115	ähnl. UB III	Austria-Werft	-	Abbruch	erst Sept. 1918 bestellt, kaum begonnen
U 116	ähnl. UB III	Austria-Werft	-	Abbruch	erst Sept. 1918 bestellt, kaum begonnen
U 117	ähnl. UB III	Austria-Werft	-	Abbruch	erst Sept. 1918 bestellt, kaum begonnen
U 118	UB III	CNT Bud./Pola	-	Abbruch	erst Sept. 1918 bestellt, kaum begonnen
U 119	UB III	CNT Bud./Pola	-	Abbruch	erst Sept. 1918 bestellt, kaum begonnen
U 120	UB III	CNT Bud./Pola	-	Abbruch	erst Sept. 1918 bestellt, kaum begonnen

Die Zusammenstellung beruht in erster Linie auf Angaben aus W. Aichelburg: »Register der k.(u.)k. Kriegsschiffe. Von Abbondanza bis Zrinyi.« Wien-Graz, 2002.

Auch zahlreiche Segelschiffe jeder Größe wurden Opfer der U-Boote, sie wurden meist nach der Anhaltung mittels Artillerie in Brand geschossen. Segler waren gelegentlich sogar als U-Bootfallen im Einsatz.

Torpedotreffer auf einem Frachtschiff im Mittelmeer.

Propaganda-Postkarte des Marinemalers Alex Kircher. Die Besatzung hat das Handelsschiff verlassen, das nun mittels eines Torpedos versenkt wird.

Untergang eines der vielen von U-Booten torpedierten Handelsschiffes im Mittelmeerraum.

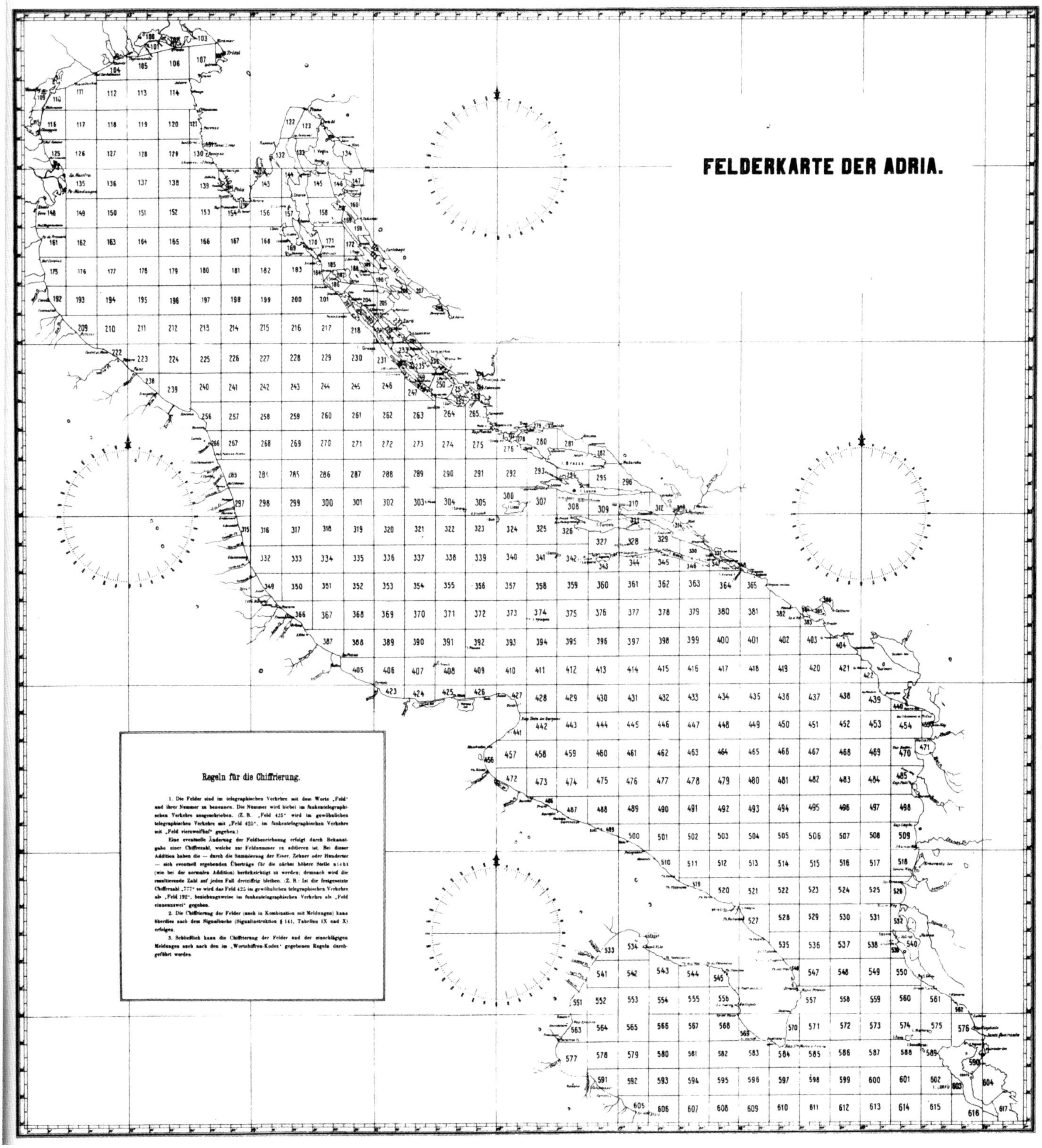

Die amtliche Felderkarte der Adria der k.u.k. Kriegsmarine.

VII. Resümee: Aufbau, Entwicklung und Ende von Österreich-Ungarns U-Boot-Waffe

1. Zusammenfassung der wichtigsten Eckpunkte bezüglich Aufbau und Entwicklung

Österreich-Ungarn verfügte im Ersten Weltkrieg nur über 27 eigene Unterseeboote, darunter kein einziges vollmodernes Hochsee-U-Boot, das zu Operationen im gesamten Mittelmeerraum geeignet gewesen wäre (bzw. mit Einschränkungen nur das Beute U-Boot U 14 und die acht in Lizenz gebauten Boote des Typs UB II). Im eklatanten Missverhältnis zu seiner ansonsten gut entwickelten Schiffbauindustrie gab es in der Doppelmonarchie kaum Infrastruktur und Knowhow im Bereich U-Boot-Bau. Die einzige Ausnahme war die Whitehead-Werft in Fiume (Rijeka), die 1907 in den U-Boot-Bau eingestiegen war.

Die k.u.k. Kriegsmarine war um die Jahrhundertwende die achtgrößte der Welt, in Europa hatten nur England, Deutschland, Frankreich, Italien und (mit Einschränkungen) Russland überlegene Seestreitkräfte, außerhalb Europas die USA und Japan. Österreich-Ungarn kam als Seemacht dieser Größenordnung an der Beschaffung von U-Booten nicht vorbei, obwohl führende Marinekreise in Wien und Pola (Pula) von der neuen Waffe alles andere als angetan waren. Das hatten sie aber mit fast allen großen Marinen gemeinsam, ausgenommen Frankreich. Die k.u.k. Marineführung schritt etwas verspätet, beginnend 1904, zur Anschaffung von U-Booten, was aber nicht wirklich zu spät war. Die Entscheidung von 1906, vorerst von drei führenden Herstellern je zwei Boote anzukaufen, zu erproben und erst danach über die Beschaffung größerer Bestände zu entscheiden, war völlig nachvollziehbar und absolut richtig. Allen U-Booten fehlte 1906 noch die technische Reife, aber die Entwicklung schritt gleichzeitig ungeheuer rasch voran.

Der englische Rüstungskonzern Vickers beobachtete die Situation genau und kam in der Analyse wohl zum gleichen Schluss: die Großmacht Österreich-Ungarn hatte mittelfristig keine andere Wahl, als U-Boote in gewissen Mengen anzuschaffen, und verfügte noch über keine entsprechende Infrastruktur zum Bau im Inland. Die großen Werften, allen voran Stabilimento Tecnico Triestino (STT), hatten vorerst kein Interesse gezeigt. Vickers hatte 1907 die Mehrheitsanteile an der gut gehenden Torpedofabrik Whitehead in Fiume erworben und entschied sofort, da natürliche Synergieeffekte vorhanden waren, an diesem Standort in den U-Boot-Bau zu investieren. Da Vickers selbst mit der amerikanischen Electric Boat Company vertraglich für den groß angelaufenen U-Boot-Bau in England zusammenarbeitete und Boote nach den Entwürfen von John Holland weltweit verkaufte, und weil auch die k.u.k. Kriegsmarine an diesen Modellen nicht vorbeikommen würde, bot es auf Basis dieser strategischen Investition die sogenannten Holland-Boote als »Made in Austria-Hungary« an. Damit standen theoretisch für Vickers mittel- und langfristig die Chancen zum Erhalt viel größerer Kuchenstücke bei Nachfolgeaufträgen Wiens für U-Boote deutlich besser. Die guten Kontakte des Generaldirektors von Whitehead, Edgar Graf Hoyos, zum Marinekommandanten Rudolf Graf Montecuccoli, erleichterten zudem die rasche Einbindung der Werft in das Beschaffungsprojekt für die erste Generation von U-Booten.

Es ist keineswegs unrealistisch und eigentlich fast davon auszugehen, dass STT in Bälde mehr Interesse am Bau von U-Booten gezeigt hätte, da sie als wichtigste Werft der Monarchie hoffen konnte, Aufträge für die k.u.k. Kriegsmarine zu erhalten. Dieses Nischensegment war aber am heimischen Markt durch die Investitionen von Whitehead früh abgedeckt, weshalb STT kein Geld investierte. Die Teilnahme von STT an der Ausschreibung für neue U-Boote erfolgte dann auch nur halbherzig und ohne ernsthaften Aufwand.

Die Tests und Erprobungen ab 1909 zeigten die Schwächen der frühen U-Boote deutlich, ab 1911 wurde an der Ausschreibung für eine zweite Generation moderner U-Boote gearbeitet. Obwohl sich formal mehrere Firmen um den Auftrag für diese fünf großen Hochsee-U-Boote bemühten (sogar inklusive STT), stellte sich in der Praxis für Wien nur die Wahl zwischen zwei Möglichkeiten: Kauf der Boote in erstklassiger Qualität und zu einem günstigen Preis im Ausland (d.h. bei der Krupp-Germania im verbündeten Deutschland, der inzwischen führenden deutschen U-Boot-Werft) oder dem Eigenbau bei Whitehead in Fiume (unter dem Dach eines englischen Konzerns). Nach emotionaler Abwägung aller Argumente für und wider entschied sich die k.u.k. Kriegsmarine Anfang 1913 für den Kauf bei Krupp-Germania in Kiel. Diese Entscheidung war im Nachhinein gesehen falsch und folgenschwer.

Vickers war natürlich nicht bereit, jetzt weiter substantiell in den U-Boot-Bau am Standort Fiume zu investieren, aber auch keine andere heimische Werft hatte das bisher getan und würde es nun tun wollen. Als nach der Juli-Krise 1914 der Erste Weltkrieg ausbrach, waren die fünf großen Boote in Kiel noch in Bau und Österreich-Ungarn verfügte über keine brauchbaren U-Boote und keine nennenswerte Infrastruktur zum U-Boot-Bau vor Ort in der Adria.

Österreich-Ungarn baute zu dieser Zeit bereits seit Jahrzehnten völlig selbstständig hochmoderne Schlachtschiffe, schnelle Kreuzer und Torpedoboote etc. und niemals wäre man im Selbstverständnis einer traditionellen Großmacht ernsthaft auf die Idee gekommen, diese prestigeträchtigen Schiffe günstiger bei Germania in Kiel oder einer anderen Werft im Ausland direkt zu kaufen. U-Boote waren aber sowohl für die Politik als auch für das Militär nicht prestigeträchtig genug, um sie nicht einfach preiswert zuzukaufen. Entscheidungen dieser Art stellen sich immer wieder in der Geschichte, zuletzt mit globalen Konsequenzen, als China zur Werkbank der Welt aufstieg und Europa und Amerika die Produktion im großen Stil dorthin verlagerten. Auch diese Entscheidung zeigt sich zunehmend als falsch und hat zu enormen Verwerfungen geführt. Das kleine, historisch vergleichsweise bedeutungslose Beispiel des U-Boot-Baus in Österreich-Ungarn könnte aber als schönes Lehrbeispiel für die Folgen solcher Entscheidungen herangezogen werden.

Österreich-Ungarn trat nur mit den sechs für Erprobungs- und Testzwecke angeschafften U-Booten in den Weltkrieg, ein siebtes, das auf Werft-Risiko von Whitehead gebaut worden war, kam als Glücksfall noch dazu. Die Erfolge dieser eigentlich nicht fronttauglichen Boote, die es in kurzer Zeit schafften, die Adria für feindliche Großkampfschiffe praktisch unpassierbar zu machen, kann militärisch kaum hoch genug gewürdigt werden. Die Basis dafür waren eine gute Ausbildung und eine außerordentlich hohe Einsatzbereitschaft der Besatzungen, die aus allen Teilen der Monarchie kamen. Es ist erstaunlich, wie gut die Moral der k.u.k. U-Boot-Besatzungen bis in die letzten Kriegstage 1918 beschrieben wird. Ein französisches U-Boot fiel der k.u.k. Marine im Dezember 1914 in die Hände, das zwar etwa doppelt so groß war, wie die eignen Boote, der technische Gesamtzustand des erst 1912 vom Stapel gelaufenen Bootes war aber vorerst niedrig und erforderte umfangreiche Umbauten.

Als es nach diesen überraschenden Erfolgen 1914/15 dann langsam absehbar wurde, dass der Krieg nicht in wenigen Monaten beendet sein würde, zeigte sich sehr anschaulich, dass Österreich-Ungarn nicht mehr substantiell in der Lage war, neue U-Boote zu bauen. Fünf moderne, aber extrem kleine Küsten-U-Boote vom Typ UB I konnten in Deutschland angekauft und per Eisenbahn, zerlegt in drei Sektionen, nach Österreich transportiert werden; sie wurden in Pola sehr problemlos wieder zusammengebaut. Ein »Game Changer« waren sie nicht. Sie waren eine wertvolle Ergänzung für die U-Boot-Waffe, konnten aber praktisch nur in der Adria eingesetzt werden, in die ohnehin kaum noch Schiffe der Entente einfuhren.

Inzwischen hatte die Kaiserliche Marine im Frühjahr 1915 bewiesen, dass ihre modernen U-Boote von der deutschen Nordseeküste direkt bis in die Adria fahren können. Die fünf vergleichbaren Boote bei Germania in Kiel hatte Österreich-Ungarn aber bereits im November 1914 an Deutschland verkauft; nur sie wären ein echter »Game Changer« gewesen (Deutschland schickte sie bewusst nie ins Mittelmeer, um nicht alte Begehrlichkeiten zu wecken). Das erste aus Deutschland angekommene Boot, U 21, versenkte gleich darauf zwei englische Schlachtschiffe vor den Dardanellen und veränderte dort die militärische Lage. Nun kamen zahlreiche große U-Boote direkt aus der Nordsee ins Mittelmeer, wo sie »paradiesische« Zustände vorfanden: Unmengen an Handelsschiffen und kaum vorhandene U-Abwehrmaßnahmen. Sie versenkten pro Boot deutlich mehr als in anderen Gewässern. Die k.u.k. U-Bootfahrer schauten mit einer gehörigen Portion Neid auf sie, wie es Korvettenkapitän Trapp so einprägsam in seinen Memoiren beschrieb.

Die deutschen U-Boote waren meist der k.u.k. Kriegsmarine übertragen worden, aber nur formell. Sie führten nun österreichisch-ungarische Kennnummern und Flaggen, aber weiterhin deutsche Besatzungen. Die Boote wurden operativ von der Kaiserlichen Marine geführt, meist hatten sie einen Angehörigen der k.u.k. Kriegsmarine an Bord. Sie konnten aber als solche nun auch italienische Schiffe versenken, ohne zusätzliche völkerrechtliche Probleme zu kreieren; Italien hatte im Mai 1915 nur Wien den Krieg erklärt, nicht aber Berlin (bzw. erst im August 1916). Österreich-Ungarn stellte den deutschen U-Booten während des Krieges die gesamte Stützpunkt-Infrastruktur in der Adria zur Verfügung, die Zusammenarbeit funktionierte sehr gut, die deutschen Versenkungserfolge waren außerordentlich hoch.

Nach dem Ankauf der fünf kleinen Küsten-U-Boote vom Typ UB I aus Deutschland wollte Österreich-Ungarn aber verständlicherweise auch selbst U-Boote bauen. Das Ausmaß, in dem dies gelang, ist sehr gering und fast beschämend. Sofort verfügbar waren 1915 nur veraltete Pläne der Whitehead-Werft, vom Typ »Havmanden«, der in Fiume ab 1911 für Dänemark gebaut worden war. Dänemark war zwar mit diesen Booten recht zufrieden und hatte sie auch lange in

Dienst, wie immer wieder betont wird, es hatte aber auch keinen Krieg damit zu führen. Gebaut wurden ab 1915 nur ganze vier dieser Boote, unter endlosen Querelen mit Ungarn und schon belastet durch die kriegsbedingte Mangelwirtschaft, mit einer Bauzeit von jeweils ca. zwei vollen Jahren und darüber. Erfolgt war der Bau durch eine neu geschaffene Firma namens UBAG, die formal unter Aufsicht der k.u.k. Kriegsmarine stand, um den tatsächlich beteiligten Firmen keine Verletzung von ausländischen Patent- und Lizenzrechten anlasten zu können, vor allem in den USA. Die vier Boote waren jedenfalls nicht »State of the art«, baulich schlecht ausgeführt und erzielten überhaupt keine Erfolge; zwei gingen aber verloren, beide mit den gesamten Besatzungen. Der leidige Streit um ausreichend Aufträge für die ungarische Reichshälfte im Sinne eines vereinbarten Schlüssels von gut einem Drittel für alle Bestellungen erschwerte das Projekt noch zusätzlich sehr, wie auch alle Nachfolgeprojekte.

Weitgehend abgeschlossen wird die Baugeschichte der k.u.k. U-Boot-Waffe mit dem vernünftigen Entschluss, maßgeblich beeinflusst von Admiral Anton Haus, vom Frühjahr 1915, Pläne und Lizenzrechte, dazu auch teilweise vorgefertigte Spezialteile für acht Boote des modernen und größeren Typs UB II, in Deutschland zu erwerben. Berlin war dazu erst nach einigem Zögern bereit. Die Ausführung dieser Lizenzbauten klappte 1916/17 zumindest viel besser als der Neubau der technisch überholten Vorkriegsmodelle der Whitehead-Boote. Und sie konnten zumindest im gesamten Östlichen Mittelmeer operieren.

Beim Einsatz der acht modernen Boote vom Typ UB II (U 27-Klasse als k.u.k. Boote), die auch außerhalb der Adria operieren konnten, zeigte sich sofort die Einsatzbereitschaft, Fähigkeit und der hohe Ausbildungsstand der U-Boot-Besatzungen. Die Boote erzielten erhebliche Versenkungserfolge im Handelskrieg, wie auch U 14, das große Beute-U-Boot aus Frankreich und einziges neben der U 27-Klasse, das für solche Operationen geeignet war. Die anderen Boote gaben im Adriaraum ihr Bestes und es war auch ihr Verdienst, dass sie dort kaum mehr Ziele vorfanden, denn die Entente musste dieses Randmeer weitgehend meiden.

Neben den acht Neubauten vom Typ UB II wurden auch zwei gebrauchte Boote dieses Typs 1917 von der Kaiserlichen Marine angekauft. Damit endet die Geschichte der Beschaffung jener 27 U-Boote für Österreich-Ungarn, die eine Indienststellung für die k.u.k. Kriegsmarine erlebten.

Die nachfolgenden Projekte von Neubauten, in teilweise hohen Stückzahlen (32 Bauaufträge), verschlangen viele Ressourcen, produzierten aber durchwegs keine U-Boote mehr, die vor Kriegsende in Dienst gestellt werden konnten. Der unglaublich harte Kampf um weitere Aufträge für zusätzliche Boote durch mehrere Werften bis zum Kriegsende, die aber selbst kaum noch über Material oder Facharbeiter verfügten, haben teilweise skurrile bzw. kafkaeske Züge. Zumindest die letzten 16 Bauvergaben im Jahr 1918 waren nur noch Phantasieprojekte.

Neun k.u.k. U-Boote gingen im Krieg verloren, zwei davon konnten gehoben bzw. wieder eingebracht werden, eines davon wurde aber nicht mehr repariert.

In Summe besaß Österreich-Ungarn am Tag der Kriegserklärung an Serbien im Juli 1914 sechs U-Boote, ein siebtes konnte sofort angekauft werden und ein Beute-U-Boot kam als achtes in die Flotte. Nur 19 weitere Boote kamen im weiteren Kriegsverlauf dazu, 15 auf Basis von deutschen Entwürfen (Lizenzbauten oder Ankauf) und vier Eigenbauten auf Basis der »Havmanden«-Boote von Whitehead.

Insgesamt gingen auf das Konto dieser 27 k.u.k. U-Boote 108 Handelsschiffe mit ca. 196.000 BRT als gesicherte plus bis zu elf weitere Handelsschiffe mit ca. 41.000 BRT als wahrscheinliche Versenkungserfolge (die Zahlen variieren aufgrund der in vielen Fällen bis heute z.T. ungeklärten Datenlage in der Fachliteratur erheblich), dazu kamen einige Erfolge gegen Kriegsschiffe, wie die Versenkung von zwei Panzerkreuzern, fünf Zerstörern, drei U-Booten etc. Im Vergleich zu den deutschen Erfolgen im Mittelmeer waren diese Zahlen reichlich gering.

Nach Kriegsende wurde das 1914 von Frankreich erbeutete U-Boot von Frankreich beschlagnahmt und wieder als »Curie« in Dienst gestellt. Die anderen U-Boote wurden ebenfalls von Italien oder Frankreich übernommen, aber nicht formell in ihre Flotten eingereiht.

Ehemalige k.u.k. Unterseeboote im Seearsenal in Pola im Februar 1919, in Erwartung ihrer Abwrackung; im Vordergrund U 27. Im Hintergrund rechts der Turm der k.u.k. Marinekirche Madonna del Mare.

2. Das Ende der k.u.k. U-Bootwaffe im Staatsvertrag von Saint-Germain-en-Laye

Der am 2.9.1919 der österreichischen Delegation unter der Leitung von Karl Renner zur Unterschrift übergebene Staatsvertrag (»Friedensvertrag«) von Saint-Germain-en-Laye wurde am 10.9.1919 unterzeichnet. Er wurde zwischen Österreich und 27 alliierten und assoziierten Mächten abgeschlossen. Eine direkte Teilnahme an den Gesprächen war den österreichischen Delegierten nicht zugestanden worden, sie konnten nur Vorschläge schriftlich unterbreiten. Die Konstituierende Nationalversammlung in Wien (Parlament) protestierte am 6.9.1919 zwar offiziell gegen den Vertrag, war aber machtlos. Der Vertrag trat am 16.7.1920 formell in Kraft. Er regelt auch das Ende von Österreich als Seemacht. In Abschnitt II (Bestimmungen über die Seestreitkräfte) des Staatsvertrags von Saint-Germain-en-Laye sind die von den Siegermächten 1918 ohnehin bereits übernommenen Unterseeboote ausdrücklich als ab dem Inkrafttreten als »ausgeliefert« zu betrachten, obwohl sie eigentlich unter dem Begriff »Kriegsschiffe« bereits subsumiert werden hätten können. Der Text des für die Auflösung der k.u.k. Kriegsmarine zentralen Artikels 136 lautet:
»Vom Inkrafttreten des gegenwärtigen Vertrages an werden alle österreichisch-ungarischen Kriegsschiffe, einschließlich der Unterseeboote, als endgültig an die alliierten und assoziierten Hauptmächte ausgeliefert erklärt.«
Das wird dann auch nochmals separat für die in Bau befindlichen U-Boote wiederholt, die abgebrochen werden mussten (Artikel 138): »Alle Kriegsschiffe, einschließlich der Unterseebote, die sich gegenwärtig in den Häfen, die zu Österreich gehören oder vormals zur österreichisch-ungarischen Monarchie gehört haben, im Bau befinden, werden abgebrochen.« Österreich darf keine Kriegsschiffe mehr besitzen, außer »auf der Donau für die Strompolizei drei Aufklärungsfahrzeuge«. Die quasi Wiederholung der Bestimmung auch für die in Bau befindlichen Boote zeigt, wie wichtig der Entente die österreichisch-ungarischen U-Boote waren.
Aber um völkerrechtlich ganz sicher zu gehen, dass Österreich wirklich keine U-Boote mehr beschaffen kann, wurde sogar dazu noch ein weiterer eigener Artikel in den Vertrag von St. Germain aufgenommen, nämlich der Artikel 140, der besagt: »Der Bau und der Erwerb aller Unterwasserfahrzeuge, selbst zu Handelszwecken, ist in Österreich untersagt.«
Es gab, nicht zuletzt aufgrund massiven italienischen Drucks, schließlich auch Übereinstimmung unter den Siegermächten, dass keine k.u.k. U-Boote in einer anderen Marine Verwendung finden dürfen. Sie wurden deshalb alle kurz nach dem Krieg abgebrochen; das geschah vorwiegend auf italienischen Werften um 1920. Italien wollte in St Germain vor allem verhindern, dass der neue Staat Jugoslawien eine ernsthafte Seemacht in Form brauchbarer Kriegsschiffe aus den Resten der k.u.k. Kriegsmarinen erhalten würde, dabei natürlich auch besonders, dass moderne U-Boote an diesen Staat auf der anderen Seite der Adria als Kriegsbeute gehen würden. (Lediglich das französische Beute-U-Boot U 14, ex »Curie« wurde als quasi Sonderfall wieder von Frankreichs Marine in Dienst genommen.)
Die Aufteilung der Schiffe der ehemaligen k.u.k. Kriegsmarine ist im Staatsvertrag von St. Germain ansonsten nicht im Detail geregelt, außer eben der o.a. allgemeinen Feststellung im Artikel 136, wonach die Kriegsschiffe als »endgültig an die alliierten und assoziierten Hauptmächte« ausgeliefert zu betrachten sind. Die führenden Mächte der Entente hatten sich aber am 13.1.1920 im Wege ihrer Marinedelegationen in Paris in einem Protokoll darüber geeinigt, wie diese Aufteilung aller Schiffe im Detail erfolgen sollte. Unterseeboote gingen dabei nur an die Siegermächte Italien und Frankreich (zur sofortigen Abwrackung).
Auch im »Staatsvertrag« von Wien 1955 (»Staatsvertrag betreffend die Wiederherstellung eines unabhängigen und demokratischen Österreichs, gegeben zu Wien am 15. Mai 1955«) wird im Teil II »Militärische und Luftfahrt-Bestimmungen« das Verbot von U-Booten nochmals ausdrücklich wiederholt, nämlich im dortigen Artikel 13 (»Verbot von Spezialwaffen«), in dem es unter Punkt f.) heißt, dass die Republik Österreich »Unterseeboote oder andere Unterwasserfahrzeuge … weder besitzen noch herstellen noch zu Versuchen verwenden« darf.

In der Bildmitte ex SM U 10, aufgenommen bei der Abwrackung auf der Austria-Werft in Triest (ehemals STT) kurz nach dem Krieg. Das Boot war 1918 nach einem Minentreffer vor Caorle gestrandet.

Wie auch viele andere k.u.k. Kriegsschiffe wurden zahlreiche U-Boote vor dem Abbruch nach Venedig gebracht und als Kriegsbeute zur Schau gestellt. Hier zu sehen U 28 im Jahr 1919.

ANHANG

Zusammenfassung der k.u.k. U-Boot-Verluste 1914–1918

1. U 12 † 12.08.1915 vor Venedig durch Mine gesunken
2. U 3 † 13.8.1915 vor Brindisi gerammt und durch französischen Zerstörer »Bisson« versenkt
3. U 5 (†) 16.5.1917 vor Fasana durch Mine gesunken; 23.6.1917 gehoben und wieder in Dienst
4. U 6 † 10.5.1916 Verlust in der Straße von Otranto durch Treibnetzsperre
5. U 16 † 17.10.1916 vor Albanien von einem italienischen Konvoi-Begleitschiff gerammt
6. U 30 † seit Anfang April 1917 in der südlichen Adria vermisst
7. U 23 † 23.2.1918 vor Valona durch italienisches Torpedoboot »Airone« versenkt
8. U 20 † 04.7.1918 in der nördlichen Adria durch italienisches U-Boot F 12 versenkt
9. U 10 (†) 09.7.1918 bei Caorle nach Minentreffer auf Strand gesetzt und nicht mehr repariert

Die Leiter der Unterseebootsstation (ab 1917: Leiter des U-Bootswesens)

Heyssler, Erich 1908–1911
Thierry, Franz Ritter von 1912–1918

Liste der k.u.k. U-Bootkommandanten

Attems-Petzenstein, Albrecht Graf (U 6, U 17)
Bézard, Clemens Ritter von (U 11, U 1, U 20, U 23†)
Blessich, Narciss (U 1)
Csicsery, Ladislaus von (U 21)
Dürrigl, Robert (U 10, U 21, U 29)
Eberhardt, Ludwig (U 11, U 6, U 5)
Fähndrich, Friedrich (U 15, U 30†)
Falkhausen, Hugo von (U 6)
Fischer, Robert (U 4, U 17)
Gstettner, Richard (U 3)
Halavanja, Nikolaus (U 6)
Holub, Josef (U 22, U 27)
Hornyak, Eugen (U 16, U 1, U 11, U 43)
Hübner, Eduard Ritter von (U 3)
Hudecek, Zdenko (U 17, U 28)

Linienschiffsleutnant Friedrich Fähndrich, geboren 1887 in Budapest, Kommandant von U 30, der 1917 von einer Feindfahrt mit dem Boot nicht zurückkehrte und seither als vermisst gilt.

Jüstel, Hermann (U 3, U 4)
Kasseroller, Otto (U 2, U 32)
Knötgen, Zdenko (U 4)
Korparic, Andreas (U 15)
Krsnjavi, Johann (U 11, U 40)
Lerch, Egon (U 12†)
Leschanowsky, Edgar (U 3)
Leschanowsky, Lothar (U 4, U 3)
Marchetti, Egon (U 1)
Molitor, Otto (U 10, U 15, U 47)
Montecuccoli, Alfred Graf (U 5)
Müller, Ludwig (U 11, U 15, U 20†)
Nejebsy; Franz (U 1, U 31)
Passerar, Urban (U 5, U 6)
Pfeiler, Wladimir (U 31, U 11, U 17, U 40)
Pistel, Hugo (U 11, U 14)
Prasil, Leo (U 10, U 29)
Printz, Othmar (U 1)
Rigele, Hermann (U10, U 17, U 20, U 31)
Rzemenowsky von Trautenegg, Franz (U 17, U 15, U 4, U 28)
Schlosser, Friedrich (U 5, U 43)
Sernetz, Alois (U 11)
Seyfferitz, Hugo Freiherr von (U 21, U 47)
Singule, Rudolf (U 4)
Skopinic, Franz (U 17)
Sterz, Friedrich (U 22, U 29, U 10)
Strnad, Karl (U 3†)
Teufl von Fernland, Robert (U 11, U 27)
Thun von Hohenstein, Emmerich Graf (U 3)
Trapp, Georg von (U 6, U 5, U 14)
Ulmansky, Johann von (U 2, U 1, U 10)
Unczowski, Karl Edler von (U 2, U 10, U 11)
Vio, Gaston (U 32)
Wolf, Edgar (U 41)
Zeidler, Otto (U 1, U 14)
Zopa, Orest (U 16)

U-Bootkommandant Zdenko Hudecek aus Böhmen mit einem Großteil der Bemannung von U 28.

Stellvertretend für die vielen k.u.k. U-Boot-Bemannungen: ein Foto der Mannschaft von SM U 47; in der Bildmitte der Kommandant, Linienschiffsleutnant Hugo Freiherr von Seyfferitz aus Brixen in Tirol (1886-1966). Er diente im Zweiten Weltkrieg in der Kriegsmarine.

U 12 in der Bocce, am Turm breitbeinig der Kommandant Egon Lerch, geboren 1986 in Triest, der mit dem Boot im Dezember 1914 das französische Dreadnought-Schlachtschiff »Jean Bart« torpedierte. Er fiel 1915 vor Venedig.

Stapellauf von U 27 in Pola 1916.

Bewaffnung der k.u.k. Unterseeboote

Torpedos:

Die k.u.k. U-Boote führten durchwegs Torpedos vom Kaliber 45 cm. Ein Whitehead-Torpedo dieses Kalibers war 5,28 m lang, wog 654 kg (Sprengladung 110 kg) und hatte eine Reichweite von bis zu 10.000 m (bei 20,5 kn Geschwindigkeit) bzw. 5.000 m (bei 33,5 kn Geschwindigkeit).

35 cm Torpedos wurden 1915 an Deck von U 12 für einen Spezialeinsatz installiert.

Die im Juli 1917 von der Kaiserlichen Marine gekauften Boote U 43 und U 47 behielten ihre Ausstattung mit deutschen 50-cm-Torpedorohren.

Artillerie:

Kaliber / mm	Rohrlänge / Kal.	Hersteller	Granate / kg	Anmerkung
37	23	Škoda 1887	0,45	Schnellfeuerkanone; U 1–6, 14, U 10–Kl.
47	33	Škoda 1890	1,1	Schnellfeuerkanone; U 5, 6
66	18	Škoda	4,0	amtlich »7 cm«; nur U 11
66	26	Škoda 1915	5,3	amtlich »7 cm«; U 20-Klasse, U 4
75	30	Škoda 1916	6,5	U 27-Klasse, U 5
88	30	Krupp	15,6	U 14, 43, 47
90	35	Škoda 1915	geplant für unfertige Kriegsbauten	---
100	35	Škoda 1917	geplant für unfertige Kriegsbauten	---
120	35	Škoda 1918	geplant für unfertige Kriegsbauten	---

Das Kaliber 6,6, cm wurde in der k.u.k. Marine amtlich stets als 7 cm geführt.
Mehrere Boote erhielten gegen Kriegsende ein MG zur Fliegerabwehr (8 mm, Typ A. Schwarzlose).

Links ein 3,7-cm-Geschütz an Bord von U 10. Rechts: 7,5-cm-U-Boot-Geschütz an Bord von U 30.

Literaturverzeichnis (Auswahl)

Aichelburg, Wladimir: K.u k. Marinealbum. Wien-München-Zürich 1976.
Aichelburg, Wladimir: Die Unterseeboote Österreich-Ungarns, 2 Bände. Graz 1981.
Aichelburg, Wladimir: K.u.k. Flotte 1900–1918. Wien 1998.
Aichelburg, Wladimir: Register der k.(u.)k. Kriegsschiffe. Von Abbondanza bis Zrinyi. Wien-Graz, 2002.
Baumgartner, Lothar/ Sieche, Erwin: Die Schiffe der k.(u.)k. Kriegsmarine im Bild, 2 Bände. Wien 1999 und 2001.
Conways All the World's Fighting Ships, hgg. von Robert Gardiner; Band 1 (1860–1905) und 2 (1906–1921. London 1979 und 1985 (insgesamt 4 Bände).
Corey, Herbert: Submarine. The Autobiography of Simon Lake. As told to Herbert Corey. New York-London 1938.
Donko, Wilhelm M.: Pola/Pula. Ein historischer Reiseführer durch den ehemaligen Hauptkriegshafen von Österreich-Ungarn. Berlin 2015.
Donko, Wilhelm M.: A Land Power Goes to Sea: Austria's Naval History 1382–1918. Berlin 2017.
Donko, Wilhelm M.: Österreichs Kriegsmarine: Eine Seemacht und ihr Ende. Schleinbach 2018.
Donko, Wilhelm M.: Österreich-ungarische Kriegsschiffe 1914–1918. Stuttgart 2020.
Eggenberger, Harald: Österreich-Ungarns U-Boot-Kommandanten: 1914 bis 1918. Schleinbach 2013.
Equevilley, Raymondo Lorenzo de: Les bateaux sous-marins et les submersibles. Paris (ohne Jahrgang; um 1900).
Freivogel, Zvonimir: Österreichisch-ungarische Unterseeboote. Agram (Zagreb) 2020.
Friedman, Norman: U.S. Submarines Through 1945: An Illustrated Design History. Annapolis 1995.
Friedman, Norman: Naval Weapons of World War One. Barnsley 2011.
Gogg, Karl: Österreichs Kriegsmarine 1848–1918. Salzburg 1972.
Greger, René: Austro-Hungarian Warships of World War I. London 1976
Grey, Edward: Die teuflische Waffe. Geschichte und Entwicklung des Torpedos. Oldenburg-Hamburg 1975 und 1982. (Englische Ausgabe: The Devil's Device: The story of the invention of the torpedo).
Gröner, Erich: Die deutschen Kriegsschiffe. 1815–1936. München 1937.
Gröner, Erich/Jung, Dieter/Maass, Martin: Die deutschen Kriegsschiffe 1815–1945. 2. völlig überarbeitete und erweiterte Auflage. 8 Bände in 9 Teilbänden. Koblenz 1985–1993
Hersing, Otto: U 21 rettet die Dardanellen. Leipzig 1932.
Hay, Marley F.: Secrets of the Submarine. New York 1917.
Herzog, Bodo: 60 Jahre deutsche UBoote 1906–1966. München 1968.
Heyßler, Erich (Konteradmiral a.D.): Erinnerungen, o. J. (Maschinenmanuskript, unveröffentlicht)
Hoyos, Edgar (Graf): Aufzeichnungen über mein Leben und über unsere Familie, sowie Einiges über die Geschichte des Torpedos, o. J., (Maschinenmanuskript, unveröffentlicht)
Hutchinson, Robert: Kampf unter Wasser: Unterseeboote von 1776 bis heute. Stuttgart 2006.
Jane's Fighting Ships; verschiedene Jahrgänge.
Kalb, H./Olechowski,T./Ziegerhofer. A. (Hrsg): Der Vertrag von St.Germain (Kommentar). Wien 2021.
Lake, Simon: The Submarine in War and Peace. Its Development and its Possibilities. Philadelphia-London 1918.
Laubeuf, Maxime: Sous-marins et submersibles: leur développement, leur rôle dans la guerre, leur rôle dans l'avenir, les sous-marins allemands. Paris 1918.
Labayle Couhat, Jean: French Warships of World War I. Shepperton 1974.
Lawrenz, Hans-Joachim: Die Entstehungsgeschichte der U-Boote. Bonn 2003.
Marine-Archiv (Hrsg.): Der Krieg zur See 1914–1918; Teil 3: Der Handelskrieg mit U-Booten (5 Bände, verschiedene Ausgaben).
Mayer, Horst Friedrich/Winkler, Dieter: Als die Schiffe tauchen lernten. Die Geschichte der k.u.k. Unterseeboot-Waffe. Wien 1998.
Moore, John E. (Hrsg.): Jane's Fighting Ships of World War I. London 1990.
Muzej Grada Rijeke, Rijecki Torpedo – Privi na svijetu, Rijeka 2011.
Muzej Grada Rijeke, Rijecka prica – Rijeka`s Industrial Past, Rijeka 2014.
Novák, Jirí: Austrian Submarines of World War I. Petersfield 2012.
Pawlik, Georg/ Baumgartner Lothar: S.M. Unterseeboote. Das k.u.k. Unterseebootswesen 1907–1918. Graz 1986.
Peinhopf, Egbert: Eisenbahnen in Istrien einst und heute. 2017 (ohne Ortsangabe).
Preston, Anthony: Submarines. London 1982.
Ropp, Theodore: The Development of a Modern Navy. French Naval Policy 1871–1904. Hgg. von Stephen S. Roberts. Annapolis 1987.

U 21 bei der Übernahme eines 45-cm-Torpedos im Stützpunkt Brioni.

Rössler, Eberhard: Die deutschen U-Boote und ihre Werften, 2 Bände. München 1979 und 1980.
Rössler, Eberhard: Deutsche UBoote 1898–1918. Hamburg-Berlin-Bonn 2011.
Rössler, Eberhard: Geschichte des deutschen U-Bootbaus, 2 Bände. Koblenz 1986 und 1987.
Schupita, Peter: Die Waffen der k.(u.)k. Kriegsmarine im Bild 1860-1918. Wien 2006.
Sieche, Erwin: Marine-Arsenal Band 42: Die Unterseeboote der K.u.K. Marine. Wölfersheim-Berstadt 1998.
Sokol, Hans Hugo: Österreich-Ungarns Seekrieg 1914–18. Herausgegeben auf Anregung des Marine-Verbandes vom Kriegsarchiv (Marinearchiv). 2 Bände. Graz 1967.
Tall, J.J./Kemp, Paul: HM Sumarines in Camera 1901-1996. An Illustrated History of British Submarines. Leicester 1998
Techel, H.: Der Bau von Unterseebooten auf der Germaniawerft. München 1969 (Originalausgabe 1922).
Thierry, Franz von: Tagebuch, o.J., Teil 3: 2.3.1911 - 1.11.1918 (in Maschinenschrift transkribiert und gebunden; unveröffentlicht)

SM U 14 vor dem Umbau.

Tirpitz, Alfred von: »Erinnerungen«. Berlin-Leipzig 1942.

Trapp, Georg v.: Bis zum letzten Flaggenschuß! Erinnerungen eines österreichischen U-Boots-Kommandanten. Salzburg 1935.

Trulei, Oliver: Torpedos los! S.M. U 27 im Weltkrieg. Wien 2012.

Trulei, Oliver: Die U-Boot-Kommandanten der k.u.k. Kriegsmarine – Vergessene Schicksale. Wien 2010.

Trulei, Oliver: Tauchfahrt in den Tod – Die Havmanden-Boote der k.u.k. Kriegsmarine. Wien 2021.

Wallisch, Friedrich: Die Flagge Rot-Weiß-Rot. Männer und Taten der österreichischen Marine in vier Jahrhunderten. Leipzig 1942.

Weyer, Bruno (Hrsg.): Taschenbuch der Kriegsflotten; verschiedene Jahrgänge.

GERRIT REICHERT
U96
REALITÄT UND MYTHOS
U96 Realität und Mythos
Der Alte und Lothar-Günther Buchheim
Gerrit Reichert
Mittler
BESTSELLER!
JETZT IN 3.
DURCHGESEHENER
AUFLAGE
€ (D) 29,95 / ISBN 978-3-8132-1108-5
Direkt bei uns bestellen auf koehler-mittler-shop.de
oder telefonisch unter 040 / 70 70 80 322
Mittler
mittler-books.de